“十二五”国家重点图书出版规划项目

中国实验快堆系列丛书

快堆电气系统与设备

徐　銤　主编
唐基本　马建明　等编著

中国原子能出版社

图书在版编目(CIP)数据

快堆电气系统与设备 / 唐基本，马建明等编著．—北京：中国原子能出版社，2011.3

(中国实验快堆系列丛书 / 徐銤主编)

ISBN 978-7-5022-5189-5

Ⅰ．①快…　Ⅱ．①唐…②马…　Ⅲ．①快堆—电气系统②快堆—电气设备　Ⅳ．①TL43

中国版本图书馆 CIP 数据核字(2011)第 037067 号

内 容 简 介

本书是根据《中国实验快堆基础理论培训教材》中的电气系统与设备教材大纲编写的，在介绍通用电气系统和设备的基本原理的基础上，增加了压水堆和快堆电气系统和设备的特点，便于读者理解和掌握二者之间的区别。在内容的选择和安排上，尽量避开理论知识偏多、偏难、偏深的倾向，对基本理论和概念的介绍力求做到实用、够用，使读者对核电站的电气系统与设备有较全面的了解和认识。

本书既可作为快堆核电站非电气专业的运行、维护及管理人员的培训教材，也可作为电气相关专业的参考书。

快堆电气系统与设备

出版发行　中国原子能出版社(北京市海淀区阜成路 43 号　100048)
责任编辑　王　青
技术编辑　冯莲凤
责任印制　潘玉玲
印　　刷　保定市中画美凯印刷有限公司
经　　销　全国新华书店
开　　本　787 mm×1092 mm　1/16
印　　张　13.25　　　**字　数**　328 千字
版　　次　2012 年 3 月第 1 版　2012 年 3 月第 1 次印刷
书　　号　ISBN 978-7-5022-5189-5　　　**定　价**　**55.00 元**

网址：http://www.aep.com.cn　　**E-mail：atomep123@126.com**
发行电话：010-68452845

总　　序

为了裂变核能的可持续应用，我国的基本战略是压水堆一快堆的匹配发展。快中子堆（简称快堆）是主要以平均中子能量比压水堆的热中子高百万倍的0.08～0.1 MeV的快中子引起裂变链式反应的反应堆。快中子堆的主要特点是，快堆核电站运行时，新产生的易裂变核燃料钚多于消耗掉的钚，即增殖比大于1，易裂变核燃料得到增殖，因此又称为快中子增殖反应堆。运行中真正消耗的是天然铀中不易裂变且天然丰度占99.2%以上的铀-238。快堆的乏燃料经后处理，钚返回堆内再烧，多余的钚则用于装载新的快堆。如此封闭并无限次循环则对铀资源的利用率可从单单发展压水堆的1%左右提高到60%～70%。由于利用率的提高，更贫的铀矿也值得开采，这样世界可采铀资源将增千倍。

在热中子反应堆运行时，会产生长寿命次量锕系核素（MA），其产量约为所产工业钚的1/10。锕系核素需要衰变三四百万年才能将其放射性毒性降到天然铀的水平。但这些核素在快中子场中可以裂变成一般裂变产物，因此，可用快中子焚烧堆将它们裂变掉，获得裂变能，达到变害为利，减少地质贮存的环境风险。

世界上快堆技术的发展已超过半个世纪，发展增殖快堆最适合的冷却剂是液态金属钠，这是所有快堆国家审慎选择的结果。

钠冷快堆是当前唯一现实的增殖堆，在闭式核燃料循环的支持下，可使我国核能实现长期可持续地安全供应。

钠冷快堆在我国是全新的核电工程。前核工业部20世纪60年代中后期开始组织钠冷快堆技术的基础研究，1986年快堆技术发展纳入国家“八六三”高技术计划后，1988—1993年进行了以实验快堆为目标的应用基础研究，1992年3月国务院批准了建造65 MW热功率20 MW电功率实验快堆的目标，该堆于2000年开始建造。

在核工业研究生部的组织下，我们聘请了从事中国实验快堆设计及有丰富专业知识和经验的各专业专家编写了这部中国实验快堆系列丛书，包括如下14篇：

1　快堆概论

2　快堆物理基础

3　快堆热工流体力学

4　快堆本体及燃料操作系统

5　快堆主热传输系统及辅助系统

6　钠工艺基础

7　快堆蒸汽动力转换系统

8　快堆控制与保护

9　快堆电气系统与设备

10　快堆辐射防护

11　快堆材料

12　快堆通用机械设备

13　快堆安全分析

14　快堆运行

各篇编者多从本专业物理原理、尤其是从钠冷快堆独有的特征出发，结合中国实验快堆的设计成果深入浅出地编写成册，因此既适于大学本科毕业的主控室操纵人员培训也适于快堆高级管理人员学习快堆知识，也可供一般操作人员培训参考。

我国快堆工程分三步发展，各阶段目标具有主要技术选择的一致性。本丛书针对性强，因此对新参与我国后续的示范快堆和大型高增殖快堆的设计者们也是一种实用的入门教材。

这是我国钠冷快堆首部运行操作人员的培训丛书，由于经验不足，疏漏和错误在所难免，敬请各位专家、使用者们不吝指正。

徐銤

2011 年 1 月 3 日

前　　言

本书介绍了快堆电气系统与设备技术基础。

本书主要分为电气系统和设备两大部分，共11章。第1章介绍了电气基础知识，概括的介绍了电路和磁路的基本物理量和基本定律，以及如何识别电气接线图。第2章介绍了电气系统主接线，叙述了电气主接线的基本概念、要求和类型。第3章结合大亚湾核电站厂用电系统和快堆厂用电系统详细地分析了核电厂厂用电系统功能、设计准则及接线。第4章主要讲述了开关电器的原理、性能及配电装置的组成。第5、6章主要讲述了直流系统和不间断电源的原理、作用及组成。第7章主要叙述了变压器的主要结构部件性能、原理及运行特性。第8、9章详细地介绍了发电机及其励磁系统的原理、结构、功能及特点。第10章主要介绍了交直流电动机的原理及工作特性。第11章主要介绍了发电厂电气设备继电保护的原理、功能及保护配置。

本书的编写尽量避开理论知识偏多、偏难、偏深的倾向，对基本理论和概念的介绍力求做到实用、够用。本书在各章内容安排上，首先介绍通用的电气基础内容，然后结合大亚湾核电站的有关资料，介绍大亚湾核电站的电气系统与设备，最后结合快堆电气系统的具体实际设计，讲解快堆电气系统是如何满足工艺要求和反应堆的安全要求。在这里还要强调的是，本书中有关核电厂和快堆的篇幅并不是很多，但它却很重要。

本书具体编写分工为：唐基本编写第1章、第5章、第6章；马建明编写第2章、第3章、第9章；马建明、陈建东编写第4章、第7章；谢海昕编写第8章；董升国编写第10章；吕宁编写第11章；王新宇提供了电加热系统相关资料。全书由唐基本主审，马建明统稿。由于编写人员水平有限，书中难免存在一些不足和疏漏之处，敬请读者批评指正。

编　者

2011年11月

目　　录

第1章　电气基础知识

1.1　电路的基本概念

1.1.1　电路的基本组成

1. 电路的基本概念

电路是由各种电器元器件(或电工设备)按照一定的电气功能要求连接起来的总体。它为电流的流通提供了一个路径。图1-1所示为简单的直流电路。

2. 电路的基本组成

电路的基本组成包括以下四个部分：

(1) 电源(供能元件):为电路提供电能的设备和器件(如电池、发电机等)。

(2) 负载(耗能元件):使用(消耗)电能的设备和器件(如灯泡等用电器)。

(3) 控制器件:控制电路工作状态的器件或设备(如开关等)。

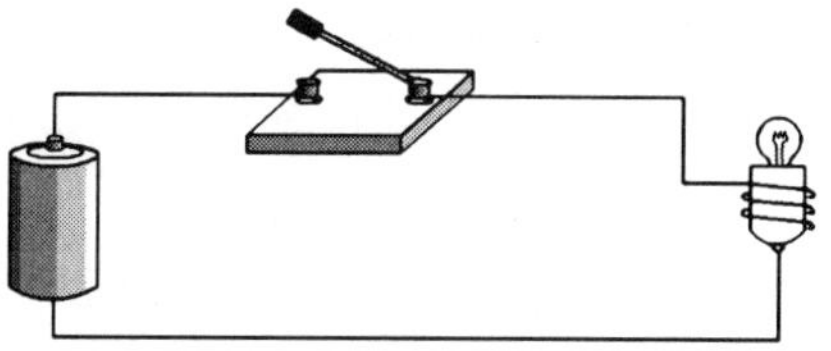

图1-1　简单的直流电路

(4) 连接导线:将电器设备和元器件按一定方式连接起来(如各种铜、铝电缆线等)。

其中(3)、(4)是中间环节,起着传递、分配和控制电能的作用。

3. 电路的状态

电路的状态有以下几种情况：

(1) 通路(闭路):电源与负载接通,电路中有电流通过,电气设备或元器件获得一定的电压和电功率,进行能量转换。

(2) 开路(断路):电路中没有电流通过,又称为空载状态。

(3) 短路:电源两端的导线直接相连接,输出电流过大对电源来说属于严重过载,如没有保护措施,电源或电器会被烧毁或发生火灾,所以通常要在电路或电气设备中安装熔断器、断路器等保护装置,以避免发生短路时出现不良后果。

4. 电路的作用

电路的作用有两个：

(1) 在强电领域中,实现电能的传输、分配与转换；

(2) 在弱电领域中,实现信号的传递与处理。

1.1.2　关于电路的物理量

1. 电流的基本概念

电路中电荷沿着导体的定向运动形成电流,电路中正电荷流动的方向规定为电流的方向(或负电荷流动的反方向)。在以后的电路计算中,我们可以任意指定一个方向作为电流的参考方向，进行计算。计算的结果为正，则表示电流的参考方向与电流的实际方向一致；计算的结果为负，则表示电流的参考方向与电流的实际方向相反。电流大小等于在单位时间内通过导体横截面的电量，称为电流强度（简称电流），用符号 I 或 $i(t)$ 表示。电流 $i(t)$ 的国际单位制为安培（A）。常用的电流单位还有毫安（mA）、微安（μA）、千安（kA）等。

电流有两种类型：一种是电流的大小及方向都不随时间变化，即在单位时间内通过导体横截面的电量相等，则称为稳恒电流或恒定电流，简称为直流，记为 DC 或 dc，直流电流要用大写字母 I 表示；另一种是电流的大小及方向均随时间变化，则称为变动电流。对电路分析来说，一种最为重要的变动电流是正弦交流电流，其大小及方向均随时间按正弦规律作周期性变化，简称为交流，记为 AC 或 ac，交流电流的瞬时值要用小写字母 i 或 $i(t)$ 表示。

2. 电压的基本概念

电压是指电路中两点 A、B 之间的电位差（简称为电压），其大小等于单位正电荷因受电场力作用从 A 点移动到 B 点所做的功，电压的方向规定为从高电位指向低电位的方向。在以后的电路计算中，我们可以任意指定一个方向作为电压的参考方向，进行计算。计算的结果为正，则表示电压的参考方向与电压的实际方向一致；计算的结果为负，则表示电压的参考方向与电压的实际方向相反。电压的国际单位制为伏特（V），常用的单位还有毫伏（mV）、微伏（μV）、千伏（kV）等。

电压有两种类型：一种是电压的大小及方向都不随时间变化，则称为稳恒电压或恒定电压，简称为直流电压，用大写字母 U 表示；另一种是电压的大小及方向随时间变化，则称为变动电压。对电路分析来说，一种最为重要的变动电压是正弦交流电压（简称交流电压），其大小及方向均随时间按正弦规律作周期性变化。交流电压的瞬时值要用小写字母 u 或 $u(t)$ 表示。

3. 电功率

电功率（简称功率）所表示的物理意义是电路元件或设备在单位时间内吸收或发出的电能。两端电压为 U、通过电流为 I 的任意二端元件（可推广到一般二端网络）的功率大小为

$$P = UI$$

功率的国际单位制单位为瓦特（W），常用的单位还有毫瓦（mW）、千瓦（kW）。

4. 电动势

衡量电源的电源力大小及其方向的物理量叫做电源的电动势。

电动势通常用符号 E 或 $e(t)$ 表示，E 表示大小与方向都恒定的电动势（直流电源的电动势），$e(t)$ 表示大小和方向随时间变化的电动势，也可简记为 e。电动势的国际单位制为伏特，记做 V。

电动势的大小等于电源力把单位正电荷从电源的负极，经过电源内部移到电源正极所做的功。电动势的方向规定为从电源的负极经过电源内部指向电源的正极。

1.1.3 关于正弦交流电的基本概念

1. 正弦交流电

大小和方向均随时间做周期性变化的电压或电流称为交流电，而大小和方向均随时间按正弦规律做周期性变化的电流、电压、电动势称为正弦交流电流、电压、电动势。正弦量随时间按正弦规律变化，对应各个时刻的数值称为瞬时值，瞬时值是用正弦解析式（三角函数

式）来表示，即

$$
\begin{aligned}
i(t) &= I_{\mathrm{m}}\sin(\omega t + \varphi_{i0}) \\
u(t) &= U_{\mathrm{m}}\sin(\omega t + \varphi_{u0}) \\
e(t) &= E_{\mathrm{m}}\sin(\omega t + \varphi_{e0})
\end{aligned}
\tag{1-1}
$$

式中，I_{m}、U_{m}、E_{m} 分别叫做交流电流、电压、电动势的振幅（也叫做峰值或最大值），ω 叫做交流电的角频率，单位为弧度/秒（rad/s），它表征正弦交流电流每秒内变化的电角度；φ_{i0}、φ_{u0}、φ_{e0} 分别叫做电流、电压、电动势的初相位或初相，单位为弧度（rad）或度（°），它表示初始时刻（$t=0$ 时）正弦交流电所处的电角度。

振幅、角频率、初相这三个参数叫做正弦交流电的三要素。任何正弦量都具备三要素。

2. 表征正弦交流电的物理量

（1）周期

正弦交流电完成一次循环变化所用的时间叫做周期，用字母 T 表示，单位为秒（s）。显然正弦交流电流或电压相邻的两个最大值（或相邻的两个最小值）之间的时间间隔即为周期，由三角函数知识可知

$$T = \frac{2\pi}{\omega}$$

（2）频率

正弦交流电一秒钟内经历的循环数称为频率，（用符号 f 表示），即

$$f = \frac{1}{T}$$

它表示正弦交流电流在单位时间内作周期性循环变化的次数，即表征交流电交替变化的速率（快慢）。频率的国际单位制是赫兹（Hz）。角频率与频率之间的关系为

$$\omega = 2\pi f$$

周期、频率、角频率三者是从不同的角度反映的同一个问题，正弦量随时间变化的快慢程度。

（3）有效值

在电工技术中，有时并不需要知道交流电的瞬时值，而规定一个能够表征其大小的特定值——有效值，其依据是交流电流和直流电流通过电阻时，电阻都要消耗电能（热效应）。

设正弦交流电流 $i(t)$ 在一个周期 T 时间内，使一电阻 R 消耗的电能为 Q_R，另有一相应的直流电流 I 在时间 T 内也使该电阻 R 消耗相同的电能，即 $Q_R=I^2RT$。就其对电阻作功的能力来说，这两个电流（i 与 I）是相同的，于是我们把做功能力相等的直流电的数值 I 定义为相应交流电 i 的有效值。有效值可确切地反映正弦交流电的大小。有效值是根据热效应相同的直流电数值而得，因此引用直流电的符号，即有效值用 U 或 I 表示。

理论与实验都可以证明，正弦交流电 $i(t)$ 的振幅（最大值）I_{m} 与其有效值之间具有特定的数值关系，即

$$I = \frac{I_{\mathrm{m}}}{\sqrt{2}} = 0.707 I_{\mathrm{m}}$$

正弦交流电压的有效值为

$$U = \frac{U_m}{\sqrt{2}} = 0.707U_m \tag{1-2}$$

正弦交流电动势的有效值为

$$E = \frac{E_m}{\sqrt{2}} = 0.707E_m$$

（4）相位和相位差

任意一个正弦量 $y=A\sin(\omega t+\varphi_0)$ 的相位为 $(\omega t+\varphi_0)$，初相位为 φ_0。设第一个正弦量的初相为 φ_{01}，第二个正弦量的初相为 φ_{02}，两个正弦量的频率相同，则这两个正弦量的相位差（与时间 t 无关）为

$$\varphi_{12} = \varphi_{01} - \varphi_{02}$$

并规定

$$|\varphi_{12}| \leqslant 180^\circ \quad 或 \quad |\varphi_{12}| \leqslant \pi$$

3. 正弦交流电的表示法

正弦交流电可以用以下几种方法来表示。

（1）解析式表示法

$$\begin{aligned} i(t) &= I_m\sin(\omega t + \varphi_{i0}) \\ u(t) &= U_m\sin(\omega t + \varphi_{u0}) \\ e(t) &= E_m\sin(\omega t + \varphi_{e0}) \end{aligned} \tag{1-3}$$

（2）波形图表示法

图 1-2 给出了不同初相角的正弦交流电的波形图。

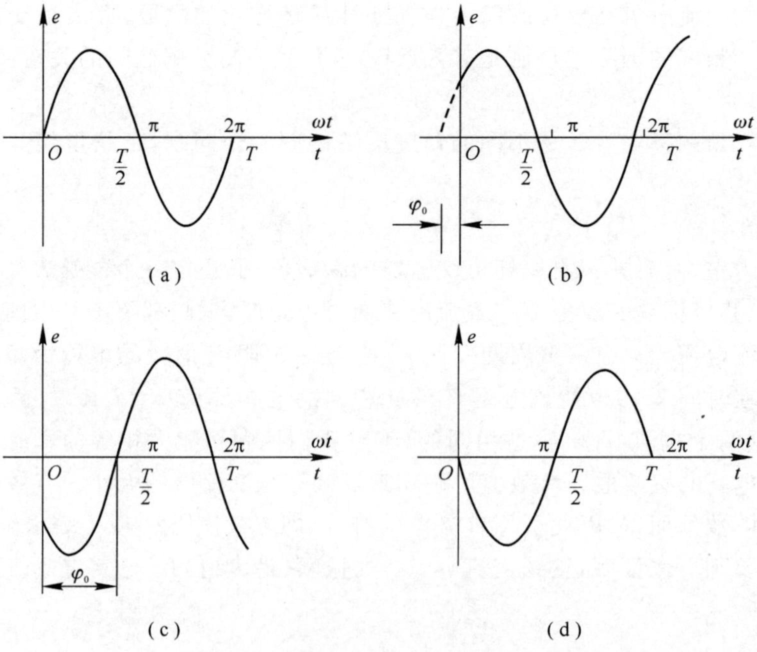

图 1-2 正弦交流电的波形图举例

波形图表示法是根据正弦量的解析式表达式中的交流电的振幅、角频率、初相位画出来的。

(3) 相量图表示法

任何正弦量都可以用相量来表示，也就是说正弦量可以用复数来表示。而复数表示的方法有代数式法、三角函数式法、指数式法和极坐标法。前三种方法常用于计算，极坐标法常用于画图。画图时可以用振幅相量或有效值相量表示，但通常用有效值相量表示。但要注意，只有同频率的正弦量才能画在同一相量图上。

1) 振幅相量表示法

振幅相量表示法是用正弦量的振幅值作为相量的模(大小)、用初相角作为相量的幅角，例如有三个正弦量为

$$e = 60\sin(\omega t + 60°)\ \text{V}$$
$$u = 30\sin(\omega t + 30°)\ \text{V}$$
$$i = 5\sin(\omega t - 30°)\ \text{A}$$

则它们的振幅相量图如图 1-3(a)所示。

2) 有效值相量表示法

有效值相量表示法是用正弦量的有效值作为相量的模(长度大小)、仍用初相角作为相量的幅角，例如

$$u = 220\sqrt{2}\sin(\omega t + 53°)\ \text{V},\ i = 0.41\sqrt{2}\sin(\omega t)\ \text{A}$$

则它们的有效值相量图如图 1-3(b)所示。

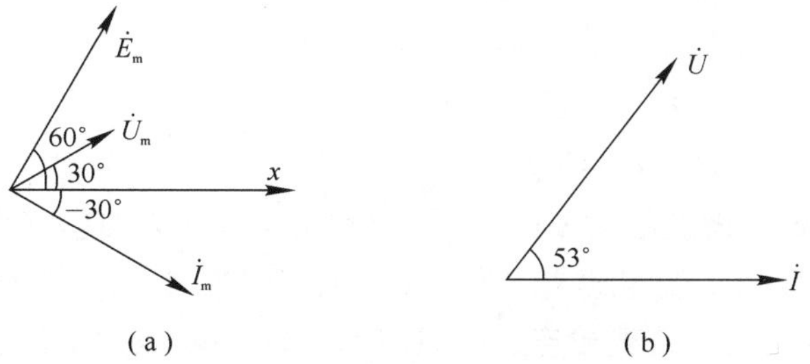

图 1-3　正弦量的振幅、有效值相量图举例

4. 三相正弦交流电路

振幅相等、频率相同，在相位上彼此相差 120°的三个电动势称为对称三相电动势。对称三相电动势瞬时值的数学表达式为

第一相(U 相)电动势：　$e_1 = E_m\sin(\omega t)$

第二相(V 相)电动势：　$e_2 = E_m\sin(\omega t - 120°)$　　(1-4)

第三相(W 相)电动势：　$e_3 = E_m\sin(\omega t + 120°)$

显然，有 $e_1 + e_2 + e_3 = 0$。波形图与相量图如图 1-4 所示。

三相电源有星形(亦称 Y 形)接法和三角形(亦称△形)接法两种。

(1) 三相电源的星形(Y 形)接法

将三相发电机三相绕组的末端 U2、V2、W2(相尾)连接在一点，始端 U1、V1、W1(相头)分别与负载相连，这种连接方法叫做星形(Y 形)接法，如图 1-5 所示。

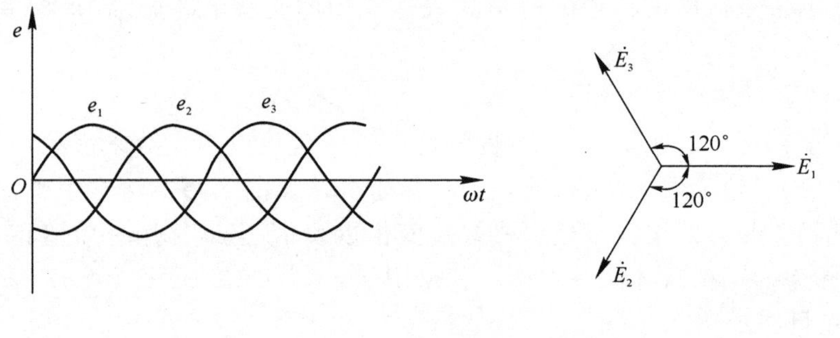

图 1-4 对称三相电动势波形图与相量图

从三相电源三个相头 U1、V1、W1 引出的三根导线叫作端线或相线，俗称火线，任意两个火线之间的电压叫做线电压。Y 形公共联结点 N 叫作中点，从中点引出的导线叫做中线或零线。由三根相线和一根中线组成的输电方式叫做三相四线制(通常在低压配电中采用)。

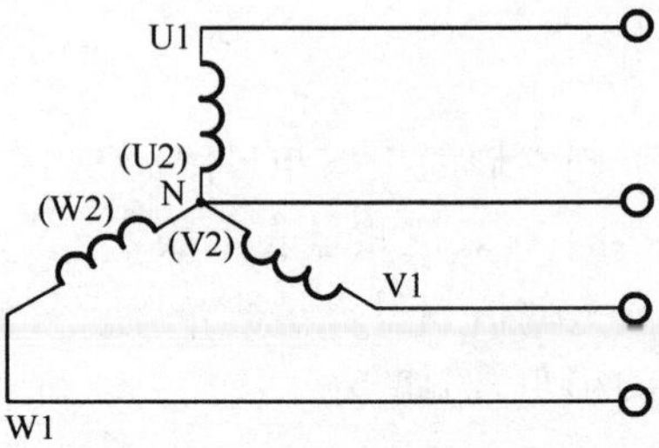

图 1-5 三相绕组的星形接法

每相绕组始端与末端之间的电压(相线与中线之间的电压)叫做相电压，相电压大小(有效值)均为

$$U_1 = U_2 = U_3 = U_P$$

任意两相始端之间的电压(火线与火线之间的电压)叫做线电压。显然三个线电压也是对称的，大小(有效值)均为

$$U_{12} = U_{23} = U_{31} = U_L = \sqrt{3}U_P$$

(2) 三相电源的三角形(△形)接法

将三相发电机的第二绕组始端 V1 与第一绕组的末端 U2 相连、第三绕组始端 W1 与第二绕组的末端 V2 相连、第一绕组始端 U1 与第三绕组的末端 W2 相连，并从三个始端 U1、V1、W1 引出三根导线分别与负载相连，这种连接方法叫做三角形(△形)接法。显然这时线电压等于相电压，即

$$U_L = U_P$$

这种没有中线、只有三根相线的输电方式叫做三相三线制。

(3) 三相负载的联结

1) 负载的星形联结

三相负载的星形联结如图 1-6 所示。

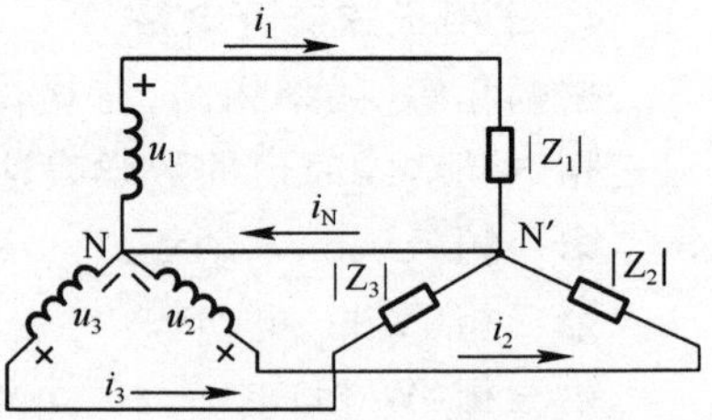

图 1-6 三相负载的星形联结

该接法有三根火线和一根零线，叫做三相四线制电路，在这种电路中三相电源也必须是 Y 形接法，所以又叫做 Y－Y 接法的三相电路。显然不管负载是否对称(相等)，电路中的线电压 U_L 都等于负载相电压 U_{YP} 的 $\sqrt{3}$ 倍，即

$$U_L = \sqrt{3}U_{YP}$$

负载的相电流 I_{YP} 等于线电流 I_{YL}，即

$$I_{YL}=I_{YP}$$

2）负载的三角形联结

负载做△形联结时只能形成三相三线制电路，如图 1-7 所示。

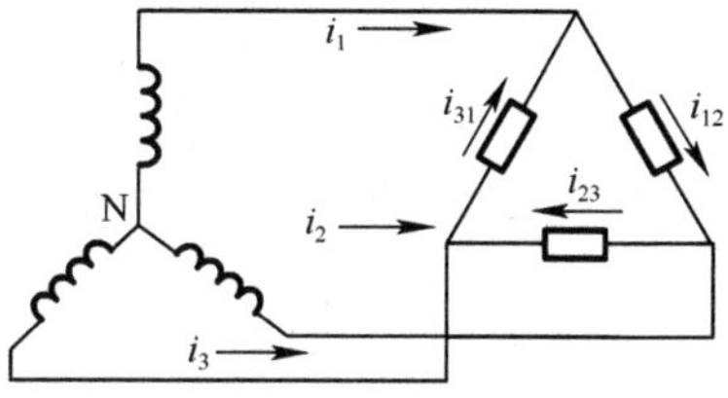

图 1-7　三相负载的三角形联结

显然不管负载是否对称（相等），电路中负载相电压 $U_{\Delta P}$ 都等于线电压 U_L，即

$$U_{\Delta P}=U_L$$

当三相负载对称时，即各相负载完全相同，相电流和线电流也一定对称。负载的相电流为

$$I_{\Delta P}=\frac{U_{\Delta P}}{|Z|}$$

线电流 $I_{\Delta L}$ 等于相电流 $I_{\Delta P}$ 的 $\sqrt{3}$ 倍，即

$$I_{\Delta L}=\sqrt{3}I_{\Delta P}$$

3）三相电路的功率

三相负载的有功功率等于各相功率之和，即

$$P=P_1+P_2+P_3$$

在对称三相电路中，无论负载是星形联结还是三角形联结，由于各相负载相同、各相电压大小相等、各相电流也相等，所以三相功率为

$$P=3U_PI_P\cos\varphi=\sqrt{3}U_LI_L\cos\varphi \tag{1-5}$$

其中 φ 为对称负载的阻抗角，也是负载相电压与相电流之间的相位差。

三相电路的视在功率为

$$S=3U_PI_P=\sqrt{3}U_LI_L \tag{1-6}$$

三相电路的无功功率为

$$Q=3U_PI_P\sin\varphi=\sqrt{3}U_LI_L\sin\varphi \tag{1-7}$$

三相电路的功率因数为

$$\lambda=\frac{P}{S}=\cos\varphi \tag{1-8}$$

1.2　电路的基本定律

在讲述电路定律之前，我们先介绍几个电路常用的名词，以图 1-8 为例。

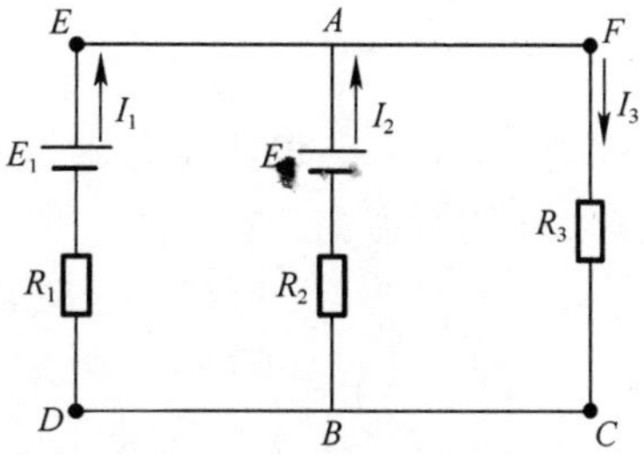

图 1-8　常用电路名词的说明

（1）支路：电路中具有两个端钮且通过同一电流的无分支电路。如图 1-8 电路中的 ED、AB、FC 均为支路，该电路的支路数目为 $b=3$。

（2）节点：电路中三条或三条以上支路的连接点。如图 1-8 电路的节点为 A、B 两点，该电路的节点数目为 $n=2$。

(3) 回路：电路中任一闭合的路径。如图 1-8 电路中的 $CDEFC$、$AFCBA$、$EABDE$ 路径均为回路，该电路的回路数目为 $l=3$。

(4) 网孔：不含有分支的闭合回路。如图 1-8 电路中的 $AFCBA$、$EABDE$ 回路均为网孔，该电路的网孔数目为 $m=2$。

(5) 网络：在电路分析范围内网络是指包含较多元件的电路。

1.2.1 基尔霍夫电流定律(节点电流定律)

电流定律的第一种表述：在任何时刻，电路中流入任一节点中的电流之和，恒等于从该节点流出的电流之和，即

$$\sum I_{流入}=\sum I_{流出} \tag{1-9}$$

例如图 1-9 中，在节点 A 上：$I_1+I_3=I_2+I_4+I_5$

电流定律的第二种表述：在任何时刻，电路中任一节点上的各支路电流代数和恒等于零，即

$$\sum I=0 \tag{1-10}$$

一般可在流入节点的电流前面取“+”号，在流出节点的电流前面取“−”号，反之亦可。例如图 1-9 中，在节点 A 上：$I_1-I_2+I_3-I_4-I_5=0$。

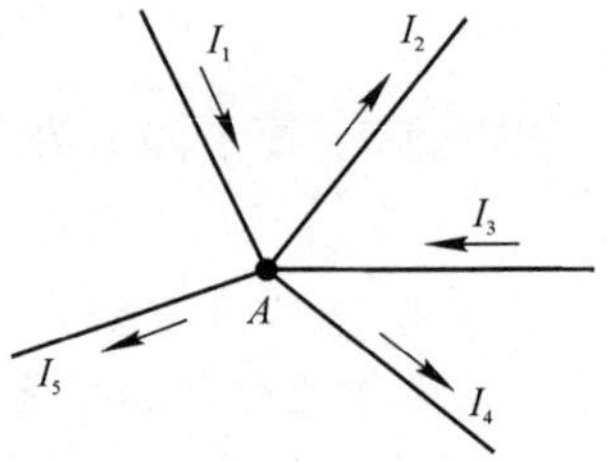

图 1-9 电流定律的举例说明

基尔霍夫电流定律表达的实质是：体现了电流的连续性。基尔霍夫电流定律反映了电路中任一节点处各支路电流间相互制约的关系。

在使用电流定律时，必须注意：

(1) 对于含有 n 个节点的电路，只能列出$(n-1)$个独立的电流方程。

(2) 列节点电流方程时，只需考虑电流的参考方向，然后再带入电流的数值。

为了分析电路方便，通常需要在所研究的一段电路中事先选定(假定)电流流动的方向，叫做电流的参考方向，通常用“→”号表示。

电流的实际方向可根据数值的正、负来判断，当 $I>0$ 时，表明电流的实际方向与所标定的参考方向一致；当 $I<0$ 时，则表明电流的实际方向与所标定的参考方向相反。

基尔霍夫电流定律可以推广应用于包围部分电路的任一假设的闭合面。

1.2.2 基尔霍夫电压定律(回路电压定律)

在任何时刻，沿着电路中的任一回路绕行方向，回路中各段电压的代数和恒等于零，即

$$\sum U=0$$

以图 1-10 电路说明基尔霍夫电压定律。沿着回路 $abcdea$ 绕行方向，有

$$U_{ac}=U_{ab}+U_{bc}=R_1I_1+E_1,$$
$$U_{ce}=U_{cd}+U_{de}=-R_2I_2-E_2,$$
$$U_{ea}=R_3I_3$$

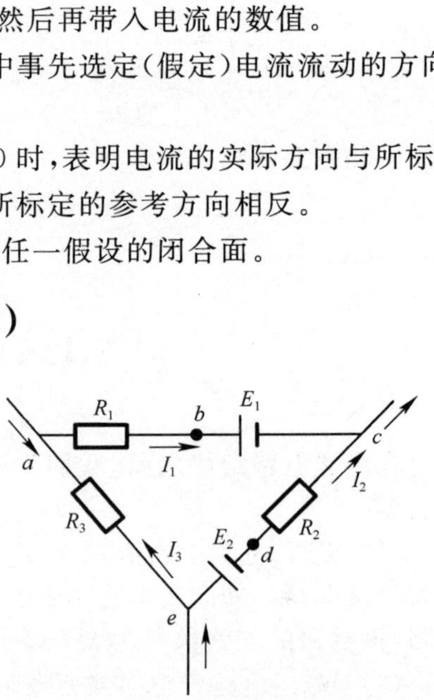

图 1-10 电压定律的举例说明

则　$$U_{ac}+U_{ce}+U_{ea}=0$$

即　$$R_1I_1+E_1-R_2I_2-E_2+R_3I_3=0$$

上式也可写成

$$R_1I_1-R_2I_2+R_3I_3=-E_1+E_2$$

对于电阻电路来说，任何时刻，在任一闭合回路中，各段电阻上的电压降代数和等于各电源电动势的代数和，即

$$\sum RI=\sum E$$

利用 $\sum RI=\sum E$ 列回路电压方程的原则：

（1）标出各支路电流的参考方向并选择回路绕行方向（既可沿着顺时针方向绕行，也可沿着反时针方向绕行）；

（2）电阻元件的端电压为 $\pm RI$，当电流 I 的参考方向与回路绕行方向一致时，选取“+”号；反之，选取“－”号；

（3）电源电动势为 $\pm E$，当电源电动势的标定方向与回路绕行方向一致时，选取“+”号，反之应选取“－”号。

基尔霍夫电压定律（KVL）反映了电路中任一回路中各段电压间相互制约的关系。

1.3　磁路的主要物理量

1. 磁感应强度（*B*）

磁感应强度 B 是表示磁场内某点磁场强弱及方向的物理量。

磁场中垂直于磁场方向的通电直导线，所受的磁场力 F 与电流 I 和导线长度 l 的乘积 Il 的比值叫做通电直导线所在处的磁感应强度 B。即

$$B=\frac{F}{Il} \tag{1-11}$$

磁感应强度是一个矢量，它的方向即为该点的磁场方向。B 的方向用右手螺旋定则确定。也可以将自由转动的小磁针放在磁场中某点处，处于静止时，其 N 极所指的方向就是磁场方向。因此，磁场中某点处磁感应强度的方向也就是小磁针在该点处，处于静止状态下，N 极所指的方向。

在国际单位制中，磁感应强度的单位是：特斯拉（T）。

如果磁场中各点的磁感应强度的大小相等，方向相同，则这样的磁场称为均匀磁场。

2. 磁通

在磁感应强度为 B 的匀强磁场中取一个与磁场方向垂直，面积为 S 的平面，则 B 与 S 的乘积，叫做穿过这个平面的磁通量 Φ，简称磁通。即

$$\Phi=BS \tag{1-12}$$

磁通的国际单位是韦伯（Wb）。

3. 磁场强度

在各向同性的媒介质中，某点的磁感应强度 B 与磁导率 μ 之比称为该点的磁场强度，

记做 H。即

$$H=\frac{B}{\mu} \tag{1-13}$$

$$B=\mu H=\mu_0\mu_r H$$

磁场强度 H 也是矢量,其方向与磁感应强度 B 同向,国际单位是安培/米(A/m)。

1.4 磁路的基本定律

1.4.1 安培力定律

1. 安培力的大小

磁场对放在其中的通电直导线有力的作用,这个力称为安培力。

当电流 I 的方向与磁感应强度 B 垂直时,导线受安培力最大,根据磁感应强度 $B=\frac{F}{Il}$,可得 $F=BIl$。

2. 单位

公式中各物理量的单位均采用国际单位制:安培力 F 的单位用牛顿(N);电流 I 的单位用安培(A);长度 l 的单位用米(m);磁感应强度 B 的单位用特斯拉(T)。

3. 左手定则

安培力 F 的方向可用左手定则判断:伸出左手,使拇指跟其他四指垂直,并都跟手掌在一个平面内,让磁感线穿入手心,四指指向电流方向,大拇指所指的方向即为通电直导线在磁场中所受安培力的方向。

由左手定则可知:$F\perp B$,$F\perp I$,即 F 垂直于 B、I 所决定的平面。

1.4.2 楞次定律

1. 楞次定律

通过实验发现:当磁铁插入线圈时,原磁通在增加,线圈所产生的感应电流的磁场方向总是与原磁场方向相反,即感应电流的磁场总是阻碍原磁通的增加;当磁铁拔出线圈时,原磁通在减少,线圈所产生的感应电流的磁场方向总是与原磁场方向相同,即感应电流的磁场总是阻碍原磁通的减少。

因此,得出结论:当将磁铁插入或拔出线圈时,线圈中感应电流所产生的磁场方向,总是阻碍原磁通的变化。这就是楞次定律的内容。

根据楞次定律判断出感应电流磁场方向,然后根据安培定则,即可判断出线圈中的感应电流方向。

2. 判断步骤

原磁场 B_1 方向
原磁通变化(增加或减少) } $\xrightarrow{\text{楞次定律}}$ 感应电流磁场 B_2 方向(与 B_1 相同或相反) $\xrightarrow{\text{安培定则}}$ 感应电流方向

3. 楞次定律符合能量守恒定律

由于线圈中所产生的感应电流磁场总是阻碍原磁通的变化,即阻碍磁铁与线圈的相对运动，因此要想保持它们的相对运动，必须有外力来克服阻力做功，并通过做功将其他形式的能转化为电能，即线圈中的电流不是凭空产生的。

1.4.3　电磁感应定律

1. 电磁感应定律的数学表达式

单匝线圈中产生的感应电动势的大小，与穿过线圈的磁通变化率 $\Delta\Phi/\Delta t$ 成正比，即

$$E = \frac{\Delta\Phi}{\Delta t} \tag{1-14}$$

对于 N 匝线圈，有

$$E = N\frac{\Delta\Phi}{\Delta t} = \frac{N\Phi_2 - N\Phi_1}{\Delta t} \tag{1-15}$$

式中，$N\Phi$ 表示磁通与线圈匝数的乘积，称为磁链，用 Ψ 表示。即

$$\Psi = N\Phi \tag{1-16}$$

于是对于 N 匝线圈，感应电动势为

$$E = \frac{\Delta\Psi}{\Delta t} \tag{1-17}$$

2. 直导线在磁场中切割磁感线

如图 1-11 所示，$abcd$ 是一个矩形线圈，它处于磁感应强度为 B 的匀强磁场中，线圈平面和磁场垂直，ab 边可以在线圈平面上自由滑动。设 ab 长为 l，匀速滑动的速度为 v，在 Δt 时间内，由位置 ab 滑动到 $a'b'$，利用电磁感应定律，ab 中产生的感应电动势大小为

$$E = \frac{\Delta\Phi}{\Delta t} = \frac{B\Delta S}{\Delta t} = \frac{Blv\Delta t}{\Delta t} = Blv$$

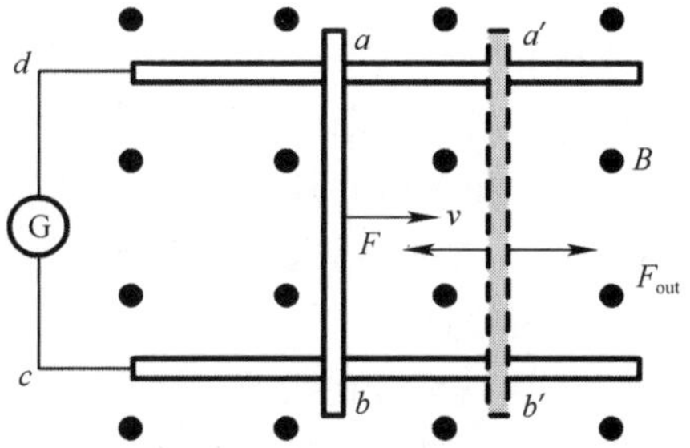

图 1-11　导体切割磁感线产生的感应电动势

即

$$E = Blv$$

1.5　电气接线图的识别

1.5.1　一、二次回路及设备

在发电厂和变电所中，通常将电气接线分为一次接线和二次接线，其中的电气设备也分为一次设备、二次设备。

一次设备也称主设备，是构成电力系统的主体。它是直接生产、输送与分配电能的设备，包括：发电机、电力变压器、断路器、隔离开关、母线、电力电缆与输电线路、避雷器、电抗器、电流互感器和电压互感器等。将电气一次设备，按一定顺序连接起来，用以表示产生、汇集和分配电能的电路，称为一次接线图或主接线图。

二次设备是对一次设备及系统进行控制、调节、保护和监测的设备。它包括：控制设备、

继电保护和安全自动装置、计量和测量仪表、信号设备等。将二次设备按照一定规则连接起来以实现某种技术要求的电气回路称为二次接线,又称二次回路。

电力系统由一次接线和二次接线共同组成,它们是一个不可分割的整体。只有两者都处于良好的状态下,才能保证电力系统的正常运行。

现代电力工业迅速发展,要求输送的功率越来越大,为了在输送大功率电能的同时,尽量减少能量的损失和提高电能的质量,必须提高电网的额定电压。对于发电设备和变电设备来讲,当输送功率一定时,电压越高,设备的体积越小,制造成本越低。我国的电网电压越来越高,目前电网电压已达到500 kV,还在不断提高(750 kV、1 000 kV),输送的电流少则几百安,多则几千安,而大型发电设备的额定电流可达几万安。如此高的电压和大的电流,若直接进行测量和保护,其所用的仪表和继电器的制造不仅是困难,而且是根本不可能,为达此目的,利用互感器就可以解决这个问题。

1.5.2 电气一次接线图

1. 电气一次接线图的作用

电气一次接线图是发电厂和变电所的重要图纸,是从事电气运行、维护和检修人员在工作中必不可少的依据。

在发电厂和变电站中,一次接线图和二次接线图都是非常重要的电路图。但二次接线图是根据一次接线图的运行要求而设计绘制的,所以,一次接线图显得尤为重要。

发电厂和变电站的运行和维护人员必须能够读懂一、二次接线图,熟悉一、二次接线图,灵活运用一、二次接线图,才能保证发电厂和变电站的安全运行、准确调度、及时检修、降低成本和提高效益。

2. 一次接线图的分类

一次接线图可以分为以下几种:

(1) 电气主接线图——发电厂和变电站的最重要的电气一次接线图。主接线图所连接的设备是发电厂和变电站的主设备,也是最重要的设备,包括发电机、主变压器、输配电线路以及必须要配置的高压开关电器、互感器和母线等。

(2) 自用电接线图——也称厂(所)用电接线图。对于发电厂而言,连接的设备有高压厂用变压器、低压厂用变压器和高压电动机等,以及相应的高低压厂用母线和必要的高低压开关设备,还有相应的供电线路。对于变电所而言,所用电接线图连接的设备有蓄电池充电装置和各种通风设备等。

这些设备对于发电、供电都是非常重要的,所以,对自用电接线的要求是非常高的。

(3) 配电装置图——用来表示一次设备具体的安装情况,包括分支母线和电缆头等,配电装置图大多用剖面图表示,仅表示出设备的轮廓。

(4) 接地装置图——接地装置是发电厂和变电所必不可少的,接地装置图用来表示接地体、接地网和接地线敷设、连接情况,比较简单。

3. 电气一次接线图读图方法

(1) 了解发电厂和变电所的基本情况:这一工作应在读图之前查阅有关资料或向有关人员了解,其中包括发电厂和变电所在系统中的作用,地位和类型等。

(2) 了解发电机和主变压器的主要数据:其中包括发电机和变压器的额定电压、电流、频率、功率因数、效率等，这些数据一般在图纸上可查到。

(3) 明确各个电压主接线的基本形式：在一个电厂中常常有几个电压，在看图时应逐个阅读，明确各个电压主接线的基本形式，这样，对复杂的电气主接线图就能比较容易地看懂。

(4) 检查开关设备的配置情况：对于断路器的检查——对于发电机、变压器、线路和母线等，与电源有联系的一侧都应设断路器，否则，当它们发生故障时，就不能迅速地被切除。对于隔离开关的检查——包括应设置隔离开关的地方是否都设置了，以便于检修。

(5) 检查互感器的配置情况：互感器的配置应满足测量和保护的要求，其中包括应该装电流互感器和电压互感器的地方是否都装了，数量和位置是否正确，还要检查电流互感器的绕组数是否能满足继电保护的要求。

(6) 检查避雷器的配置情况：看看避雷器的配置是否齐全。

通过以上的检查，就可以对电气一次接线图有一个较全面的了解。

1.5.3 电气二次接线图

1. 二次接线的任务

二次接线图是表示各个二次设备相互之间电气连接关系的电路图，二次设备是指对一次设备进行监察、控制、测量、保护和调整的低压设备（又称辅助设备），包括测量仪表、控制和信号器件、继电保护装置、自动远动装置、操作电源、控制电缆和熔断器等，二次接线是发电机和变电站电器接线的重要组成部分，是电力系统安全生产，经济运行的可靠保证。

二次接线的基本任务是：① 反映一次设备运行状况，控制一次设备；② 当一次设备发生故障时，能及时地将故障设备迅速切除，以保持电力系统处在最佳的运行状态。

2. 二次接线的重要性

电力系统由一次接线和二次接线共同组成，它们是不可分割的一个整体，如果将电力系统比作一个人的话，一次接线是人的骨骼和肌肉，二次接线就是人的神经系统，只有二者都处于良好状态时，系统才能正常运行。在高度自动化的现代电网中，二次接线的重要性就显得尤为突出。

3. 二次回路的范围

二次回路是一个具有多种功能的复杂网络，其内容包括高压电器设备和输电线路的控制、调节、信号、测量与监察、继电保护和自动装置、操作电源等回路，现分别介绍如下：

(1) 控制回路：由控制开关与控制对象（如断路器、隔离开关）的传递机构、执行（或操作）机构组成。其作用是对一次设备进行“合”、“分”操作，以满足电力系统运行方式和处理故障的要求。

控制回路按自动化程度的不同分为手动控制、半自动控制和自动控制；按控制方式的不同分为分散控制和集中控制；按控制距离的不同分为就地控制和远方控制；按控制电源的不同分为直流控制和交流控制。

(2) 调节回路：是指调节型自动装置。如由 VQC 系统对主变进行有载调压、对电容器进行投切的装置，发电机的励磁调节装置。它是由测量机构、传送机构、调节器和执行机构组成。其作用是根据一次设备运行参数的变化，实时在线调节一次设备的工作状态，以满足电力系统的安全、经济、稳定运行要求。

(3) 继电保护和自动装置回路：是由测量回路、比较部分、逻辑部分和执行部分等组成。

其作用是根据一次设备和系统的运行状态，判断其发生故障或异常时，自动发出跳闸命令有选择性地切除故障，并发出相应的信号，当故障或异常消失后，快速投入有关断路器(重合闸及备用电源自动投入装置)，恢复系统的正常运行。

(4) 测量回路：由各种测量仪表及其相关回路组成。其作用是指示或记录一次设备和系统的运行参数，以便运行人员掌握一次系统的运行情况，同时也是分析电能质量、计算经济指标、了解系统潮流和主设备运行工况的主要依据。

(5) 信号回路：由信号发送机构和信号继电器等构成。其作用是准确、及时地反映一、二次设备的工作状态，为运行人员提供操作、调节和处理故障的可靠依据。

信号回路按信号性质的不同分为事故信号、预告信号、指挥信号、位置信号、继电保护和自动装置信号等。信号回路按信号显示方式的不同分为灯光信号、音响信号和其他信号；信号回路按相应的时间的不同分为瞬时动作信号和延时动作信号；信号回路按信号的复归方式不同分为手动复位和自动复位。

(6) 操作电源系统：由电源设备和供电网络组成，它常包括直流电源系统和交流电源系统。其作用主要是给控制、保护、信号等设备提供工作电源与操作电源，供给主变冷却、结水与结煤等动力设备，确保发电厂与变电所所有设备正常工作。

4. 二次接线图的分类

二次接线图包括三种工程图：原理接线图、展开接线图、安装接线图。它们的绘制是以国家统一规定的图形符号和文字符号来表示二次设备相互之间连接关系。要求图纸简明清晰，能准确地表示系统的运行情况，便于施工和调试操作。

(1) 原理接线图

原理接线图是用来表示二次接线各元件(设备)的电气连接和工作原理的电气回路图。

原理接线图的特点：

1) 二次接线和一次接线相关部分画在一起，且电器元件以整体的形式来表示(线圈和接点画在一起)，能表明二次设备的构成、数量及电气连接情况，图形直观形象，便于记忆。

2) 用统一的图形和文字符号表示，按动作顺序画出，便于对整套装置的动作原理进行分析。

3) 缺点是不能表明元件内部的接线、端子的标号和导线的连接方法等。

通常将原理接线图又分为“归总式原理接线图”和“展开式原理接线图”。

归总式原理接线图：简称原理图，它以整体的形式表示各二次设备之间的电气连接，一般与一次回路的有关部分画在一起，设备的接点与线圈是集中画在一起的，能综合出交流电压回路、交流电流回路和直流回路间的联系，使读图人对二次回路的构成及动作过程有一个明确的整体概念。

展开式原理接线图：以分散的形式表示二次设备之间的连接。展开图中二次设备的接点与线圈分散布置，交流电压、交流电流、直流回路分别绘制。这种绘制方式容易跟踪回路的动作顺序，便于二次回路的设计，也容易在读图时发现回路中的错误。展开接线图是根据原理接线图绘制的，展开接线图是将二次设备按其线圈和触点的接线回路展开画出来，组成多个独立的回路，是安装、调试和检修的重要技术图纸，也是绘制接线图的主要依据。

(2) 展开接线图

展开接线图的特点：

1）按不同电源回路画出多个独立的回路，例如，交流回路按电流回路和电压回路画出，都是按A、B、C、N相序分行排列。直流回路按控制回路、测量回路、保护回路、信号回路和合闸回路画出。在这些回路中，按各继电器的动作先后顺序自上而下、自左而右排列。

2）用统一的图形和文字符号表示，按动作顺序画出，便于对整套装置的动作原理进行分析。

3）在图形的上方（或侧方）有相应的文字说明（回路名称、用途等），便于读图和分析。

4）各导线、端子都有统一规定的回路编号和标号，便于查线、施工和维修。

（3）安装接线图

根据施工安装的要求，表示二次设备的具体安装位置和布线方式的图形为安装接线图，简称安装图。安装接线图是控制屏、保护屏生产厂加工制造和现场安装施工的图纸，也是运行试验、维护主要的参考图纸。它是根据展开接线图绘制的，包括盘面布置图、盘后接线图、端子牌接线图几个部分。

1）盘（屏）面布置图是指从盘的正面看将各安装设备和仪表按实际安装位置按比例画出的正视图，它是盘后接线图的依据。

2）盘（屏）后接线图是指从盘的背面看，在盘后各设备与引出接线端子之间的连接情况以及端子与端子牌之间连接关系的图。它是以盘面布置图为基础，以展开接线图为依据绘制的接线图。

3）端子牌接线图是指从盘的背面看，表明盘内设备连接和盘内设备与盘外设备连接关系的接线图。端子牌接线图须表明端子牌数量、类型以及排列顺序。

安装接线图是最具体、最详细的施工图，是照图施工（接线）的工程图。

1.5.4 看二次接线图的方法

二次回路图的逻辑性强，在绘制时遵循一定的规律，读图时应按一定顺序进行才容易看懂。一般读图的规律为：先一次，后二次；先交流，后直流；先电源，后接线；先线圈，后触点；先上后下，先左后右。

同时安装图纸要结合展开图一起看。下面作逐一解释。

1. 先一次，后二次

如果图中有一次接线图和二次接线图同时存在时，就先看一次接线图，弄清一次接线图中都是些什么设备，以及这些设备的工作性质，再看对一次设备起监控作用的二次接线图，具体有什么监控作用。

2. 先交流，后直流

当图中同时存在交流回路和直流回路时，就先看交流回路，后看直流回路。因交流回路一般由电流互感器和电压互感器的二次绕组引出，直接反映一次接线的运行情况，而直流回路则是对交流回路各参数的变化所产生的反映（监控和保护作用）。

3. 先电源，后接线

无论是在交流回路还是在直流回路，二次回路的动作都是由电源驱动的，所以，在看图时应先找到电源（交流回路的电流互感器和电压互感器的二次绕组），再由此顺回路往下看；交流沿闭合回路往下看，依次分析设备的动作；直流回路从正电源沿接线找到负电源，再分析各设备的动作。

4. 先线圈，后触点

先找到继电器或装置的线圈，再找到其相应的触点。因为只有当线圈通电后，其相应的触点才能动作；由触点的通断引起回路的变化，再进一步分析整个回路的动作变化过程。

5. 先上后下，先左后右

这个要领主要是针对端子牌图和盘后安装图而言的。一次母线在上而负荷在下；在二次接线的展开图中，交流回路的互感器的二次侧线圈(电源)在上，其负载线圈在下；直流回路正电源在上而负电源在下；驱动触点在上，被驱动的线圈在下；端子牌图和盘后接线图一般也是由上而下；单元设备编号，则是由左至右按顺序排列的。

这些都是看图的基本方法和一般规律，对于一些特殊情况，还要具体分析。

第 2 章 电气系统主接线

2.1 电气主接线概述

2.1.1 电气主接线图的有关概念

电气主接线主要是指在发电厂、变电所、电力系统中，为满足预定的功率传送方式和运行等要求而设计的、表明高压电气设备（如发电机、变压器、母线、断路器、隔离开关、线路等）之间相互连接关系的传送和分配电能的电路。

用规定的设备文字和图形符号并按工作顺序排列，详细地表示电气设备或成套装置的全部基本组成和连接关系的单线接线图，称为电气主接线图。

电气主接线图一般画成单线图（用单相接线表示三相系统）。图 2-1 为电气设备在电气主接线图中的代表符号。

序号	设备名称	图例	序号	设备名称	图例	序号	设备名称	图例
1	发电机		6	隔离开关		11	避雷器	
2	双绕组变压器		7	带接地开关隔离开关	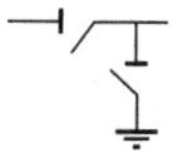	12	电抗器	
3	三绕组变压器		8	电压互感器		13	熔断器	
4	自耦变压器		9	电流互感器				
5	断路器		10	母线	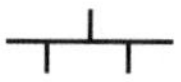			

图 2-1 电气设备在电气主接线图中的代表符号

2.1.2 电气主接线的基本要求

电气主接线代表了发电厂或变电所电气部分主体结构，是电力系统网络结构的重要组成部分。它直接影响运行的可靠性、灵活性，并对电器选择、配电装置布置、继电保护、自动装置和控制方式的拟定都有决定性的关系。电气主接线的确定需要综合考虑各方面的因素，经过技术、经济论证比较后，方可确定。

对电气主接线的基本要求，概括地说应包括可靠性、灵活性和经济性三个方面。

1. 可靠性

安全可靠是电力生产的首要任务，保证供电可靠是电气主接线最基本的要求。停电不仅使发电厂造成损失，而且对国民经济各部门带来的损失更为严重。重要发电厂发生事故时，在严重情况下可能会导致全系统性事故。主接线若不能保证安全可靠地工作，发电厂就很难完成生产、输送数量和质量均符合要求的电能。

主接线的可靠性并不是绝对的，同样形式的主接线对某些发电厂来说是可靠的，但对另一些发电厂不一定能满足可靠性要求。所以在分析主接线的可靠性时，不能脱离发电厂在系统中的地位、作用以及负荷性质等。

通常定性分析和衡量主接线可靠性时，均从以下几个方面去分析：

(1) 断路器检修时是否影响供电；

(2) 设备或线路故障或检修时，停电线路数目的多少和停电时间的长短，以及能否保证对重要用户的供电；

(3) 发电厂或变电所全部停电的可能性；

(4) 大型机组突然停运时，对电力系统稳定运行的影响与后果等因素。

目前，对主接线可靠性的衡量不仅可以定性分析，而且可以进行定量的可靠性计算。

2. 灵活性

主接线不但在正常运行情况下，能根据调度的要求，灵活地改变运行方式，达到调度的目的；而且在各种事故或设备检修时，能尽快地退出设备、切除故障，使停电时间最短、影响范围最小，并且在检修设备时能保证检修人员的安全。

在选择主接线时，还要考虑到扩建的可能性。

3. 经济性

主接线在保证安全可靠，操作灵活方便的基础上，还应使投资和年运行费用小，占地面积少，使发电厂尽快地产生经济效益。

2.2 电气主接线的基本接线形式

2.2.1 电气主接线的基本类型

电气主接线的基本组成是电气设备，基本环节是电源（发电机或变压器）、母线和出线（馈线）。当电源数和出线回路数不相等时，为了便于电能的汇集和分配，采用母线作为中间环节，可使接线简单清晰，运行方便，有利于安装和扩建。但加装母线后，配电装置占地面积较大，使用断路器等设备增多。无汇流母线的接线断路器数量和占地面积会减少，但只适用于进出线回路少，不再扩建和发展的发电厂或变电所。

电气主接线的基本接线形式按有无母线分类，分为有母线和无母线两大类。有母线的主接线形式包括单母线和双母线。单母线又分为单母线无分段、单母线有分段、单母线分段带旁路母线等形式；双母线又分为普通双母线、双母线分段、双母线带旁路母线、3/2断路器（又叫一台半断路器）等多种形式。无母线的主接线形式主要有单元接线、桥形接线和角形接线等。

2.2.2 电气主接线中开关电器的配置原则

电气主接线中的开关电器主要是指断路器和隔离开关。当线路或高压配电装置检修时，需要有明显可见的断口，以保证检修人员及设备的安全。故在电气回路中，在断路器可能出现电源的一侧或两侧均应配置隔离开关。若馈线的用户侧没有电源时，断路器通往用户的那一侧，可以不装设隔离开关。若电源是发电机，则发电机与出口断路器之间可以不装隔离开关。为了安全、可靠及方便地接地，可安装接地开关（又称接地刀闸）替代接地线。当电压在110 kV及以上时，断路器两侧的隔离开关和线路隔离开关的线路侧均应配置接地开关。对35 kV及以上的母线，在每段母线上亦应设置1～2组接地开关，以保证电器和母线检修时的安全。

断路器和隔离开关的操作顺序为：接通电路时，先合上断路器两侧的隔离开关，再合断路器；切断电路时，先断开断路器，再拉开两侧的隔离开关。严禁在未断开断路器的情况下，拉合隔离开关。

2.2.3 有母线的电气主接线

2.2.3.1 单母线接线

只有一组工作母线的接线称为单母线接线。这种接线的每回路进出线都只经过一台断路器固定接于母线的某一段上。

1. 不分段的单母线接线

不分段的单母线接线如图2-2所示。

(1) 特点：

1) 供电电源在发电厂是发电机或变压器，在变电所是变压器或高压进线回路。

2) 母线既可以保证电源并列工作，又能使任一条出线都可以从任一电源获得电能。各出线在母线上的布置应尽可能使负荷均衡分配，以减少母线中的功率传输。

3) 每条回路中都装有断路器和隔离开关，紧靠母线侧的隔离开关（如QSB）称作母线隔离开关，靠近线路侧的隔离开关（如QSL）称为线路隔离开关。图2-2中QSS是接地隔离开关，其作用同接地线。

4) 停送电操作必须严格遵守操作顺序，即隔离开关必须在断路器断开的情况下或等电位情况下才能进行操作。如出线L1检修后恢复送电的操作顺序为：拉开接地隔离开关QSS，检查QF确实在断开状态，合上母线侧隔离开关QSB，合上线路侧隔离开关QSL，最后合上断路器QF。停电操作顺序与上面操作顺序相反。

为防止误操作，除严格执行操作规程外，在隔离开关和相应的断路器之间加装有电气闭锁或机械闭锁装置。

5）接地开关（接地刀闸）QSS的作用是在检修时取代安全接地线。当电压为110 kV及以上时，断路器两侧隔离开关（高型布置时）或出线隔离开关（中型布置时）应配置接地开关；35 kV及以上母线，每段母线上亦应配置1～2组接地开关。

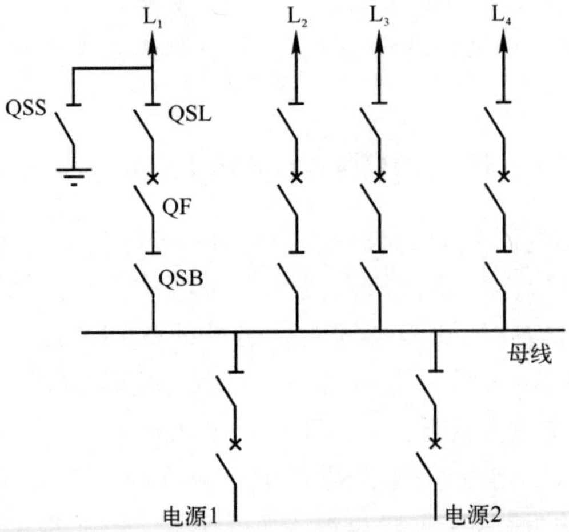

图 2-2 双电源供电单母线接线

（2）优点：结构简单、清晰、设备少、投资小、运行操作方便且有利于扩建。隔离开关仅在检修电气设备时作隔离电源用，不作为倒闸操作电器。从而避免因用隔离开关进行大量倒闸操作而引起的误操作事故。

（3）缺点：可靠性、灵活性差。

1）母线或母线隔离开关检修时，连接在母线上的所有回路都将停止工作。

2）任意回路断路器检修，该回路停电。

3）母线故障，全部停电。

为了克服以上缺点，可采用将母线分段和加旁路母线的措施。

（4）适用范围：

1）6～10 kV配电装置，出线回路数不超过5回。

2）35～63 kV配电装置，出线回路数不超过3回。

3）110～220 kV配电装置，出线回路数不超过2回。

2. 分段的单母线接线

分段的单母线接线如图2-3所示。即用分段断路器QF_d（或分段隔离开关QS_d）将单母线分成几段。

（1）优点：提高了可靠性和灵活性。

1）两段母线可并列运行（分段断路器接通），也可分裂运行（分段断路器断开）。

2）重要用户可以用双回路接于不同母线段，保证不间断供电。

3）任一段母线或母线隔离开关检修，只停该段，其他段可继续供电，减小了停电范围。

4）分段断路器QF_d在正常运行时接通，当某段母线故障时，继电保护使QF_d及故障段电源的断路器自动断开，只停该段；如果QF_d在正常运行时断开，当某段电源回路故障而使

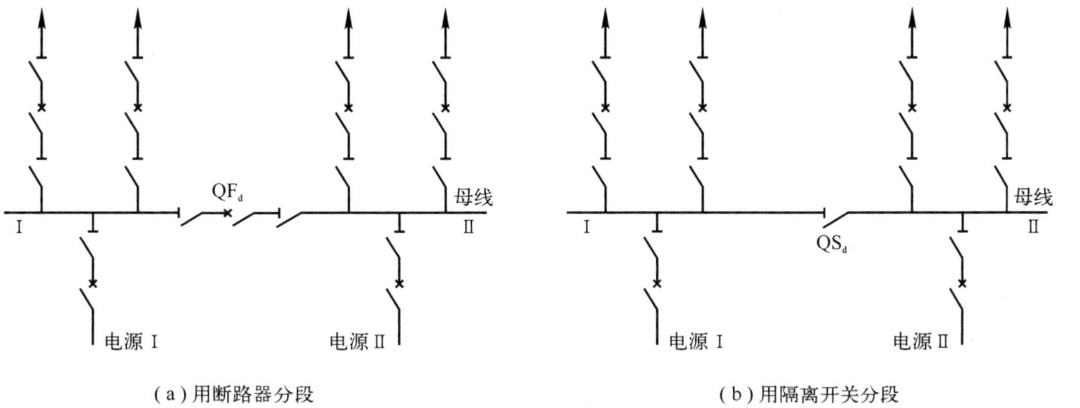

图 2-3　分段的单母线接线

其断路器断开时，备用电源自动投入装置使 QF_d 自动接通，可保证全部出线继续供电。

5) 用隔离开关 QS_d 分段，当某段母线故障时，全部短时停电，断开 QF_d 后，完好段可恢复供电。

(2) 缺点：分段的单母线接线增加了分段设备的投资和占地面积；某段母线故障或检修仍会停电；某回路的断路器检修，该回路停电；扩建时，需向两段均衡扩建。

(3) 适用范围：单母线分段接线，虽较单母线接线提高了供电可靠性和灵活性，但当电源容量较大和出线数目较多，尤其是单回路供电的用户较多时，其缺点更加突出。

因此，一般认为单母线分段接线应用在以下方面：

1) 6～10 kV 出线在 6 回及以上时，每段所接容量不宜超过 25 MW。

2) 用于 35～66 kV 时，出线回路不宜超过 8 回。

3) 用于 110～220 kV 时，出线回路数不宜超过 4 回。

多数情况下，分段数与电源数相同。

3. 带旁路母线的单母线接线

如图 2-4 所示，在工作母线外侧增设一组旁路母线，并经旁路隔离开关引接到各线路的外侧。另设一组旁路断路器 QF_p(两侧带隔离开关)跨接于工作母线与旁路母线之间。

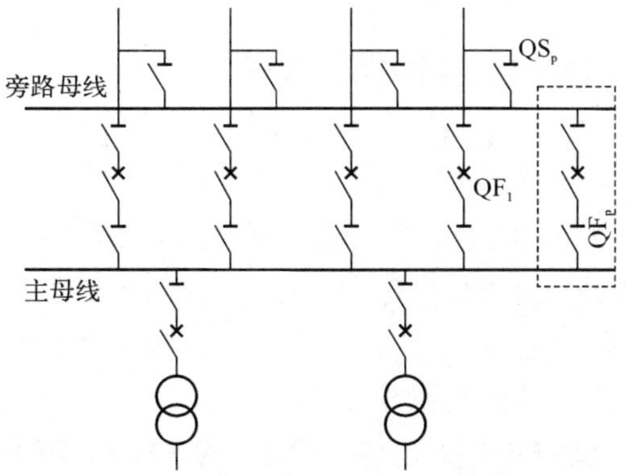

图 2-4　带旁路母线的单母线接线

当任一回路的断路器需要停电检修时，该回路可经旁路隔离开关 QS_p 接至旁路母线，再经旁路断路器 QF_p 及其两侧的隔离开关从工作母线取得电源。此路径即为“旁路回路”或简称“旁路”。而旁路断路器就是各线路断路器的公共备用断路器。但应注意，旁路断路器在同一时间里只能替代一个线路的断路器工作。

平时旁路断路器和旁路隔离开关均处于分闸位置，旁路母线不带电。当需检修某线路断路器时，首先合上旁路断路器两侧的隔离开关，然后合上旁路断路器向旁路母线充电，检查旁路母线无故障后，再合上该线路的旁路隔离开关（等电位操作）。此后，断开该出线断路器及其两侧的隔离开关，这样就由旁路断路器代替该出线断路器工作。

这种接线方式可以不停电检修断路器，故提高了供电可靠性。但是，当母线出现故障或检修时，仍然会造成整个主接线停止工作，为了解决这个问题，可以采用带旁路母线的单母线分段接线。

4. 带旁路母线的单母线分段接线

如图 2-5 所示，这种接线方式兼顾了旁路母线和母线分段两方面的优点，但当旁路断路器和分段断路器分别设置时，由于所用断路器数量多，所以设备费用高，在工程实践中，为了减少投资，可不专设旁路断路器，而用母线分段断路器兼作旁路断路器。

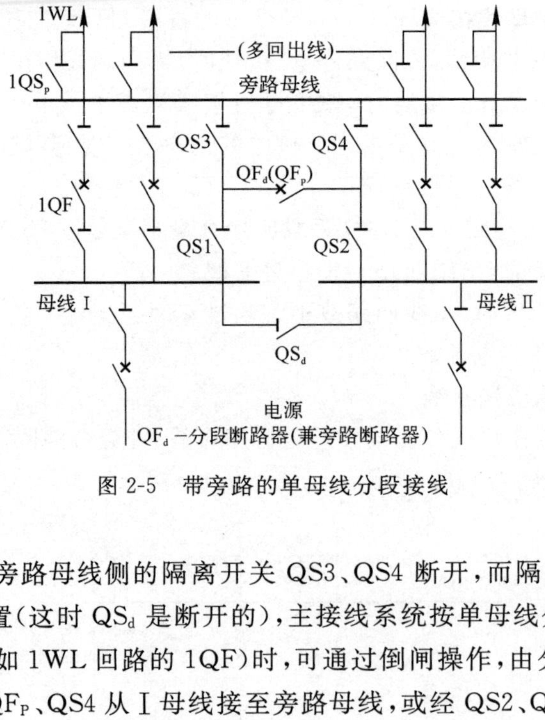

图 2-5 带旁路的单母线分段接线

在正常工作时，靠旁路母线侧的隔离开关 QS3、QS4 断开，而隔离开关 QS1、QS2 和断路器 QF_d 处于合闸位置（这时 QS_d 是断开的），主接线系统按单母线分段方式运行。当需要检修某一出线断路器（如 1WL 回路的 1QF）时，可通过倒闸操作，由分段断路器作为旁路断路器使用，即由 QS1、QF_P、QS4 从Ⅰ母线接至旁路母线，或经 QS2、QF_P、QS3 从Ⅱ母线接至旁路母线，再经过 $1QS_P$ 构成向 1WL 供电的旁路。此时，分段隔离开关 QS_d 是接通的，以保持两段母线并列运行。

现以检修 1QF 为例，简述其倒闸操作步骤：

(1) 向旁路母线充电，检查其是否完好。合上 QS_d；断开 QF_P 和 QS2；合上 QS4；再合上 QF_P，使旁路母线空载升压，若旁路母线完好，QF_P 不会自动跳闸。

(2) 接通 1WL 的旁路回路，合上 $1QS_P$。这时有两条并列的向 1WL 供电的通电回路。

(3) 将线路 1WL 切换至旁路母线上运行。断开断路器 1QF 及其两侧的隔离开关，并在靠近断路器一侧进行可靠接地。

这时，断路器 1QF 退出运行，进行检修，但线路 1WL 继续正常供电。

2.2.3.2　双母线接线

1. 双母线不分段接线

图 2-6 所示为双母线不分段接线，它有两组母线，一组为工作母线，一组为备用母线。每一电源和每一出线都经一台断路器和两组隔离开关分别与两组母线相连，任一组母线都可以作为工作母线或备用母线。两组母线之间通过母线联络断路器(简称母联断路器)连接。

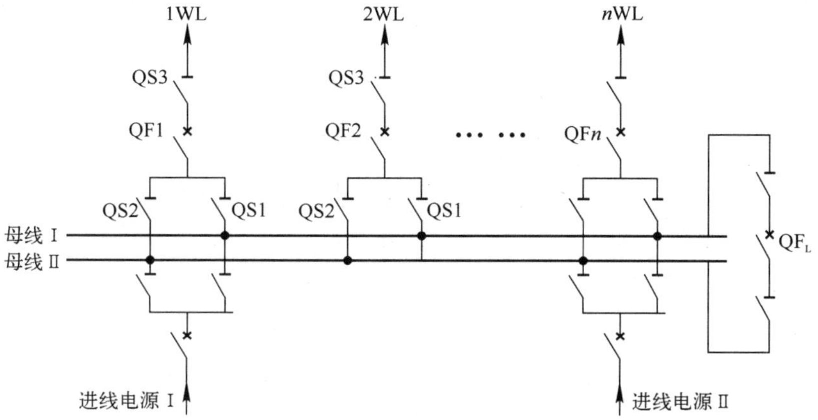

图 2-6　双母线不分段接线

正常运行时，母联断路器 QF_L 及其两侧隔离开关闭合，母线 Ⅰ、Ⅱ 并列工作，线路、电源均分在两组母线上，以固定连接方式运行。例如，1WL、电源 Ⅱ 接于母线 Ⅰ，2WL、电源 Ⅰ 接于母线 Ⅱ。

(1) 优点：

1) 运行方式灵活。

2) 检修母线时，电源和出线都可以继续工作，不会中断对用户的供电。

3) 检修任一回路母线隔离开关时，只需断开该回路。

4) 工作母线故障时，所有回路能迅速恢复工作。

5) 检修任一线路断路器时，可用母联断路器代替其工作。

6) 便于扩建。双母线接线可以任意向两侧延伸扩建，不影响母线的电源和负荷分配，扩建施工时不会引起原有回路停电。

(2) 缺点：

1) 在倒母线的操作过程中，需使用隔离开关切换所有负荷电流回路，操作过程比较复杂，容易造成误操作。

2) 工作母线故障时，将造成短时(切换母线时间)全部进出线停电。

3) 在任一线路断路器检修时，该回路仍需停电或短时停电。

4) 使用的母线隔离开关数量较大，同时也增加了母线的长度，使得配电装置结构复杂，投资和占地面积增大。

(3) 适用范围:这种接线方式适用于供电要求比较高,出线回路较多的变电站中,一般35 kV 出线回路为 8 回,110～220 kV 出线为 4 回及以上。

为了弥补上述缺点,提高双母线接线的可靠性,可进行以下两种方式改进。

2. 双母线分段接线

图 2-7 所示用分段断路器将工作母线Ⅰ分段,每段用母联断路器与备用母线Ⅱ相连。接线具有单母线分段和双母线接线的特点,有较高的供电可靠性与运行灵活性,但所用电气设备较多,投资增大。另外,当检修某回路出线断路器时,则该回路停电,或短时停电后再用连接线恢复供电。双母线分段接线常用于大中型发电厂的发电机电压配电装置中。

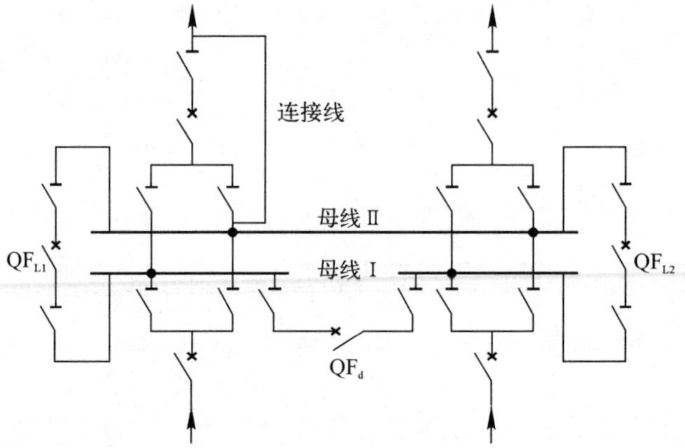

图 2-7 双母线分段接线

3. 带旁路母线的双母线接线

如图 2-8 所示,采用带旁路母线的双母线接线,目的是为了不停电检修任一回路断路器。带旁路母线的双母线接线,其供电可靠性和运行的灵活性都很高。但所用设备较多,占地面积大,经济性较差,因此,一般规定当 220 kV 线路有 5(或 4)回及以上出线、110 kV 线路有 7(或 6)回及以上时,可采用有专用旁路断路器的带旁路母线的双母线接线。

2.2.3.3 一个半断路器

如图 2-9 所示,每两个元件(出线或电源)用三台断路器构成一串接至两组母线,称为一个半断路器接线,又称 3/2 接线。在一串中,两个元件(进线或出线)各自经一台断路器接至不同母线,两回路之间的断路器称为联络断路器。

运行时,两组母线和同一串的三个断路器都投入工作,称为完整串运行,形成多环路状供电,具有很高的可靠性。

其主要特点是:任一母线故障或检修,均不致停电;任一断路器检修也不引起停电;甚至于两组母线同时故障(或一组母线检修另一组母线故障)的极端情况下,功率仍能继续输送。一串中任何一台断路器退出或检修时,这种运行方式称为不完整串运行,此时仍不影响任何一个元件的运行。这种接线运行方便、操作简单,隔离开关只在检修时作为隔离电器。

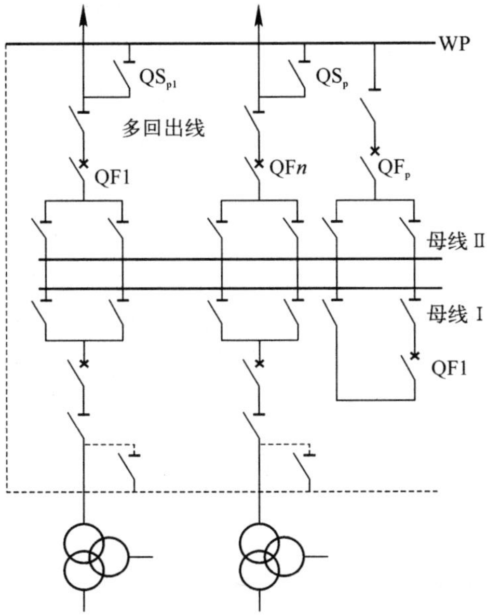

图 2-8 带旁路母线的双母线接线

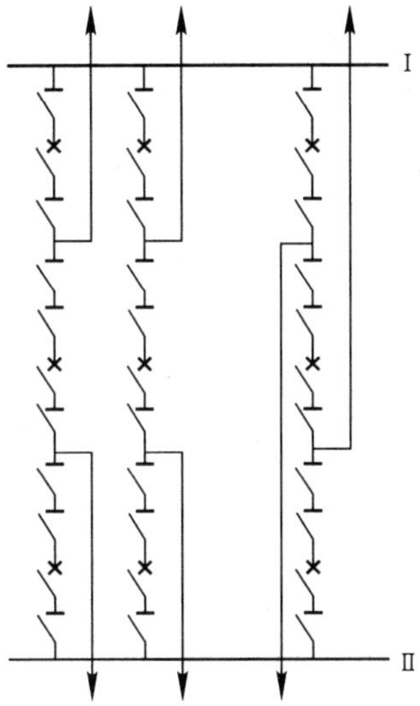

图 2-9 一个半断路器接线

2.2.3.4 桥形接线

当只有两台变压器和两条输电线路时，采用桥形接线的断路器最少，如图 2-10 所示。依照连接桥对于变压器的位置可分为内桥和外桥。运行时，桥臂上的联络断路器 QF 处于闭合状态。当输电线路（以下简称线路）较长，故障概率较高，两台变压器又都经常运行时，采用内桥接线较适宜；而在线路较短、且变压器随经济运行要求需经常切换或系统有穿越功率流经本厂时，则采用外桥接线更为适宜。

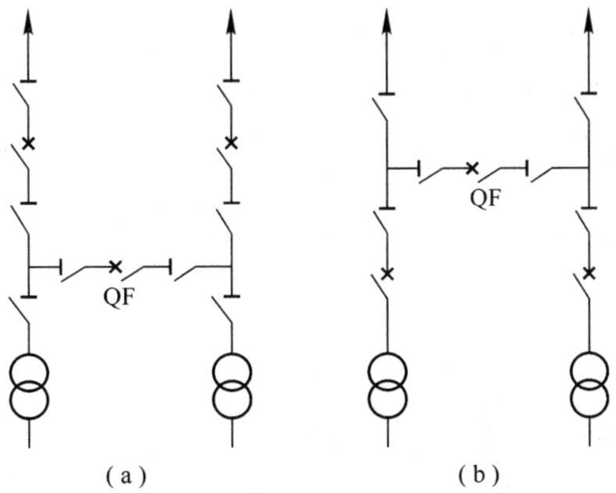

图 2-10 桥形接线

(a) 内桥；(b) 外桥

在内桥接线中，当变压器故障时，需停相应线路；在外桥接线中，当线路故障时，需停相应的变压器；而且在桥形接线中，隔离开关又作为操作电器，所以桥形接线可靠性较差。但由于这种接线使用的断路器少、布置简单、造价低，往往在 35～220 kV 配电装置中得到采用。

在大容量的发电厂中，桥形接线只可能在启动/备用变压器的高压侧使用，而不使用于主机。

2.2.3.5 单元接线

1. 发电机-变压器组单元接线

发电机出口，直接经变压器接入高电压系统的接线，称为发电机-变压器组单元接线。实际上，这种单元接线往往只是电厂主接线中的一部分或一条回路。

发电机出口装设断路器的，其优点是：

(1) 发电机组解、并列时，可减少主变压器高压侧断路器操作次数，特别是500 kV为一个半断路器接线时，能始终保持一串内的完整性，提高了供电送电的可靠性。

(2) 起停机组时，可用厂用高压工作变压器供厂用电，减少了厂用高压系统的倒闸操作，从而提高了运行可靠性。

发电机出口装设断路器所带来的缺点是：大容量的机组出口断路器，因需要开断较大的短路电流，使得制造困难、价格昂贵。

如图2-11所示，发电机与变压器直接连接成一个单元，组成发电机-变压器组，称为单元接线。其中，图2-11(a)是发电机-双绕组变压器单元接线，发电机出口处除了接有厂用电分支外，不设母线，也不装出口断路器，发电机和变压器的容量相匹配，必须同时工作，发电机发出的电能直接经过主变压器送往升高电压电网。发电机出口处可装一组隔离开关，以便单独对发电机进行试验，200 MW及以上的发电机，由于采用分相封闭母线，不宜装设隔离开关，但应有可拆连接点；图2-11(b)是发电机-三绕组变压器单元接线，为了在发电机停止工作时，变压器高压和中压侧仍能保持联系，发电机与变压器之间应装设断路器和隔离开关；图2-11(c)是两台发电机与一台双绕组变压器的扩大单元接线；图2-11(d)是两台发电机与一台低压分裂绕组变压器的扩大单元接线，这种接线限制变压器低压侧的短路电流。扩大单元接线的缺点是运行灵活性较差。

单元接线的优点是接线简单清晰，投资小，占地少，操作方便，经济性好，由于不设发电机电压母线，减少了发电机电压侧发生短路故障的概率。

2. 发电机-变压器-线路组单元接线

如图2-11(e)所示为发电机-变压器-线路组单元接线，发电厂每台主变压器高压侧直接

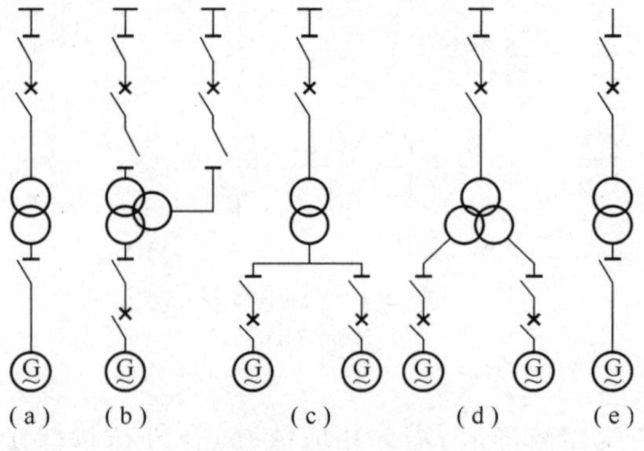

图2-11 单元接线

(a) 发电机-双绕组变压器单元接线；(b) 发电机-三绕组变压器单元接线；(c) 发电机-变压器扩大单元接线；(d) 发电机-分裂绕组变压器扩大单元接线；(e) 发电机-变压器-线路组单元接线

与一条输电线路相连接,单独送电。发电厂内不设开关站。各台主变压器之间没有电气连接。厂内主变压器台数与线路条数相等。每台发电机-变压器组单元各自单独送电至一个或多个开关站或变电所。主变压器高压侧在厂内也可装设一台高压断路器,作为元件保护和线路保护的断开点,也可作为同期操作之用。

2.3　核电厂电气系统主接线

核电厂装设机组容量较大,一般都将其发电功率直接输送至 500 kV 系统,这些电厂在系统中占有重要的地位,往往是系统的主力电厂,因此,对其电气主接线的可靠性和灵活性要求都很高,一般采用一个半断路器接线。在国外也有采用一些较复杂的接线的。下面以大亚湾核电站为例,分别介绍其输变电系统和备用电源系统的电气主接线。

2.3.1　400/500 kV 输变电系统

大亚湾核电站装设两台 900 MW 全速汽轮发电机组,其简化的电气主接线图如图 2-12 所示。两台 900 MW 发电机分别经两组 1125 MVA 主变压器按单元接线方式接至主开关站 400 kV 和 500 kV GIS 向电网供电。每组主变压器由 3 台 375 MVA 的单相变压器组成,主变压器低压侧采用分相封闭母线经负荷开关与发电机出线端子相连,高压侧出现套管为油/SF_6 塑料电容式,套管出线端经 GIC(SF_6 气体绝缘导体)与 GIS 开关站相连,其中一号发电机变压器组接到 400 kV 系统,二号发电机变压器组接到 500 kV 系统。每台发电机-变压器组接有两台厂用变压器,连接在发电机 26 kV 母线的负荷开关与主变压器低压侧之间,为核电站提供 6.6 kV 厂用电源,如图 2-13 所示。

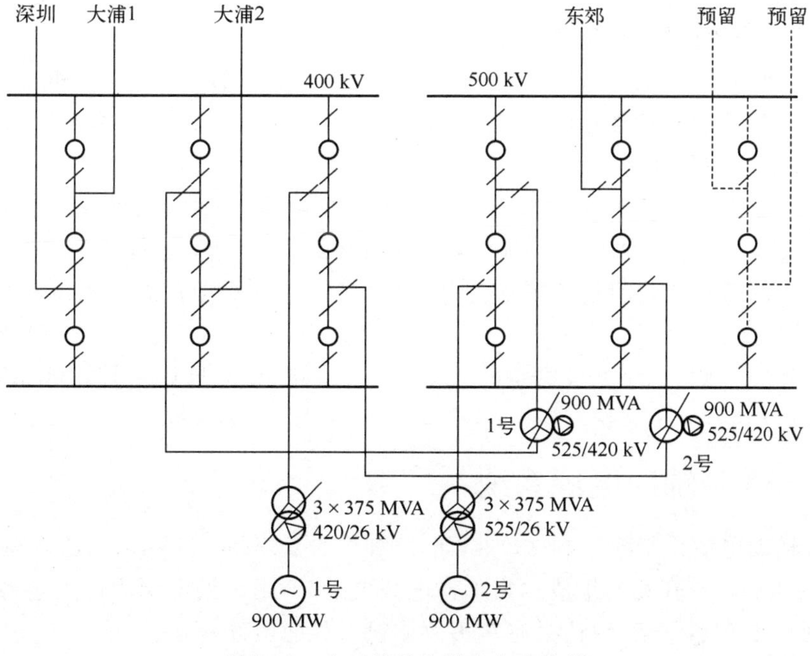

图 2-12　大亚湾核电站电气主接线

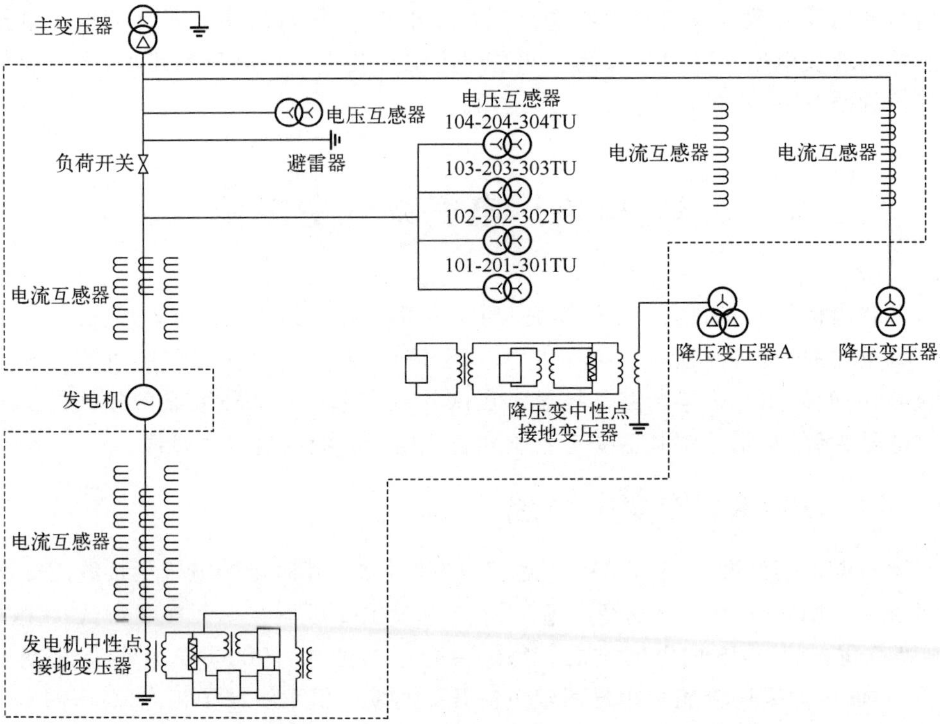

图 2-13 大亚湾核电站发电机回路接线

在核电站内设有 400 kV 和 500 kV 两个开关站,两个开关站主母线之间设有两台 400/500 kV 联络变压器,以便使 400 kV 和 500 kV 两个电网连接在一起,并按电网的需要分配核电站两台机组发出的电力。

400 kV/500 kV 系统的功能是:将核电站两台机组的电力经 400 kV 和 500 kV 开关站向电网输送;在机组启动和停运时,从电网取得电源,经主变压器和厂用变压器供给电站内辅助设施所需的厂用负荷。

400 kV 共有三回出线,其中两回至香港的大浦变电所,一回至深圳变电所,此条线路按 500 kV 设计,400 kV 运行,以后,将 400 kV 深圳线升压为 500 kV 运行。

500 kV 一回送至广州附近的东郊变电所(增城),一回送至广东省东部地区,另一回为原 400 kV 深圳线升压为 500 kV。

400 kV 和 500 kV 两个开关站均按“一个半断路器”接线原则设计,400 kV 和 500 kV 电网均为中性点直接接地系统。

2.3.2 220 kV 辅助电源系统

220 kV 辅助电源系统有一回 220 kV 线路和 2 台 220/6.8 kV,32 MVA 辅助变压器以及相应的 220 kV GIS 开关站组成。当工作电源失去时,由辅助电源为厂用电系统供电。正常运行时,两台变压器空载运行,只有在事故或设备检修时才停运。

220 kV 开关站为单母线接线,共有一回进线和两回变压器出线,其电气主接线如图

2-14 所示。两台变压器低压侧装有可拆卸的连接片，正常运行时，两台变压器分别带各自低压侧母线分段运行；当检修或事故时，由一台变压器带两段低压侧母线运行。

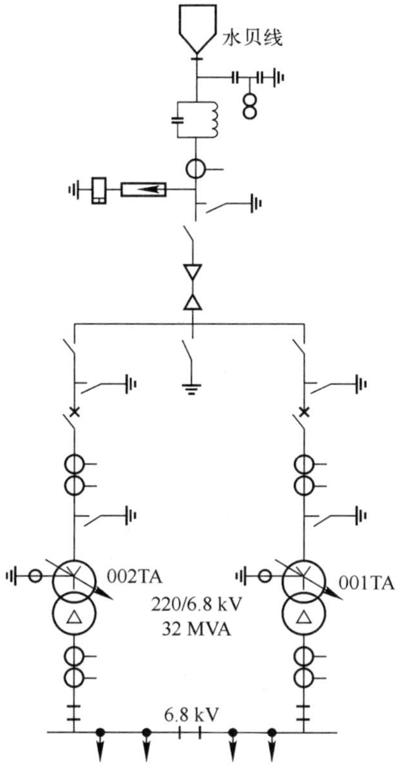

图 2-14　辅助电源变电站电气主接线图

2.4　中国实验快堆电气系统主接线

中国实验快堆(CEFR)装设一台 25 MW 全速汽轮发电机，发电机经主变压器直接输送至 110 kV 系统。电气主接线采用发电机-变压器-线路组单元接线方式。将额定电压为 10.5 kV 的发电机经总容量为 31.5 MVA、10.5/110±8×1.25% kV 主变升压至 110 kV，通过一回 110 kV 架空输电线路接入榆管营 220 kV 变电所的 110 kV 母线，如图 2-15 所示。

发电机出口装设断路器 201，作为同期并网点，同时也作为发电机保护的断开点，发电机中性点经隔离开关、避雷器接地。主变压器高压侧装设一台 110 kV 高压断路器，断路器两侧配置两组电流互感器，高压断路器线路侧装设隔离开关，作为主变保护和线路保护的断开点。主变高压侧中性点在受电状态为不接地，在发电状态为直接接地。

发电机与主变低压侧之间的连接采用矩形母线，在主变低压侧采用电缆 T 接厂用母线 4 号、5 号。发电机出口采用电缆 T 接励磁变压器。

厂用备用电源由 401 所 10 kV 系统通过电缆引接至厂用母线 4 号、5 号，作为厂用母线的备用电源，主电源与备用电源之间设备用电源自动投入装置。

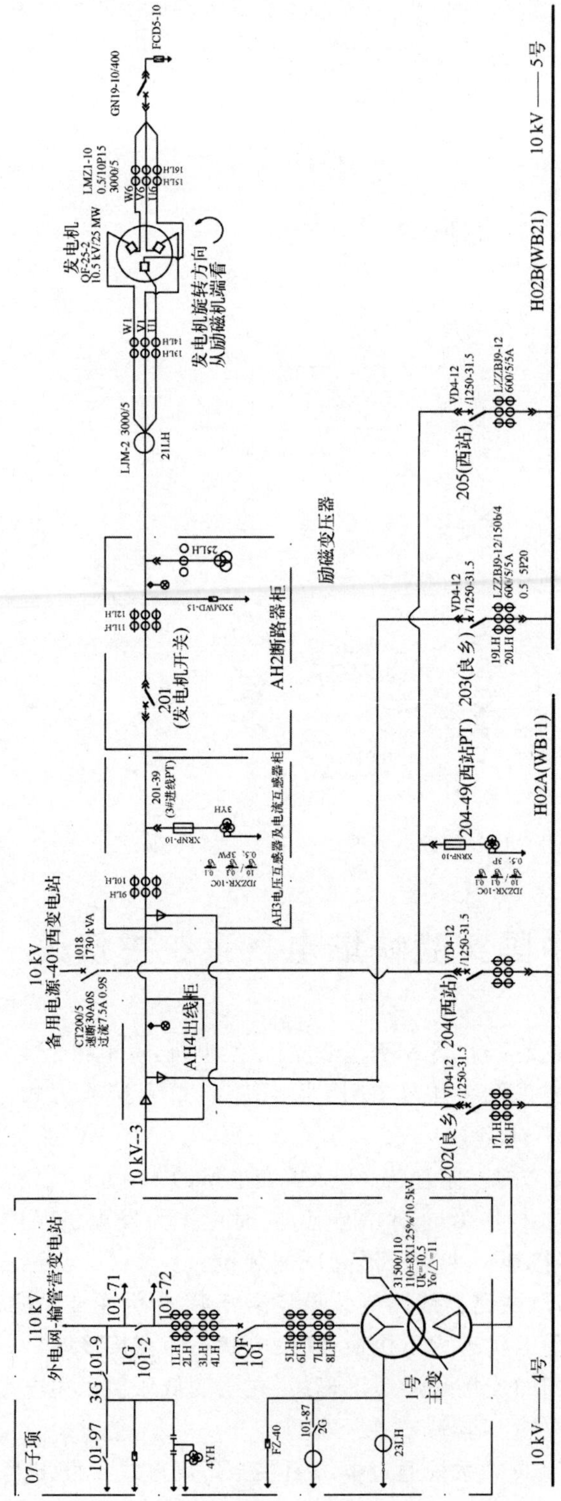

图 2-15 快堆电气主接线图

第3章　厂用电系统

3.1　厂用电系统基本概念

发电厂在电力生产过程中，有大量电动机拖动的机械设备，用以保证主要设备（如汽轮机、发电机等）和辅助设备的正常运行。这些电动机以及全厂的运行操作、试验、修配、照明、电焊等用电设备的总耗电量，总称为厂用电或自用电。

3.1.1　厂用电率

厂用电的电量大都由发电厂本身供给，且为重要负荷。厂用电量的多少与电厂类型、机械化和自动化程度、燃料种类及其燃烧方式、蒸汽参数等因素有关。厂用电量占同一时期发电厂全部发电量的百分数，称为厂用电率。

厂用电率是发电厂主要运行经济指标之一。一般凝汽式发电厂厂用电率为5%～8%，热电厂为8%～10%，水电厂为0.3%～2.0%，核电厂为4%～5%，降低厂用电率可以降低电能成本，同时相应的增大了对系统的供电量。

3.1.2　厂用负荷分类

根据厂用电负荷在生产过程中的作用及突然供电中断时，对人身、设备、生产的影响，即其在电厂生产过程中的重要性，厂用负荷可分为以下几类。

1. Ⅰ类负荷

Ⅰ类负荷指短时（包括手动操作恢复供电所需时间）停电会影响人身安全、造成贵重设备损坏、使生产停顿或发电机组出力大量下降等严重后果的负荷。例如电动给水泵、凝结水泵、循环水泵等。对接有Ⅰ类负荷的高、低压厂用母线，应有两个独立电源，并保证当一个电源消失后，另一个电源能立即自动投入继续供电。除此之外，还应保证Ⅰ类负荷的电动机能可靠自启动。通常Ⅰ类负荷装有两套或多套设备。

2. Ⅱ类负荷

Ⅱ类负荷指允许短时停电，但较长时间停电有可能损坏设备或影响机组正常运行的负荷。例如：工业水泵、疏水泵等。对接有Ⅱ类负荷的厂用母线，也应有两个独立电源供电，一般采用手动切换。

3. Ⅲ类负荷

Ⅲ类负荷指较长时间（一般几小时）停电，也不会直接影响生产的负荷。例如修配车间、试验室等。对Ⅲ类负荷，一般由一个电源供电。如果经济许可，也可以采用两个电源供电。在大型电厂中，也常采用两路电源供电。

4. 不停电负荷

不停电负荷指在机组启动、运行到停机全过程中以及停机后的一段时间内，需要进行连续供电的负荷。例如实时控制用计算机、调度通信和远程通信设备等负荷。

5. 事故保安负荷

事故保安负荷是指在发生全厂停电时，需要继续供电的负荷。这些负荷一般是为了保证机组安全停运，事故后又能很快地重新启动，或者为了防止危及人身安全等原因而设置的。按事故保安负荷对供电电源的不同要求，可分为以下两类：

(1) 直流保安负荷。直流保安负荷主要有汽轮机直流润滑油泵、发电机氢侧和空侧密封直流油泵、事故照明等。

(2) 交流保安负荷。交流保安负荷主要有交流润滑油泵、盘车电动机、顶轴油泵等。

3.1.3 厂用电接线的基本要求

厂用电接线除应满足正常运行安全、可靠、灵活、经济和检修、维护方便等一般要求外，还应满足：

(1) 充分考虑发电厂正常、事故、检修、启动等运行方式下的供电要求，尽可能地使切换操作简单，启动(备用)电源能在短时内投入。

(2) 尽量缩小厂用电系统的故障影响范围，并应尽量避免引起全厂停电事故。各机组特别是 200 MW 及以上大型机组的厂用电系统应是独立的，以保证一台机组故障停运或其辅助机械的电气故障，不应影响到另一台机组的正常运行，并能在短时间内恢复本机组的运行。

(3) 充分考虑电厂分期建设和连续施工过程中厂用电系统的运行方式，特别要注意对公用负荷供电的影响，全厂性公用负荷应分散接入不同机组的厂用母线或公用母线，尽量便于过渡且少改变接线和更换设备。

(4) 200 MW 及以上机组应设置足够容量的交流事故保安电源。

3.2 厂用电接线的设计原则和接线形式

3.2.1 厂用电供电电压等级的确定

发电厂厂用电系统电压等级是根据发电机额定电压、厂用电动机的容量和厂用电网络的可靠性等诸多方面因素，经过经济、技术综合比较后确定的。

发电厂中各种电动机容量相差很大，电动机的容量与电压有关，需要根据电动机的制造情况和所拖动设备的功率确定电压等级。高压电动机的绝缘等级高、结构尺寸大、造价高、空载和负载损耗均较大，效率较低；而当供电电压较高时，可选择截面较小的电缆或导线，可节省有色金属和降低供电系统的投资，两者需进行综合比较。

经技术经济比较，我国有关设计技术规定指出厂用电压的确定原则如下：

发电厂可采用 3 kV、6 kV、10 kV 作为高压厂用电的电压。容量为 60 MW 及以下的机组，发电机电压为 10.5 kV 时，可采用 3 kV；发电机电压为 6.3 kV 时，可采用 6 kV；容量为 100～300 MW 的机组，宜采用 6 kV；容量为 600 MW 的机组可根据工程具体条件采用6 kV 一种或 3 kV、10 kV 两种高压厂用电电压。

主厂房内的低压厂用电系统应采用动力与照明分开供电的方式。动力网络的电压宜采用 380 V。

厂用电除交流电源外，还有直流电源。220 V 直流电源对直流事故照明、交流 UPS 电源、直流电动机及其他动力负荷供电，110 V 直流主要是对控制、保护、测量、信号及其他控制负荷电源供电。

3.2.2　厂用电供电电源及其引接方式

发电厂厂用电系统接线通常采用单母线分段接线形式，并多以成套配电装置接受和分配电能。在发电厂中，为了保证厂用电供电的可靠性，一般除了需要设置工作电源外，同时还要设置备用电源、启动电源和事故保安电源。下面分别介绍各种电源及其引接方式。

1. 工作电源

发电厂的厂用工作电源是保证发电厂正常运行的基本电源。通常，工作电源应不少于两个。现代发电厂的发电机一般都投入系统并列运行，从发电机电压回路通过厂用高压变压器取得厂用高压工作电源，即使发电机组故障或停运，仍可从电力系统倒送电能供给厂用负荷。这种引接方式操作简单、调度方便，常被广泛采用。

厂用高压工作电源从发电机回路的引接方式与主接线形式有密切联系。当主接线具有发电机电压母线时，则厂用工作电源一般直接从母线上引接，如图 3-1(a)所示；当发电机和主变压器为单元接线时，则厂用工作电源从主变压器的低压侧引接，如图 3-1(b)所示。

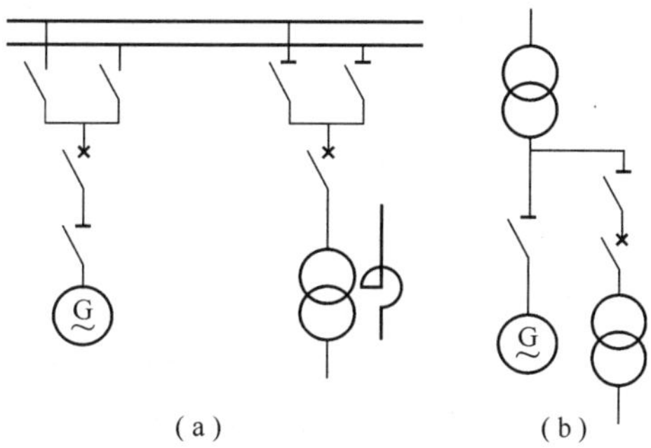

图 3-1　厂用工作电源的引接方式

厂用低压工作电源，一般均采用 0.4 kV 电压等级，由对应的高压厂用母线经变压器引接。各低压厂用工作电源的低压侧分别接至相应低压厂用母线段。

2. 备用电源和启动电源

厂用备用电源主要用于事故情况下失去工作电源时，起后备作用。启动电源则是指电厂首次启动或厂用工作电源完全消失情况下，为保证机组快速启动，向必要的辅助设备供电的电源。这些辅助设备在正常运行时由工作电源供电，只有当工作电源消失后，才自动切换到启动电源供电。因此，启动电源兼作备用电源，统称启动(备用)电源。备用电源的引接应遵照以下原则。

(1) 当设有发电机机端电压母线时，可由与工作电源不同的分段上引出。

(2) 当无发电机机端电压母线时，由与电力系统连接可靠的最低一级电压母线上引出或由联络变压器的第三(低压)绕组引出，并应保证在发电厂全停的情况下，能从外部电力系统取得足够的电源。

(3) 在技术、经济条件许可下，可由外部电网接一条专用线路供电。

3. 事故保安电源

当厂用工作电源和备用电源均消失时，为确保在事故状态下能安全停机，事故后又能及时恢复供电，应设置事故保安电源，以保证事故保安负荷的连续供电。

事故保安电源属后备的备用电源，目前采用的事故保安电源有：快速启动的柴油发电机组、外接专用线路、蓄电池组、交流不停电电源。

3.3 核电厂厂用电系统

核电厂厂用电系统的主要功能在任何工况下(正常或事故工况下),为电站的附属设备提供安全可靠的电源,并对同核安全有关的系统和设备提供了应急电源,以确保核电站的安全运行。本节以大亚湾核电站为例介绍压水堆核电厂厂用电系统及运行方式。

3.3.1 厂用电系统功能

(1) 在机组正常运行时,由发电机组通过主变压器向 500 kV 电网输送电力,并通过降压变压器向厂内用电设备供电。

(2) 在机组启动和停运时,由 500 kV 向厂内用电设备供电。

(3) 在发电机出口母线失压,500 kV 向厂内供电失败,或厂用降压变压器故障时,由 220 kV 后备电源经辅变向厂内用电设备供电。

(4) 在外电源全部断电或一回路失水事故时,由应急柴油发电机组向厂内应急设备供电。

3.3.2 厂用电系统设计准则

(1) 有关核安全的设备和系统,在设计、制造和安装中所采用的标准,应能承受各种可能的灾害,即对现场及周围地区的有关自然现象最严重的记录值,应有适当的考虑。

(2) 紧急电源应具有足够的独立性、多重性,并有充足的容量,另外紧急电源还应具有可试验性,以保证随时检查紧急电源的功能。

(3) 所有同核安全有关的厂用电系统和设备,在下列自然灾害和事故情况下,仍能保证系统的完整性和供电的可靠性。

所谓自然灾害和事故包括:可设想的最大可能的地震、飓风、洪水和厂外电源的故障,即使在核事故或恶劣的自然环境下,同核安全有关的动力、控制和测量电缆,所有电动机和电气设备都应该保证高度的供电可靠性。为此,应设计有两个独立系列的电源。这两个电源也应有足够的容量,并具有可试验性。

3.3.3 厂用电设备分类

发电机附属设备:发电机组正常运行所必需的附属设备,如给水泵、循环水泵和反应堆冷却机泵。

永久性附属设备:在机组停运时仍需继续运行以保证机组正常启、停的辅助设备,如盘车等。

应急附属设备:核安全和保护设施或电站主要设备所需要的附属设备。

公用附属设备:两台机组公用的照明、公共服务等附属设备。

3.3.4 厂用电电压等级

大亚湾核电站除设置了 6.6 kV 级中压交流母线、380 V 级低压交流母线,还设置了

220 V级低压交流母线和230 V、125 V、48 V、30 V等级的低压直流母线。

3.3.5 厂用电供电电源

1. 厂用工作电源

每台机组均装有两台降压变压器，降压变压器的高压侧从发电机的出线负荷开关连接主变压器低压侧26 kV母线上，厂用分支线采用分相封闭母线，在分支线上不再装设断路器和隔离开关，降压变压器A为双分裂变压器，降压变压器B为双圈变压器。

2. 厂用辅助电源

由水坝变电站提供的一回220 kV架空输电线路经两台容量相同的变压器(AT)降压为6.6 kV，保证在换料和维修期间以及发生故障期间，能够经该输电系统向核电站的永久性和应急安全辅助设备供电。

当厂用工作电源发生故障时，辅助电源将自动切换供电，当工作电源恢复后则采用手动切换方式。

3. 厂用应急安全电源

应急安全电源的设置目的是为了在核电站的厂用工作电源和辅助电源同时发生故障时，为确保机组安全停堆和防止关键设备的损坏。每台机组均装设两台5 400 kW、6.6 kV柴油发电机组LHP和LHQ分别给应急安全母线LHA、LHB提供应急电源。

柴油发电机组的启动指令：

(1) 应急安全母线失去电压；

(2) 安全注入系统启动；

(3) 安全壳内的压力超过限值。

3.3.6 厂用电系统接线

大亚湾核电站厂用电系统图如图3-2所示。该厂用电系统由6.6 kV中压网络和380 V低压网络构成。

1. 中压网(6.6 kV)

中压系统通过厂用高压变压器A和B供电给相应母线，再由母线供电给设备负荷，其中，2LGA、2LGD、2LGE向机组附属设备供电；2LGB、2LGC向永久性附属设备供电；9LGIB向公用附属设备供电；2LHA、2LHB向应急附属设备供电。应急母线LHA和LHB通过电缆与永久母线LGB和LGC进行连接，并各自配置一台柴油发电机组，永久母线LGB和LGC通过电缆与机组单元母线LGA和LGD连接，LGE母线主要是向电动给水泵供电，正常运行时负荷较小。

正常运行时，永久母线的工作电源进线断路器处于合闸位置，辅助电源进线断路器处于分闸位置，当永久母线工作电源失电时，备自投动作(时间2s左右)，永久母线由辅助变压器供电。当厂用工作电源和辅助电源均不能向永久母线供电时，应急母线将由各自的柴油发电机组提供电源。

正常运行时，反应堆冷却剂泵由机组单元母线供电，主网失电时，由永久母线供电。

降压变压器的二次侧绕组为中性点不接地的三角形接线。采用中性点不接地方式具有抑制三次谐波、减小单相接地故障电流、在发生单相接地故障时中压系统允许继续运行的优点。

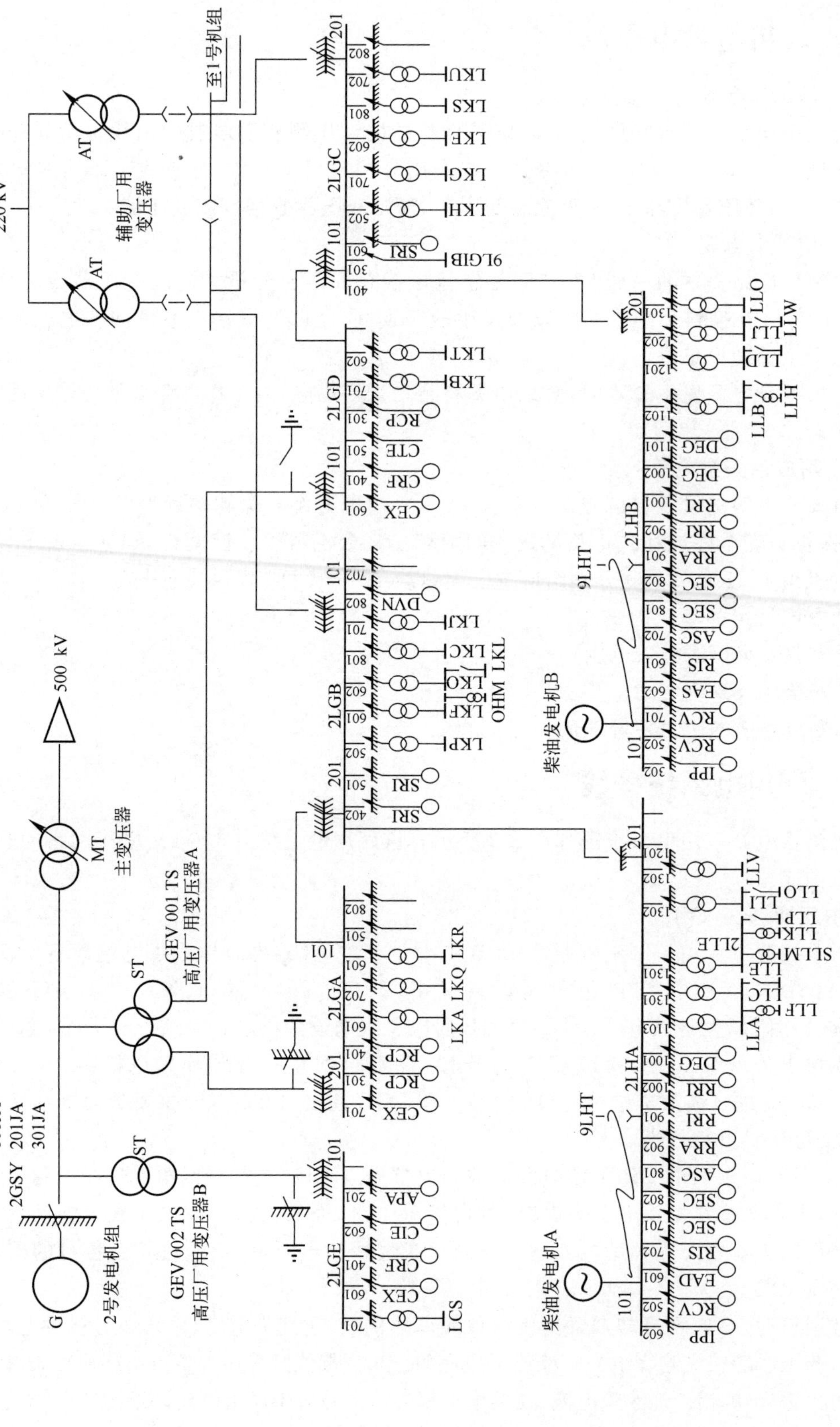

图3-2 大亚湾核电站厂用电系统图

2. 低压网(380 V)

低压供电系统主要是由 6.6 kV/380 V 干式变压器(容量为 630 kVA 和 800 kVA),380 V 低压母线及其配电装置构成。

机组低压单元母线和永久母线向在主设备停机检修时可以停电的设备供电,采用独立供电方式,低压应急母线向安全停机所必需的重要电动机及备用照明供电,低压供电系统采用中性点直接接地方式。

3.3.7 厂用电系统运行

1. 正常运行

核电站在启动、带功率运行、正常停堆期间由 26 kV 母线通过降压变压器供电给中压母线,由中压母线向厂用负荷供电。

2. 孤岛运行

当主输电系统故障时,发电机变压器组的高压开关跳闸与系统解列后,机组带厂用负荷运行,甩负荷导致频率上升,但不会影响运行的连续性。

3. 事故运行

若无法转入孤岛运行,永久母线、应急母线及公用母线将通过备自投由辅助电源供电,使反应堆维持在热停堆状态,机组单元母线 LGA、LGD 失电。

当工作电源和辅助电源均不可用时,应急母线由柴油发电机供电使反应堆进入冷停堆状态。

3.4 中国实验快堆厂用电系统

CEFR 厂用电系统保证在正常运行工况(包括启动、功率运行、停堆过程、停堆状态、试验、换料等)下各有关设备的正常供电,而且,保证在预计运行事件和事故工况期间及事故工况以后向所有执行安全功能的系统提供足够的容量和能力的可靠电源,以保证安全系统执行其安全功能。

3.4.1 厂用电系统

(1) 在机组正常运行时,由发电机组通过主变压器向 110 kV 电网输送电力,同时向厂内用电设备供电。

(2) 在机组启动和停运时,由 110 kV 电网向厂内用电设备供电。

(3) 在 110 kV 电网向厂内供电失败,由 10 kV 后备电源向厂内用电设备供电。

(4) 在外电源全部断电时,由应急柴油发电机组向厂内应急设备供电。

3.4.2 厂用电系统设计准则

(1) 具有两个相互独立的厂外电源作为厂用电的工作电源和辅助电源。

(2) 设计中考虑到两个厂外电源同时发生故障的可能性。

(3) 设置两组应急安全母线,并各自配有一台柴油发电机组作为厂内电源;正常情况下由厂用工作电源或厂用辅助电源供电；设置两组可靠母线，并各自配有一台柴油发电机组作为厂内电源；正常情况下由厂用工作电源或厂用辅助电源供电。

（4）对核安全至关重要的设备多重配置，并由独立的应急安全母线通过实体上分开的通道供电，使单一故障不影响应急安全系统和部件的运行能力，已考虑到由于像洪水、地震等自然现象以及诸如火灾、单项设备误动作或事故等假想现象造成的故障。

3.4.3 厂用电设备分类

（1）机组厂用设备：CEFR 机组运行所必需的，但在 CEFR 机组停运后即可停用的厂用设备，如：Ⅲ回路给水泵、循环冷却水泵。

这些设备只需一个厂外主电源供电。在 CEFR 机组启动、并网、带功率运行以及带厂用电运行时，该电源都应有效。

（2）常备厂用设备：在 CEFR 机组正常停运过程中以及停运期间需要运行的厂用设备，其中有些厂用设备在 CEFR 机组正常运行时也需工作，如：Ⅰ、Ⅱ回路钠泵、核燃料厂房部分用电设备、核辅助厂房部分用电设备、汽机盘车电机。

这些设备需要两个电源。除由正常运行供电系统供电外，还应由厂内可靠电源系统供电。

（3）应急厂用设备（专设安全厂用设备和主设备安全厂用设备）：专设安全厂用设备是用来防止、限制、减少放射性物质的泄漏，如：事故余热排放系统、空气净化系统。

主设备安全厂用设备是保障 CEFR 主要设备的安全，以维持这些设备在可运行状态，如：设备冷却水系统、汽轮发电机组润滑系统。

应急厂用设备在失去厂外主电源和备用电源时，需要由厂内应急电源系统供电，以保护 CEFR 的安全。应急直流负荷由直流系统供电，要求不间断供电的应急交流负荷由交流不间断电源系统供电，直流系统以及不间断电源在后面章节讲述。

3.4.4 厂用电电压等级

CEFR 除设置了 10 kV 级中压交流母线、380 V 级低压交流母线，还设置了 220 V 级低压交流母线，和 220 V、48 V 等级的低压直流母线。

3.4.5 厂用电供电电源

1. 厂用工作电源

由发电机出口断路器与主变低压侧之间通过电缆 T 接至厂用 10.5 kV 4 号、5 号母线作为 CEFR 厂用工作电源。

2. 厂用辅助电源

由中国原子能科学研究院西变电站的 10.5 kV 通过电缆引接至 CEFR 厂址内的 10.5 kV配电中心，作为厂用辅助电源。

当厂用工作电源发生故障时，辅助电源将自动切换供电；当工作电源恢复后则采用手动切换方式。

3. 厂用应急安全电源

装设两台 728 kW、0.4 kV 柴油发电机组 G1S 和 G2S 分别给应急安全母线提供应急电源。

柴油发电机组的启动指令：

(1) 向单个系列供电的母线电压丧失；

(2) 专设安全设施动作信号；

(3) 地震报警信号。

4. 厂用可靠电源

装设两台 728 kW、0.4 kV 柴油发电机组 G3S 和 G4S 分别给可靠电源母线提供电源。

柴油发电机组的启动指令：向单个系列供电的母线电压丧失。

3.4.6 厂用电系统接线

CEFR 厂用电系统图如图 3-3 所示。该厂用电系统由 10.5 kV 中压网络和 380 V 低压网络构成。

1. 中压配电系统(10.5 kV)

发电机机端 10 kV 系统设一组配电装置，该配电装置可将发电机所发出的电能通过主变(110/10 kV、31 500 kVA)与电力系统相连，同时还可分别向 10 kV 厂用配电系统 4 号、5 号母线(H02A、H02B)段供电。

10 kV 厂用配电系统(H02A、H02B)设有两组相互独立运行的厂用配电装置，其主电源采用两回路电缆线路，由发电机机端 10 kV 出口断路器柜引接；其备用电源采用两回路电缆线路，由 401 所原有的 35 kV 变电所内 10 kV 配电装置馈出线断路器柜引接。

厂内设两段中压母线分别向机组厂用设备、常备厂用设备和应急厂用设备供电。两段中压母线上有工作电源进线断路器 202、203，备用电源进线断路器 204、205，正常运行时，工作电源进线开关处于合闸位置，备用电源进线断路器处于分闸位置。工作电源与备用电源之间设有备用电源自动投入装置(备自投)，当工作电源失去时，备用电源约为 2 s 自动投入。

中压配电系统所带负荷为 10 kV 电动机、10.5/0.4 kV 厂用低压变压器。该配电系统采用放射式结构，同一母线上集中对同一类厂用设备供电，配置简单实用的断路器，配置了选择性的保护装置限制和缩小了因共因故障而失电的范围。

10.5 kV 配电装置选用厦门电控设备厂引进 ABB 公司技术生产的 VD4 型真空断路器及 ZS1 型铠装式金属开关柜。金属封闭移开式开关柜内的真空断路器安装在具有互换性、能水平抽出的小车装置中，小车在柜内有工作、试验和隔离三种位置，有可靠的机械联锁装置，保证人身安全和操作的可靠性。

10.5 kV 配电中心位于汽轮发电机厂房(03 子项)内，在核岛厂房(01 子项)主控室内对 10.5 kV 配电中心进行集中控制、保护和监视。

主变低压侧绕组为三角形接线，采用不接地方式。

2. 低压网(380 V)

低压网由若干台 10.5/0.4 kV 变压器供电，采用单母线或单母线分段的接线形式。0.4 kV 配电装置、0.4 kV 电动机、电加热设备、照明设备等接于这两分段母线上。

厂内设两段 0.4 kV 低压应急母线，应急母线上各配置一台 1E 级柴油发电机组，为核安全和保护设施供电。当厂用工作电源和厂用辅助电源均失去时，两段应急母线将由各自的柴油发电机组 G1S、G2S 供电。

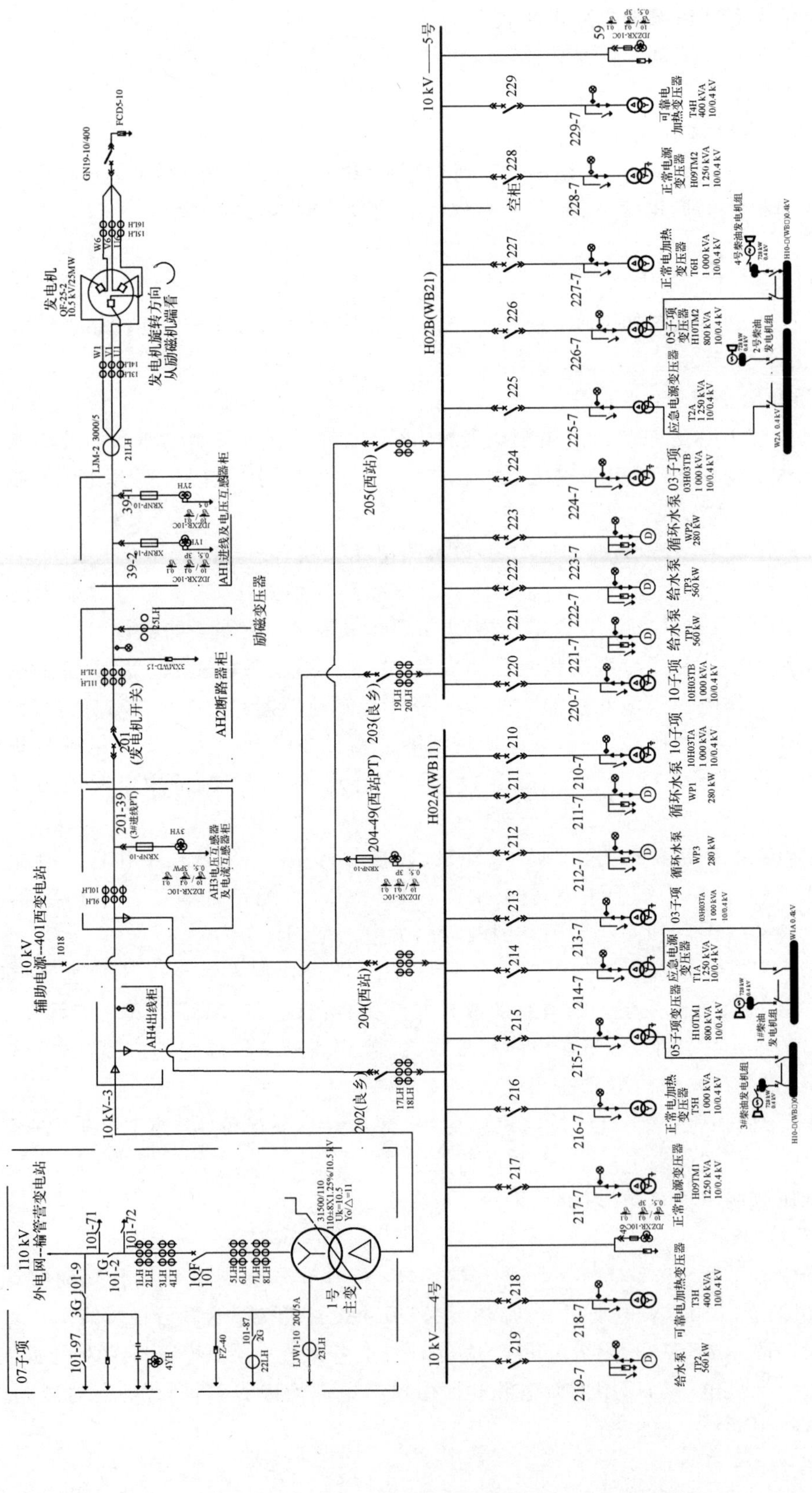

图 3-3 CEFR厂用电系统图

厂内设两段0.4 kV低压可靠母线，可靠母线上各配置一台1E级柴油发电机组，为主设备安全设备供电。当厂用工作电源和厂用辅助电源均失去时，两段可靠母线将由各自的柴油发电机组G3S、G4S供电。

其他0.4 kV低压母线分别为核岛厂房、汽轮发电机厂房、氮气、压空及制冷机房供电。其他建筑物和厂区的非安全重要的电力负荷直接或经动力站接至邻近的0.4 kV配电中心。

0.4 kV配电装置选用封闭型模数化抽屉式开关柜。柜内低压断路器等元器件及附件组装在具有互换性、能水平抽出的抽屉内，抽屉在柜内有工作、试验和隔离三种位置，具有机械联锁等保障人身安全的设施。

3.4.7 厂用电系统运行

1. 启动和正常停运

(1) 启动：当厂外电源(主电源为榆管营220 kV变电站110 kV系统；备用电源为401所10 kV变电所)完好时，由榆管营220 kV变电站的110 kV一回架空线路经快堆升压站的110/10 kV主变向厂用设备供电，使CEFR机组启动。

(2) 带功率运行：当汽轮发电机达到并网前所要求的频率和电压时，闭合汽轮发电机出口断路器，使CEFR机组与电网并联运行，经主升压变压器向电网输送电能，同时向厂用设备供电。

(3) 正常停堆：由操作人员进行操作，使CEFR反应堆降功率、汽轮发电机减负荷，然后断开发电机出口断路器，使CEFR机组与电网解列。停堆过程中及停堆后，由厂外主电源经110/10 kV主变向厂用设备供电。

2. 事故运行

(1) 反应堆或汽轮发电机故障

由发电机回路的逆功率继电器动作，发出信号使发电机出口断路器断开，由厂外主电源经主升压变向厂用设备供电，使CEFR机组停运。

(2) 失去主电源

当失去主电源时，主升压变压器110 kV侧断路器101和发电机出口断路器201断开，同时厂内四台柴油发电机组启动，10 kV厂用母线上的工作电源进线断路器202、203断开，并切除该母线上的机组厂用设备，保留常备厂用设备及应急厂用设备，经2 s慢切换，备自投动作，闭合厂外备用电源进线断路器204、205，使CEFR机组停运。切换成功后，由主控室发停机允许信号，运行人员就地停柴油发电机组。

(3) 失去主电源和备用电源

当工作电源和备用电源均失去时，柴油发电机组启动，在接到自动启动信号后，10 s之内柴油发电机达到额定转速、额定电压、额定频率，在柴油发电机组启动7 s后，如果应急母线电压仍未恢复，则应急母线进线开关自动跳开，卸去负荷，由柴油发电机组向应急母线供电。如把达到额定电压和频率时定为零点，带载批次分为10 s、15 s、20 s、30 s、40 s，按其重要性依次将负载带完。在失电10 s时柴油发电机向应急母线供电开关自动投入，柴油发电机组进入正常带载运行状态，并按上述带载批次带上负荷，使反应堆安全停堆。

3.4.8 核岛电加热系统

中国实验快堆Ⅰ、Ⅱ回路采用液态金属钠作为反应堆的载热剂，因此需要为钠存在或流经的核岛工艺系统的管道、阀门和设备设置电加热系统，对其加热、保温，以防止液态钠凝固，并防止高温钠对管道、阀门和设备造成热冲击。电加热系统除了正常的加热、保温功能之外，还要把凝固在管道、阀门和设备的固态钠或钠杂质熔化开。

含有钠蒸汽的一些气体管道和设备同样需要电加热，以防止钠蒸气冷却时沉积在内壁上使管道、设备堵塞。快堆核岛共有 15 个工艺系统需要设置电加热系统。

1. 核岛电加热系统设计原则

(1) 工艺系统电加热热区划分应符合工艺系统工况要求、电气控制要求和电加热元件安装布置要求。

(2) 电加热元件的选取应满足工艺系统管道、阀门和设备对加热功率的要求，以及适合安装的原则。

(3) 电加热控制系统的设计应能满足管道、阀门和设备的升温速率 15～30 ℃/h 的控制要求；控制系统自动运行，满足加热、保温和解冻的要求。

(4) 各工艺系统的电加热系统的供电级别应与工艺系统的安全等级匹配，分别采用正常、可靠和应急电源供电系统。

2. 核岛电加热系统运行方式

(1) 预热：当需要把冷却剂液态钠充入核岛各钠工艺系统时，先将该钠工艺系统管道、阀门与设备预热至 250 ℃(蒸汽发生器事故保护系统的排放管道加热至 450 ℃)。

(2) 保温：在反应堆停堆、调试、运行期间，使管道、阀门和设备保持在给定的温度状态。

(3) 解冻：将凝固在工艺系统的管道、设备中的钠熔化。对含有凝固钠的管道、设备，应从钠存在自由膨胀空间的区域开始加热。

3. 电加热元件安装布置

电加热元件在管道、阀门和设备上的安装方式与电加热元件长度(发热段)和直径有直接关系。

当电加热元件的长度(发热段)大约是管道长度的 3 倍、4 倍或更长时采用缠绕方式安装；当电加热元件的长度(发热段)大约是管道长度的 1 倍、2 倍或较短时采用沿管道平贴、直铺方式安装。在实际安装时，视具体情况可以兼用两种安装方式。

外形相对标准的设备，如各种罐体，可参照管道的电加热元件安装方式；对于阀门或其他异型设备，可现场安装时确定安装方式；电加热元件安装时不得扭折，弯曲半径不小于元件直径的 5 倍，螺距或间距不小于 10 mm。

电加热元件固定可用不锈钢薄片点焊或卡箍固定。安装时，两种方式可兼用。点焊或卡箍固定位置、数量可根据安装情况确定。

另外，由于土建条件的限制，电加热元件在安装时不能穿过楼板、墙体，或者热区中的管道较长或设备较大，需要将某些热区的工艺对象再次划分为若干区域，分别设置电加热元件。这些区域的电加热元件采取独立供电、单独控制的工作方式，即形成多个电加热控制区。工艺系统中其他小型热区不需二次划分，独立成为一个电加热控制区，有些热区管道较短，在不影响电加热工况的前提下，可以和其他热区合为一个控制区，以减少控制区数量，节约控制系统费用。每个热区的电加热元件数量可以根据加热功率和管道长度来确定。

各热区的电加热元件按 1∶1 备用，备用与正常工作电加热元件同时安装到管道、阀门和设备上。当正常工作电加热元件发生故障或工艺系统需要提高加热温度时，投入备用电加热元件。

4. 电加热控制方式

工艺系统的加热是通过外表敷设铠装电加热元件实现的。工艺系统回路按管道布局划分若干个电加热控制区，每个电加热控制区均设置有 1 或 2 个热电偶，作为电加热控制系统温度控制输入信号，每个控制区内电加热元件有独立的电气控制回路，并且具备电压调节器，可以调节电加热元件的工作电压。

电加热控制区温度控制手段是控制电加热元件的电流通断。

为了提高电加热元件的使用寿命，电加热元件的工作电压设置高、低两种。一般情况下，在预热工况时，温度低于或等于 100 ℃时，让电加热元件工作于低电压状态；当温度超过 100 ℃时，电加热元件工作于高电压状态。在保温工况时，电加热元件一般工作于低电压状态。每个电加热控制区一般配有两个输出控制信号：加热和保温信号，可以用来自动切换电加热元件的工作电压，操作人员也可以根据需要手动切换工作电压。电加热升温速率为 15～30 ℃/h，温度测量的准确性为±5 ℃。

每个电加热控制区应采取阶梯式升温方式：升温—保温—升温……如图 3-4 所示。

在加热过程中，当工艺系统电加热控制区的温度达到阶段性设定温度时，电加热系统自动关闭，进入保温状态，然后再加热升温，阶段性保温的目的是使受热对象均匀受热。当电加热控制区温度低于给定值时，则电加热系统投入工作。采用这种调节方法时，电加热控制区的温度在给定值上下调节。

每个电加热控制区自动地维持最终温度 250 ℃。当温度低于 230 ℃，电加热系统投入工作；当温度高于 250 ℃时，自动切除电加热系统。在温度超过 260 ℃或低于设定值 220 ℃应向操作员发出报警信号。

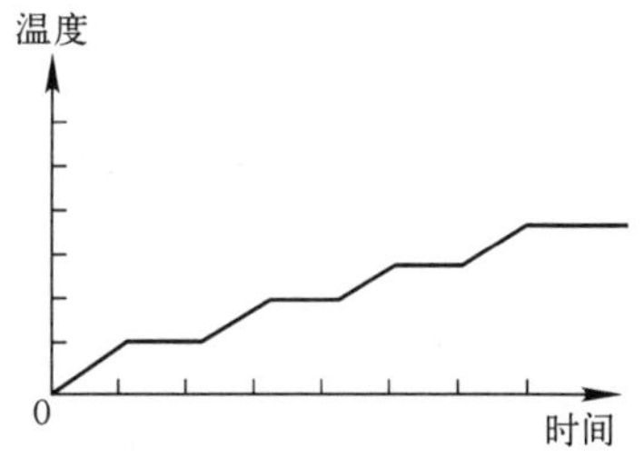

图 3-4 电加热升温曲线

5. 核岛电加热供电系统

核岛电加热供电系统采用中性线不接地的变压器为电加热元件供电，并且设计成两路电源，并列工作，核岛电加热供电系统设置了绝缘监测装置，以监测电加热元件的电气绝缘性，预防出现漏电、短路现象，损坏工艺设备。电加热供电系统图如图 3-5 所示。

电加热系统负荷，按其在反应堆各种运行工况下和事故后处理的作用，就其重要性分为三类：

(1) 反应堆出现事故后，需要参与事故处理的系统（如事故余热排放系统）的管道与设备的加热属于一类负荷，应由应急供电系统供电；

(2) 反应堆出现事故后需要参与处理的系统，但允许短时间供电中断的管道及设备，如蒸汽发生器事故保护系统的管道和设备属于此类负荷，应由正常运行可靠供电系统供电；

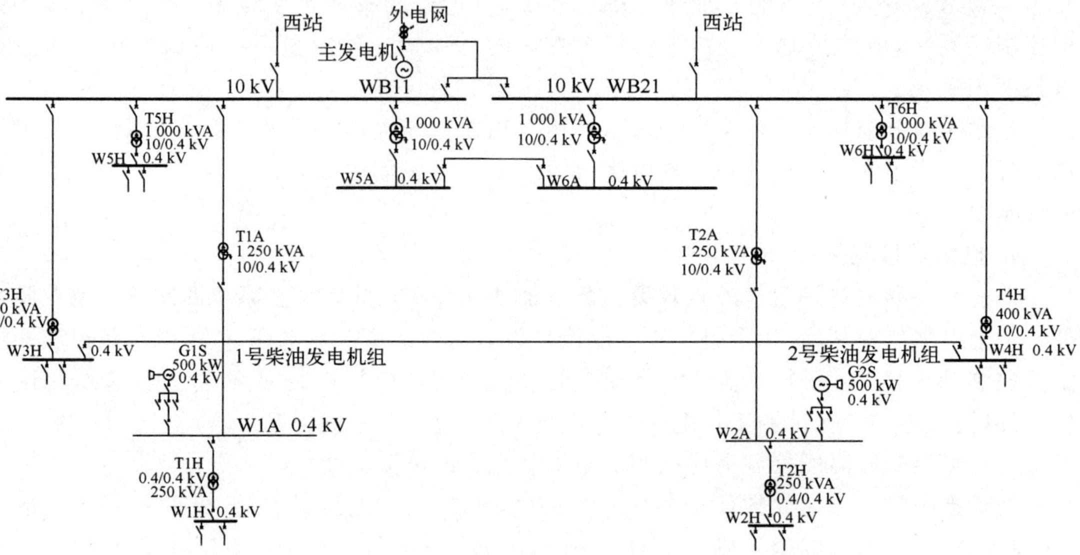

图 3-5　电加热供电系统图

(3) 其余(不属于上述两项)的负荷,由正常运行供电系统供电。

第4章　开关电器

4.1　开关电器的用途和分类

在发电厂和变电站中，开关电器(又叫电气开关)多种多样，包括断路器、隔离开关、熔断器、负荷开关、闸刀开关、接触器、启动器等，根据其用途可以分为以下几类。

(1) 用来断开或闭合正常工作情况下的用电设备的电器开关，如负荷开关、接触器等，它们闭合和断开的是设备正常工作的工作电流(额定电流)，起到控制设备或线路的投入与退出运行的作用。

(2) 用来断开故障情况下的用电设备的电器开关，即当电力线路或电气设备发生故障时，将故障部分从电网快速切除，保证电网中的无故障部分正常运行，它们断开用电设备的过负荷电流或短路电流，起到保护作用。如高、低压断路器、熔断器等，这种电器在电路断开后必须更换部件后才能继续使用。

(3) 既可用来断开用电设备的工作电流，也可用来断开过负荷电流或短路电流的开关叫断路器，如高压断路器、低压自动空气断路器等。它们同时起到控制与保护作用。

(4) 不要求断开或闭合工作电流，仅具备闭合和切断电路的电容电流和环流的能力，在电路中起隔离电压作用的开关电器，称为隔离开关。由于退出运行或需要进行检修的电力线路及设备从电网中切除(断开电源)后，还必须可靠的与电源隔离开来使之与电源形成一个明显的断口，防止在误操作和过电压的情况下接通电源，所以要用到隔离开关，以保证设备和检修人员的安全。具有隔离作用的开关电器有：高压隔离开关、低压刀开关等。这种开关仅在电路检修或系统停运时操作。

(5) 接地作用：泄放掉电力线路和电力设备上的残余电荷，使电力线路和设备保持零电位，以防万一突然来电，造成人身安全事故具有接地作用的开关电器有：接地开关、接地车、接地隔离开关等。

4.2　电弧的基本知识

4.2.1　电弧的形成

电弧的形成过程就是气态介质或液态介质高温气化后的气态介质向等离子体态的转化过程。因此，电弧是一种游离气体的放电现象。

强电场发射是触头间隙最初产生电子的主要原因。在触头刚分开的瞬间，间隙很小，间隙的电场强度很大。

电弧的产生和维持是触头间隙的绝缘介质的中性质点(分子和原子)被游离的结果，游离是指中性质点转化为带电质点的现象。阴极表面发射的电子和触头间隙原有的少数电子在强电场作用下，加速向阳极移动，并积累动能。当具有足够大动能的电子与介质的中性质点相碰撞时，产生正离子与新的自由电子。这种现象不断发生，使触头间隙中的电子与正离子大量增加，它们定向移动形成电流，介质强度急剧下降，间隙被击穿，电流急剧增大，出现光效应和热效应而形成电弧。

电弧形成后，弧隙温度剧增，在高温作用下，弧隙中性质点获得大量的动能，且热运动加剧，当其相互碰撞时，产生正离子与自由电子。这种由热运动而产生的游离叫热游离，热游离足以维持电弧的燃烧。

4.2.2 电弧的熄灭

在电弧中，介质因游离而产生大量的带电粒子的同时，还发生带电粒子消失的相反过程，称为去游离，如果带电粒子消失的速度比产生的速度快，电弧的电流将减小而使电弧熄灭。带电粒子的消失是由复合和扩散两种物理现象造成的。

1. 复合

复合是异性带电质点彼此的中和。复合速率与下列因素有关。

(1) 带电质点浓度越大，复合概率越高。当电弧电流一定时，弧截面越小或介质压力越大，带电质点浓度也越大，复合就强。故断路器采用小直径的灭弧室，可以提高弧隙带电质点的浓度，增强灭弧性能。

(2) 电弧温度越低，带电质点运动速度越慢，复合就容易。故加强电弧冷却，能促进复合。在交流电弧中，当电流接近零时，弧隙温度骤降，此时复合特别强烈。

(3) 弧隙电场强度小，带电质点运动速度慢，复合的可能性就增大。所以提高断路器的开断速度，对复合有利。

2. 扩散

扩散是指带电质点从弧隙逸出进入周围介质中的现象。扩散去游离主要有两种。

(1) 温度扩散。弧隙与其周围介质的温差越大，扩散越强。用冷却介质吹弧，或电弧在周围介质中运动，都可增大电弧与周围介质的温差，加强扩散作用。

(2) 浓度扩散。电弧与周围介质离子的浓度相差越大，扩散就越强烈。

当游离大于去游离时，电子与离子浓度增加，电弧加强；当游离与去游离相等时，电弧稳定燃烧；当游离小于去游离时，电弧减少以致熄灭。所以要促使电弧熄灭就必须削弱游离作用，加强去游离作用。断路器综合利用上述原理，制成各式灭弧装置，能迅速而有效地熄灭短路电流产生的强大电弧。

4.3 高压断路器的基本知识

高压断路器是电力系统最重要的控制和保护设备，也是开关电器中最为完善的一种设备。其功能是接通和断开正常工作电流、过负荷电流和故障电流，起到控制和保护两方面的作用。

对断路器的基本要求是：在各种情况下应具有足够的开断能力、尽可能短的动作时间和高度的工作可靠性。断路器最重要的任务是熄灭电弧，所以，各种断路器都有不同结构的灭弧装置，它在很大程度上影响断路器的灭弧性能。

4.3.1 高压断路器的类型

高压断路器按安装地点可分为户内型和户外型两种；按灭弧介质及灭弧原理可分为油断路器（又分为多油、少油断路器）、六氟化硫（SF_6）断路器、真空断路器、空气断路器等。

1. 油断路器

采用油作为灭弧介质的断路器叫油断路器。油除了作为灭弧介质外，还作为触头开断后的弧隙绝缘以及带电部分与接地外壳之间的绝缘介质的断路器，称为多油断路器；油只作为灭弧介质和触头开断后的弧隙绝缘介质，而带电部分对地之间的绝缘采用瓷介质的，称为少油断路器。

2. 六氟化硫（SF_6）断路器

以 SF_6 气体作为灭弧和绝缘介质的断路器，称为六氟化硫（SF_6）断路器。这种断路器具有开断能力强、体积小等特点，但结构较复杂，金属消耗量大、价格较贵。SF_6 断路器与以 SF_6 绝缘的有关电器组成的封闭组合电器（GIS）优越性更为显著。

3. 真空断路器

利用真空的高介质强度来灭弧的断路器，称为真空断路器，具有灭弧速度快、触头材料不易氧化、寿命长、体积小等特点。

4. 空气断路器

以压缩空气作为灭弧介质及兼做操动机构能源的断路器，称为压缩空气断路器，简称空气断路器。这种断路器具有灭弧能力强、动作迅速、全开断时间短等特点，但结构较复杂，有色金属消耗量大。

4.3.2 高压断路器的基本结构

不同种类的断路器，其基本结构是相似的，如图 4-1 所示。基本结构主要包括电路通断元件、绝缘支撑元件、操动机构及基座等几部分。电路通断元件安装在绝缘支撑元件上，而绝缘支撑元件则安装在基座上。

电路通断元件是其关键部件，承担着接通和断开电路的任务，它由接线端子、导电杆、触头及灭弧室等组成；绝缘支撑元件起着固定通断元件的作用，并使其带电部分与地绝缘；操动机构起控制通断元件的作用，当操动机构接到合闸或分闸命令时，操动机构动作，经中间传动机构驱动动触头，实现断路器分合闸。

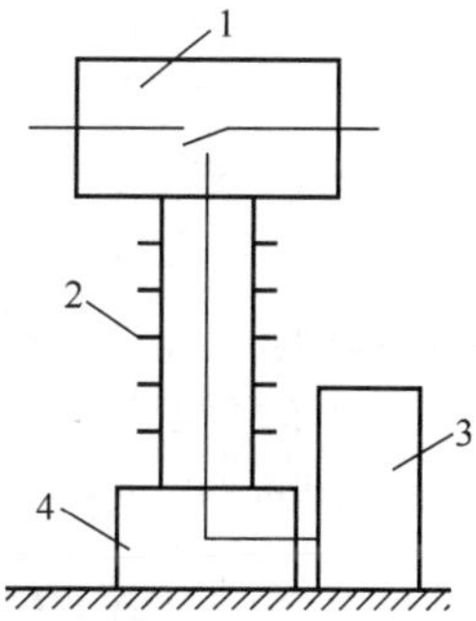

图 4-1 断路器基本结构示意图

1—通断元件；2—绝缘支撑元件；3—操动机构；4—基座

4.3.3 高压断路器的技术参数

1. 额定电压 U_N

额定电压是指断路器长期工作的标准电压（对三相系统指线电压）。为适应电力系统在允许电压变化范围内长期工作，还规定了断路器的最高工作电压。对额定电压在 3～220 kV 范围内的断路器，其最高工作电压为额定电压的 1.15 倍，对 330 kV 以上者，规定其最高工作电压为额定电压的 1.1 倍。

额定电压是表征断路器绝缘强度的参数，额定电压越高要求绝缘强度越高，外形尺寸越大，相间距越大。

2. 额定电流 I_N

额定电流是指断路器允许连续长期通过的最大电流，表征断路器的导电系统长期通过电流的能力，由断路器导体及绝缘材料的长期允许发热决定。我国采用的额定电流有 200 A、400 A、630 A、1 000 A、1 250 A、1 600 A、2 000 A、2 500 A、3 150 A、4 000 A、5 000 A、6 300 A、8 000 A、10 000 A、12 500 A、16 000 A、20 000 A。

3. 额定开断电流

断路器在开断操作时，首先起弧的某相电流称为开断电流。在额定电压下，能保证正常开断的最大短路电流称为额定开断电流。它是断路器开断能力的一个重要参数。我国规定的高压断路器额定开断电流为 1.6 kA、3.15 kA、6.3 kA、8 kA、10 kA、12.5 kA、16 kA、20 kA、25 kA、31.5 kA、40 kA、50 kA、63 kA、80 kA、100 kA 等。

由于开断电流和电压有关，因此在不同的电压下，对同一断路器所能正常开断的最大电流值也不相同。

4. 热稳定电流(额定短时耐受电流)I_t

表明断路器承受短路电流热效应的能力。当电流 I 通过断路器时，在规定的时间 t 之内，温度不超过允许发热温度，不会发生触头熔焊或其他妨碍断路器正常工作的异常情况，这个电流值即为热稳定电流 I_t。

5. 动稳定电流(额定峰值耐受电流)

反映断路器承受短路电流电动力效应的能力。动稳定电流指断路器在闭合状态或关合到故障线路时，通过的最大短路电流峰值，该电流不会使断路器因电动力作用而发生任何机械上的损坏。

6. 额定关合电流

反映断路器关合短路故障的能力。断路器关合有故障的线路或设备时，在动静触头接触瞬间，将有巨大的短路电流通过而可能使断路器触头熔焊和遭受电动力的损坏，断路器能可靠接通的最大电流称为额定关合电流。

7. 动作时间

全分闸时间：断路器接到分闸命令瞬间起到电弧熄灭为止的时间。

4.3.4 高压断路器的型号含义

高压断路器的型号含义表示如图 4-2 所示。

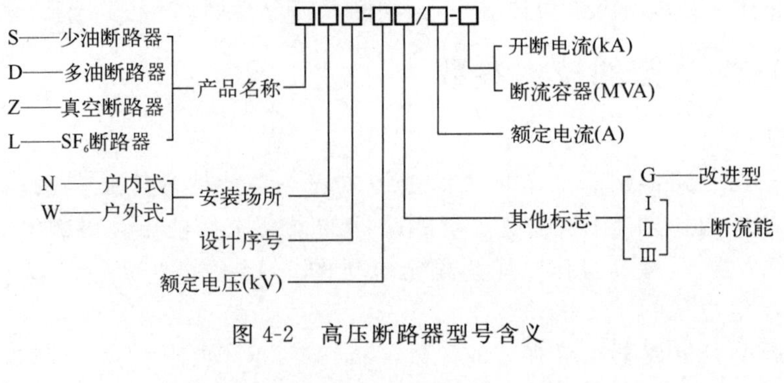

图 4-2 高压断路器型号含义

4.4 SF_6断路器

采用SF_6气体作为灭弧和绝缘介质，使SF_6断路器单断口在电压和电流参数方面大大高于压缩空气断路器和少油断路器，并且不需要高的气压和相当多的串联断口数，已广泛用于超高压大容量电力系统中。

4.4.1 SF_6气体的性能

1. 物理化学性质

(1) SF_6为无色、无味、无毒、不可燃、不助燃的惰性气体；比重大，在空气中扩散慢；容易液化，液化温度与压力有关，随压力的升高液化温度也升高。因此，断路器灭弧室不采用过高的压力，并且装有电加热器，防止气体液化。

(2) SF_6的化学性质非常稳定。在电气设备的允许运行温度范围内，与铜、铝、钢等材料都不发生化学作用。

(3) SF_6的热稳定性极好。在电弧高温作用下，少量SF_6将分解SOF_2、SO_2F_2、SF_4(有剧毒)等，但灭弧后，大部分分解产物又能复合成SF_6气体，少量分解产物与金属蒸气发生反应，生成金属氟化物和硫的低氟化物。电弧分解产物的多少与SF_6气体中所含水分有关。

因此，SF_6断路器中常用活性氧化物或活性炭等吸附剂来清除水分和电弧的分解产物。

2. 绝缘和灭弧性能

(1) 绝缘性能。SF_6气体的绝缘性能稳定，不易老化变质。在保持气态的情况下，绝缘性能随压力升高而提高；在0.3 MPa下，SF_6的绝缘性能和变压器油相当。

(2) 灭弧性能。SF_6在高温电弧作用下分解成低氟化合物，电弧电流过零时，低氟化合物又结合成SF_6，弧隙介质强度恢复过程极快，具有电弧弧柱的电导率高、燃弧电压低、弧柱能量小等特点。

4.4.2 SF_6断路器的灭弧室结构及灭弧原理

SF_6气体作为灭弧介质时，只需要较小的气压和压差，所以，SF_6断路器的灭弧室可以按压气活塞原理制成单压式，其气流是直接在开断过程中产生的。国产的SF_6断路器均为单压式。单压式SF_6断路器又被分为定开距SF_6断路器和变开距SF_6断路器。

1. 单压式灭弧室结构

单压式灭弧室又称压气式灭弧室，它只有一个气压系统，即常态时只有单一的SF_6气体。灭弧室的可动部分带有压气装置，分闸过程中，压气缸与触头同时运动，将压气室内的气体压缩。触头分离后，电弧即受到高速气流吹动而熄灭，如图4-3所示。

2. 灭弧原理

分闸时，操动机构通过拉杆使动触头、动弧触头、绝缘喷嘴和压气缸运动，在压力活塞与压气缸之间产生压力；当动静触头分离触头间产生电弧，同时压气缸内SF_6气体在压力作用下，使电弧熄灭；当电弧熄灭后，触头在分闸位置，如图4-4所示。

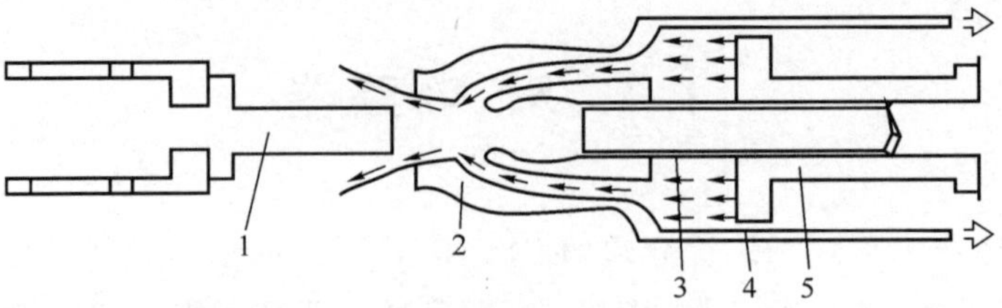

图 4-3　压气式灭弧室工作原理

1—静触头；2—绝缘喷口；3—动触头；4—压气缸；5—活塞

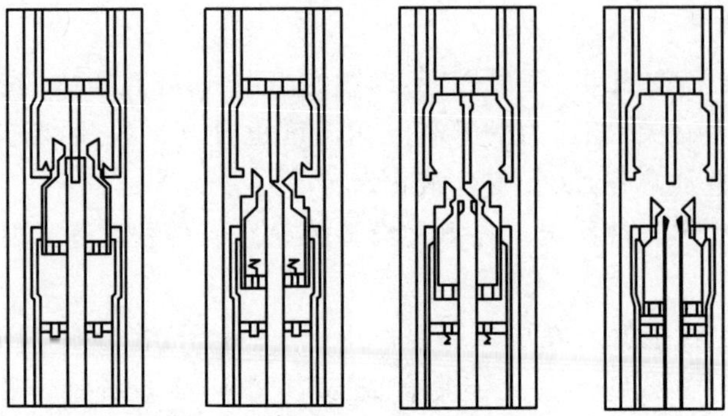

图 4-4　SF_6断路器灭弧原理

4.4.3　SF_6 断路器的特点

(1) 断口耐压高，串联断口和绝缘支柱少，零部件较少，结构简单化，便于装配和运输。

(2) 检修周期长，设备的操作、维护和检修方便，减少了工作量。

(3) 开断性能好，灭弧时间短，不产生重燃。

(4) 无噪音和无线电干扰。

(5) 冷却特性好。

(6) 有利于电器设备的紧凑布置。

4.5　真空断路器

4.5.1　真空气体特性

真空断路器是以真空作为灭弧和绝缘介质的。所谓真空是相对而言的，指的是绝对压力低于 1 个大气压的气体稀薄的空间。气体稀薄的程度用真空度表示。真空度就是气体的绝对压力与大气压的差值。气体的绝对压力越低，真空度就越高。

气体间隙的击穿电压与气体压力有关，击穿电压随气体压力的提高而降低，当气体压力

高于 1.33×10^{-2} Pa 以上时，击穿电压迅速降低。所以真空断路器灭弧室内的气体压力不能高于 1.33×10^{-2} Pa。

这里所指的真空，是气体压力在 1.35×10^{-2} Pa 以下的空间。在这种气体稀薄的空间，其绝缘强度很高，电弧很容易熄灭。

真空间隙内的气体稀薄，分子自由行程大，发生碰撞的概率小，因此，碰撞游离不是真空间隙击穿产生电弧的主要因素。真空中电弧是在触头电极蒸发出来的金属蒸汽中形成的。因此，影响真空间隙击穿的主要因素除真空度外，还与电极材料、电极表面状况、真空间隙长度等有关。

4.5.2　真空断路器的灭弧室结构及灭弧原理

真空灭弧室所有的灭弧零件都密封在一个绝缘的陶瓷或玻璃外壳内。真空灭弧室的基本结构如图 4-5 所示。

真空灭弧室外壳由陶瓷或玻璃等无机绝缘材料制成，呈圆筒状，两端用金属盖板封接组成一个密闭容器；内部有一对触头，静触头固定在静导电杆上，动触头固定在动导电杆上。由于动导电杆和金属盖板之间密封有波纹管，所以动导电杆可以沿轴向运动从而带动触头完成合、分动作。为均匀内部电场分布，在触头和波纹管周围都设有屏蔽罩。真空灭弧室内部为高真空（$\leqslant1\times10^{-3}$ Pa）。当动触头在操动机构作用下合闸时，动、静触头闭合，电源与负载接通，电流流过负载。反之当动触头在操动机构作用下带电分闸时，电接触表面积迅速减小，最后只留下一个或几个微小的接触点（金属桥），在金属桥上电流密度非常大。随着金属桥缩小，其电流密度增大，温度也越来越高。最后金属桥熔化并蒸发出大量的金属蒸汽。金属蒸汽温度很高，同时又存在很强的电场，这样就会导致强烈的场致发射和金属蒸汽的电离，从而发展成真空电弧。真空电弧依靠触头上蒸发出来的金属蒸汽维持。当工频电流过零时，金属蒸汽将停止蒸发，同时由于真空电弧的等离子体快速向四周扩散，电弧就被熄灭，触头间隙很快地变为绝缘体，于是电流就被分断。

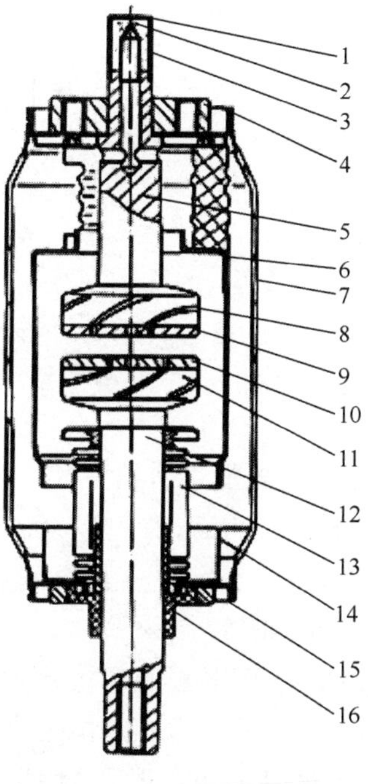

图 4-5　真空灭弧室结构图
1—排气管保护罩；
2—排气管密封刀口；
3—环氧树脂填料；4—定端盖板；
5—定导电杆；6—屏蔽筒；
7—玻壳（或陶瓷壳）；8—定触头座；
9—定触头；10—动触头；
11—动触头座；12—动导电杆；
13—波纹管；14—均压罩；
15—动端盖板；16—导向套

由于触头的特殊构造，可使电弧均匀分布在触头表面，从而减小电弧能量和触头的电腐蚀速度，并使真空灭弧室具有较高的弧后介质强度恢复速度。燃弧过程中产生的金属蒸汽被屏蔽罩表面冷凝，释放的少量气体中的一部分被凝聚的金属蒸汽所吸收，一部分被管内吸气剂吸收，使真空灭弧室内一直维持高的真空度。

4.5.3 真空断路器的操动机构

图 4-6 所示为 ZN12-10 真空断路器结构。操动机构是真空断路器的驱动装置，主要有电磁操动机构与弹簧操动机构。

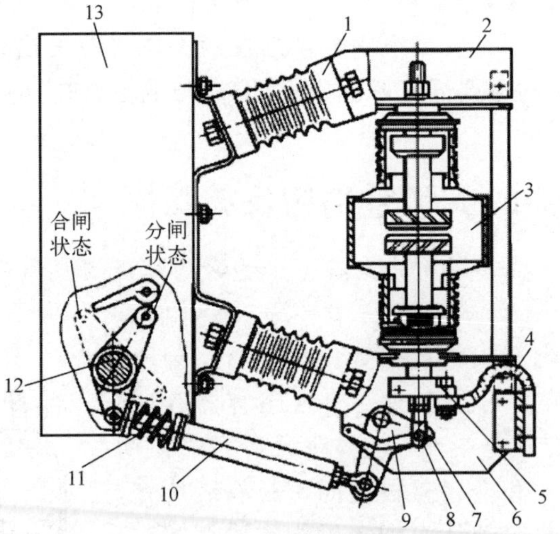

图 4-6 ZN12-10 真空断路器结构图

1—支持绝缘子；2—上出线座；3—灭弧室；4—软连接；5—导电夹；6—下出线座；7—万向杆端轴承；8—轴销；9—杠杆；10—绝缘拉杆；11—触头弹簧；12—主轴；13—机构箱

1. 电磁操动机构

靠电磁力合闸的操动机构称为电磁操动机构。电磁操动机构的优点是构造简单、工作可靠、造价低廉；缺点是合闸线圈消耗的功率大。常用的电磁操动机构有 CD10 型、CD17 型、CD19 型等。

CD10 型电磁操动机构原是配用 SN10-10 型少油断路器的操动机构，为旋转式输出。CD17 型电磁机构是专门为真空断路器设计的操动机构，为直推式输出。它有 CD17-Ⅰ型、CD17-Ⅱ型、CD17-Ⅲ型，分别配用分断能力为 20 kA、31.5 kA、40 kA 真空断路器。其体积、重量都比 CD10 型机构小得多，合、分闸操作电流也仅是 CD10 型机构的 2/3，安装占用空间小。

2. 弹簧操动机构

利用已储能的弹簧为动力使断路器动作的操动机构称为弹簧操动机构。弹簧储能通常由电动机通过减速装置来完成。对于某些操作功不大的弹簧操动机构，为了简化结构、降低成本，也可用手力来储能。

国内初期真空断路器的弹簧操动机构常用 CT7 型、CT8 型，由于这些产品投入运行以来，故障较多，维修不便，体积较大，因而不够理想。对于使用于频繁操作的真空断路器来说，不但要求弹簧操动机构寿命高，而且工作要十分可靠。我国目前多采用两种新型的弹簧机构，一种是 CT17 型，另一种是 CT19 型。前者为直推式输出，后者为转动式输出。这两种产品体积、重量比电磁机构都小得多，如 CT17 型机构的重量仅为 CD17 型机构的 2/3，运行可靠，机械寿命长。

4.6　高压隔离开关

4.6.1　高压隔离开关的用途

隔离开关的主要特点是在有电压、无负荷电流情况下，分、合线路。其主要用途为：

(1) 设备检修时，用隔离开关来隔离有电和无电部分，形成明显断开点，以保证工作人员和设备的安全。

(2) 隔离开关和断路器相配合，进行倒闸操作。

(3) 可用来分、合线路中的小电流如套管、母线、连接头和短电缆的充电电流，断路器均压电容的电容电流，双母线换接时的环流以及电压互感器的励磁电流等。

(4) 根据不同结构类型的具体情况，可用来分、合一定容量的空载变压器的励磁电流。

4.6.2　隔离开关基本要求

(1) 隔离开关分开后应有明显的断开点，易于鉴别设备是否与电网隔开。

(2) 隔离开关断点间应有足够的安全距离，以保证在过电压情况下，不至引起击穿而危及工作人员的安全。

(3) 在短路情况下，隔离开关应有足够的热稳定性和动稳定性。

(4) 具有开断一定的电容电流和电感电流的能力、开断环流的能力。

(5) 分、合闸时的同期性要好，有最佳的分、合闸速度，以尽可能降低操作时的过电压、燃弧次数和无线电干扰。

(6) 隔离开关的结构应简单，动作要可靠，有一定的机械强度，金属制件应能承受氧化而不腐蚀。在冰冻的环境里能可靠地分、合闸。

(7) 带有接地刀闸的隔离开关，必须装设联锁机构，以保证停电时先断开隔离开关，后闭合接地刀闸。送电时先断开接地刀闸，后闭合隔离开关的操作顺序。

(8) 隔离开关与断路器之间应有电气闭锁，以防止带负荷误拉、合隔离开关。

4.6.3　高压隔离开关的种类和型式

隔离开关的种类和型式很多。按安装地点可分为屋内式和屋外式；按产品组装级数可分为单极式和三极式；按绝缘支柱数目可分为单柱式、双柱式、三柱式等。

1. 户内型隔离开关

图 4-7 所示为户内型隔离开关的典型结构。它由导电部分、支持绝缘子、操作绝缘子及底座组成。

导电部分包括刀闸(动触头)和固定在支持绝缘子上的静触头。刀闸及静触头采用铜导体制成，根据额定电流的大小可以采用矩形截面铜导体和槽形截面铜导体。刀闸由两片平行刀片组成，电流均匀流过两刀片且方向相同，产生相互吸引的电动力，使接触压力增大。支持绝缘子固定在角钢底座上，承担导电部分的对地绝缘。

操作绝缘子与刀闸及轴上对应的拐臂铰接，操动机构则与轴端拐臂连接，各拐臂均与轴

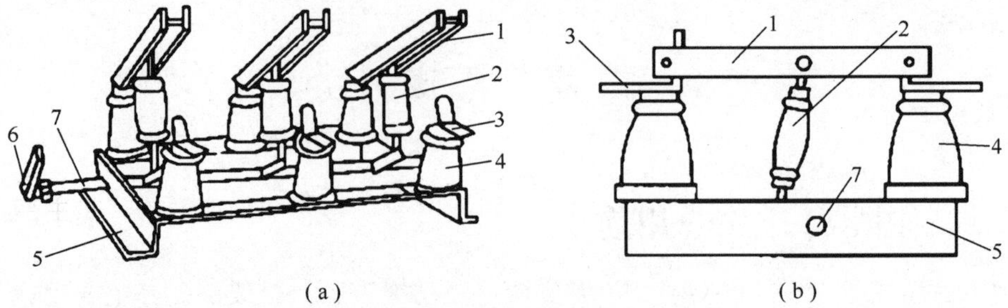

图 4-7 户内型隔离开关典型结构图

(a) 三极式；(b) 单极式

1—刀闸；2—操作绝缘子；3—静触头；4—支持绝缘子；5—底座；6—拐臂；7—转轴

硬性连接。当操动机构动作时，带动转轴转动，从而驱动刀闸转动而实现分、合闸。

2. 户外型隔离开关

与户内型隔离开关比较，户外型隔离开关的工作条件较恶劣，并承受母线或线路拉力，因而对其绝缘及机械强度要求较高，要求其触头在操作时有破冰作用，并且不致使支持绝缘子损坏。户外型隔离开关一般均制成单极式。

户外型隔离开关按其绝缘支柱数目可分为单柱式、双柱式、三柱式，如图 4-8 所示。

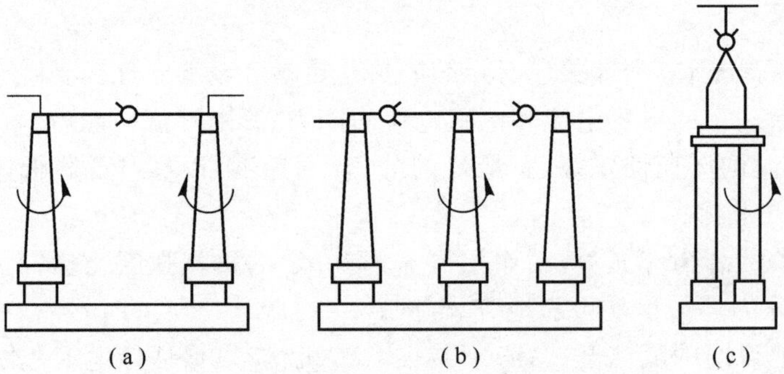

图 4-8 户外型隔离开关典型结构图

(a) 双柱式；(b) 三柱式；(c) 单柱式

图 4-9 为 GW5-110D 型 V 形双柱式户外隔离开关（一相），它也是水平开启式结构，每相的两个瓷柱成 V 形布置在底座的轴承上，夹角为 50°。操作时，两个瓷柱以相同速度作相反方向（一个顺时针，另一个反时针）转动，于是刀闸 2、3 便向同一侧方向分闸或合闸。

双柱式隔离开关优点是结构简单、尺寸小、质量轻；所用绝缘子数目少，且大部分零部件可通用；导电系统稳定，易于破冰。缺点是：合闸时，支持瓷柱受较大弯力，要求有较高的强度；刀闸作水平转动，使相间距离较大。

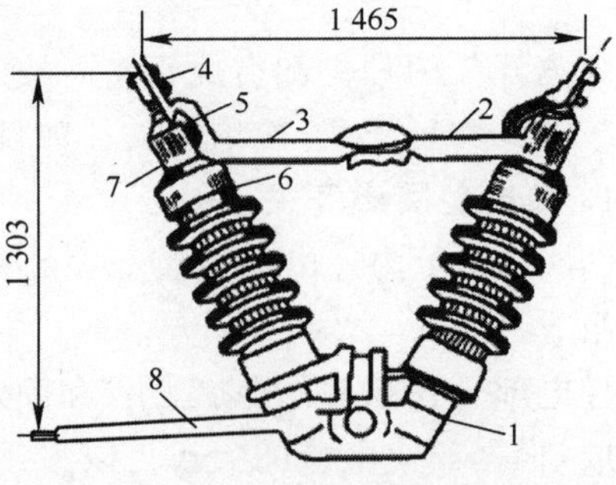

图 4-9 GW5-110D 型隔离开关

1—底座；2、3—刀闸；4—接线端子；5—挠性连接导体；6—支持瓷柱；7—支承座；8—接地开关

4.7　中国实验快堆高压电器

本节主要介绍中国实验快堆用的高压断路器、真空断路器和隔离开关。在主变高压侧，即 110 kV 侧采用 SF_6 断路器和高压隔离开关，低压 10 kV 侧采用真空断路器。

4.7.1　SF_6 高压断路器

中国实验快堆采用 LW36-126 型自能式高压 SF_6 断路器，该断路器外观结构图如图 4-10 所示，其采用单相、单断口，每台断路器的三个相柱安装在一个共同的机座上，由一台弹簧机构带动三相分、合闸。弹簧机构与电气控制部分共用一个箱体。三个相柱的充气室分别由阀门与管路连通。气室中的 SF_6 气体压力由带温度补偿的密度继电器监测并显示。

LW36-126 型断路器共有 A、B、C 三个相柱。每个相柱如图 4-11 所示。

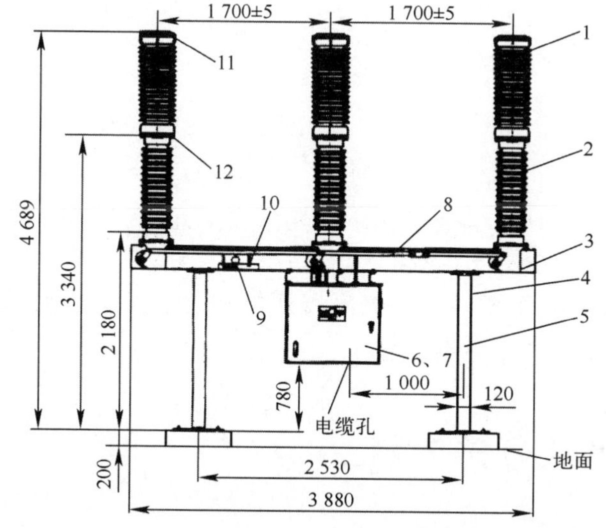

图 4-10　LW36-126 型断路器外观

1—灭弧室；2—支持瓷套；3—拐臂箱；4—接地板；5—断路器底架；6—操动机构；7—二次控制面板；8—三相连杆；9—密度继电器；10—气路管及充气阀；11—上接线板；12—下接线板

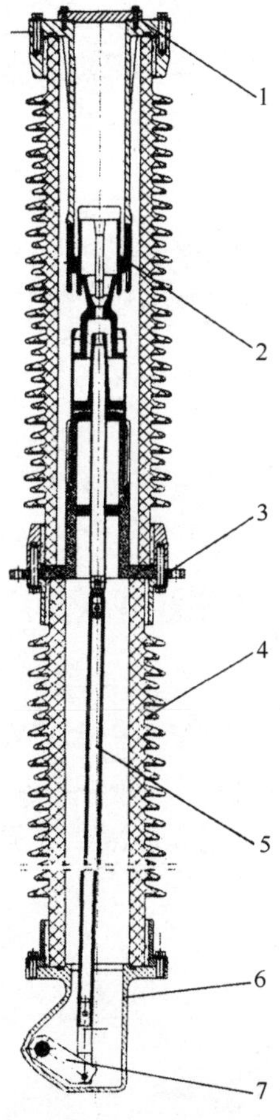

图 4-11　LW36-126 型断路器相柱结构图

1—上接线端板；2—灭弧室；3—下接线端板；4—支柱瓷套；5—绝缘拉杆；6—拐臂箱；7—拐臂

4.7.2 真空断路器

中国实验快堆 10 kV 中压配电室采用 VD4 型手车式真空断路器。断路器本体呈圆柱状，垂直安装在做成托架状的断路器操动机构外壳的后部，断路器本体的导电部分浇注在环氧树脂的极柱内，使得真空灭弧室免受外界影响和机械损害，其结构图如图 4-12 所示。

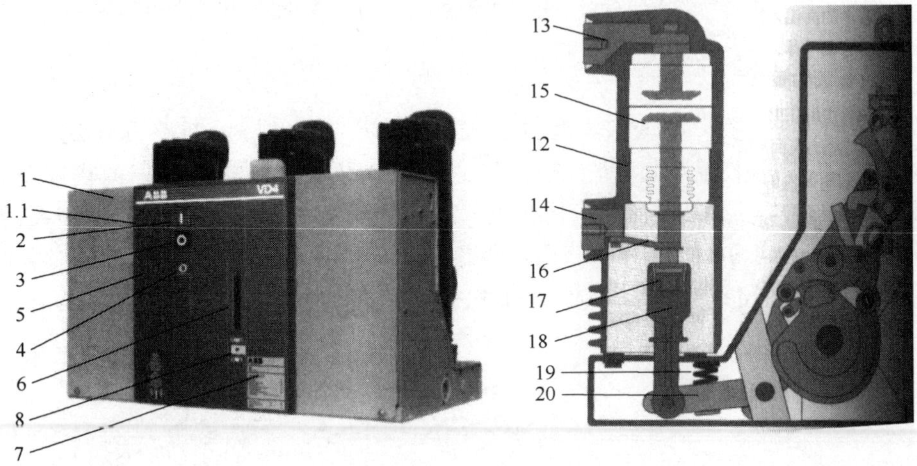

图 4-12 VD4 型手车式真空断路器结构图

1—断路器操动机构外壳；1.1—面板；2—手动合闸按钮；3—手动分闸按钮；4—分合闸位置指示器；5—断路器动作计数器；6—出能手柄的插孔；7—铭牌；8—储能状态指示器；12—环氧树脂浇注的极柱；13—上出线端子；14—下出线端子；15—真空灭弧室；16—软连接；17—触头压力弹簧；18—绝缘拉杆；19—分闸弹簧；20—拔叉

断路器在合闸位置时的主回路电流路径是：从上出线端子，到位于真空灭弧室内部的静触头，而后经过动触头及软连接，至下出线端子。

4.7.3 隔离开关

中国实验快堆采用的户外交流高压隔离开关有两种型号，分别为两台 V 型 GW5-110GWD/630A 和一台 GW8-60GWD/400A。V 型隔离开关一台用于控制、保护、计量用电源，另一台和 SF_6 断路器配合使用，用于接通或断开主电路；后者是用于主变压器中性点接地。户内交流高压隔离开关采用 GN19-10/400A 闸刀式三极隔离开关，用于发电机中性点接避雷器。

4.8 低压开关电器

4.8.1 低压断路器

低压断路器(自动开关或空气开关)是一种不仅可以接通和分断正常负荷电流和过负荷电流，还可以接通和分断短路电流的开关电器，是低压开关中性能最完善的开关。低压断路器在电路中除起通断控制作用外，还具有保护功能，如过负荷、短路、欠压和漏电保护等。低压断路器可以手动直接操作和电动操作，有的还可以实现远方遥控操作。

低压断路器的分类方式很多，按结构形式可分为框架式断路器、塑壳式断路器、微型断路器；按使用类别可分为非选择型（A 类）和选择型（B 类）；按极数可分为单极、二极、三极和四极式等。

低压断路器工作原理示意图如图 4-13 所示。主触头是靠锁键和锁扣（脱扣机构）维持在合闸状态。用于过流保护的过流脱扣器的线圈和用于过负荷保护的热脱扣器的热元件串联入主电路；用于失压保护的失压脱扣器和远距离分断低压器用的分励脱扣器的线圈则并联接入主电路相间。

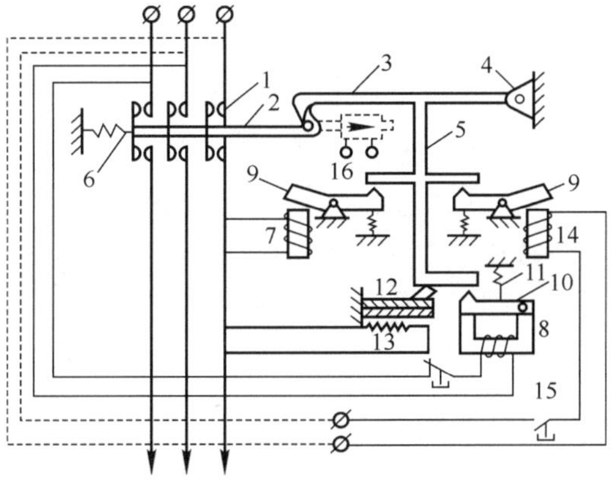

图 4-13　三极自动开关的工作原理示意图

1—主触头；2—锁键；3—锁扣；4—转轴；5—杠杆；6—分闸弹簧；7—过流脱扣器；8—失压脱扣器；9、10—衔铁；11—弹簧；12—热脱扣器双金属片；13—热元件；14—分励脱扣器；15—按钮；16—合闸电磁铁

当主电路发生短路故障时，短路电流通过过流脱扣器的线圈，衔铁 9 一端的电磁吸力大于另一端的弹簧拉力，衔铁转动并冲撞锁扣，释放锁键，在分闸弹簧的作用下，自动开关断开。过流脱扣器动作电流的调节，可通过调节衔铁 9 的弹簧张力实现。

当主电路发生过负荷时，经一定延时，热脱扣器动作，使自动开关断开。

当电源电压消失或降低到约 60% 额定电压时，失压脱扣器电磁铁对衔铁 10 的吸力小于弹簧拉力，使衔铁转动并冲撞锁扣，使断路器断开；当需远距离操作断开断路器，可按下按钮，使分励脱扣器线圈通电，进而使断路器断开。

4.8.2　接触器

接触器是用来远距离接通或断开负荷电流，并适用于频繁启动及控制电动机的低压开关。按控制电源不同，可分为交流接触器和直流接触器。

接触器种类繁多，其基本结构大致相同。接触器的基本结构及工作原理如图 4-14 所示。当电磁铁线圈通电时，产生电磁力吸引衔铁，使动触头动作，动、静触头闭合，主电路接通；当电磁铁线圈断电时，电磁力消失，衔铁在自身重量（或返回弹簧）作用下，向下跌落，触头分离，主电路断开。

接触器的灭弧室是由陶土材料制成的，并根据狭缝熄弧原理（电弧在灭弧片中被拉长，同时冷却)使电弧熄灭。

为了自动控制的需要,接触器除主触头外,还有为实现自动控制而接在控制回路中的辅助触点。

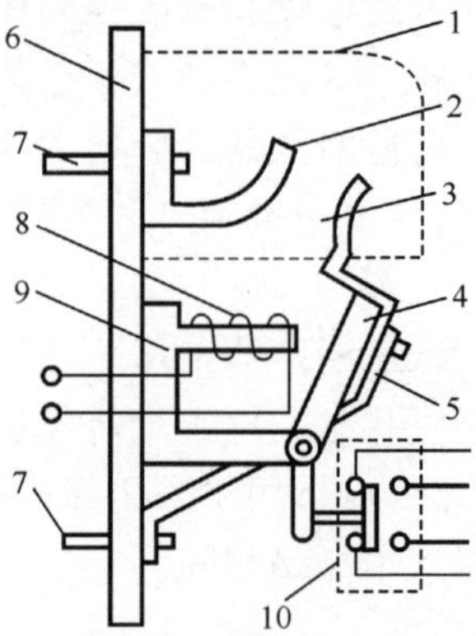

图 4-14 接触器基本结构及工作原理图

1—灭弧罩;2—静触头;3—动触头;4—衔铁;5—连接导线;6—底座;7—接线端子;8—电磁铁线圈;9—铁芯;10—辅助触头

4.8.3 热继电器

热继电器是在通过电流时依靠发热元件所产生的热量而动作的一种低压电器,主要用于电动机的过载保护及其他电气设备发热状态的控制,有些型号的热继电器还具有断相及电流不平衡运行的保护。

以用于电动机过负荷保护的JR系列热继电器为例来说明热继电器的基本原理,图4-15所示为JR系列热继电器结构示意图。对于JR1系列,其热元件串联接入电动机主回路,触点串联接入电动机控制回路。电动机正常运行时,热元件温度较低,双金属片不触发热继电器动作;电动机过负荷时,热元件温度较高,双金属片因过热膨胀向上弯曲而脱离扣板,扣板在弹簧的作用下逆时针转动,经绝缘拉板使动触点断开。

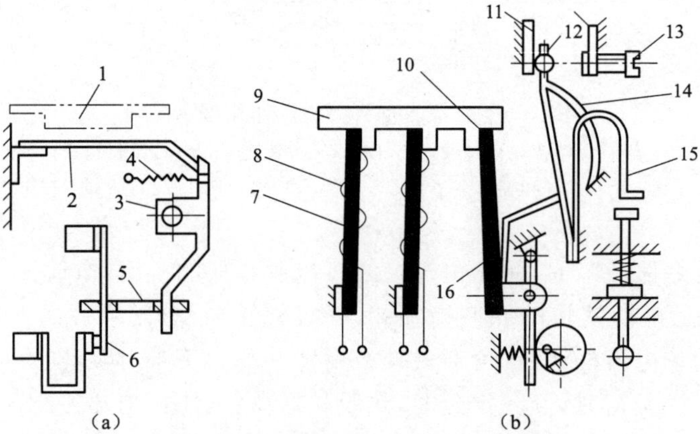

图 4-15 JR系列热继电器结构示意图

(a) JR1系列;(b) JR15系列

1—热元件;2—双金属片;3—扣板;4—弹簧;5—绝缘拉板;6—触点;7—主双金属片;8—热元件;9—导板;10—补偿双金属片;11—静触点;12—动触点;13—复位调节螺钉;14、15—弓形弹簧;16—推杆

对于JR15系列两相式热继电器,其主双金属片与热元件共同接入主电路;温度补偿双金属片是为了保证在不同温度时热继电器的刻度电流值基本不变;通过转动凸轮改变推杆的位置可以设定过载电流值;调节复位螺钉可改变动触点和静触点在断开位置时的开距大小。当电动机过负荷时,主双金属片过热膨胀弯曲,推动导板,经补偿双金属片、推杆和弓形弹簧使动触点与静触点断开,电动机的控制回路和主回路断开。

由于热元件温度升高和双金属片受热变形需要时间,所以,热继电器是一种延时的过负荷保护元件。

4.9　中国实验快堆低压开关电器

中国实验快堆的低压开关电器大量采用的断路器包括低压空气断路器 Masterpact MT 和 Compact NS 塑壳开关两种。

4.9.1　Masterpact MT

1. 分断类型

(1) N1——标准型，适用于分断低等级短路电流（630～1 600 A）；

(2) H1——适用于分断工业环境的高等级短路电流或两台变压器并联运行的电气系统中；

(3) H2——高性能型，适用于可能产生非常高断路电流的工业领域；

(4) L1——具有高限流能力，用以保护馈电单元或当变压器额定功率提高时，提高开关柜的性能水平。H 型、L 型的额定电流范围是 800～6 300 A。

以上类型都是 3 极或 4 极，分固定式和抽屉式，其外形见图 4-16。中国实验快堆在正常供电系统进线柜中所用的是 MT08 H2 型；应急供电系统进线柜内是 MT25 H1 和 MT16 H1 型；正常电加热供电系统进线采用 MT20 H1 型。

图 4-16　MT 断路器外形图

2. 控制单元

MT 断路器装配了可以更换的 Micrologic 控制单元。报警信号编程并远程显示电流、电压、频率、电能和电能质量的测定，优化供电连续性和能量管理。在 Micrologic 控制单元中采用一种 ASIC 的电子元件，它集中了保护功能，以保证断路器具有高度可靠性和抗干扰能力。

Micrologic 的命名如图 4-17 所示，P 型控制单元测量的内容包括三相电流、中性线电流、接地故障电流、漏电保护电流、电压峰值、电流峰值、功率因数最大值和最小数值、VAR 等电气参数，其功能有根据功率和电流卸载和恢复测量分断电流、故障指示、维修显示、事故历史记录等。控制面板如图 4-18 所示，利用调节按钮，设定保护阈值和延时，在屏幕上显示电流和时间值。主要有 4 种保护：过载、短路（短延时和瞬时）、接地和漏电。

中国实验快堆采用的控制单元类型有 2.0A、5.0A、5.0P、6.0P 等。

4.9.2　Compact NS

该断路器型式有多种类型，包括 2 极，3 极，4 极；固定式，插入式或抽出式。它的应用范围包括交流 1 000 V 以下系统，直流系统和电源切换系统。其分断类型有 N——标准型，H——高性能型，L——极高性能型三种。其外形结构图如图 4-19 所示。根据设备保护配置的要求，NS 断路器可装配热磁脱扣器（TM）或电子脱扣器（STR23SE）。

此种类型的断路器多用于电加热系统加热丝的供电主回路和抽屉式低压开关柜中阀门、电动机或其他负荷的供电回路。根据负荷的大小，可以选择不同的参数类型，如 NS80、NS100、NS250、NS400 等。

2.0A X Y Z

X：保护类型
- 2基本保护
- 5选择性保护
- 6选择性保护+接地故障保护
- 7选择性+漏电保护

Y：控制单元的版本
区别控制单元不同版本
“0”为第一个版本

Z：测量类型
- 电流表为A
- 电流表为D
- 功率表为P
- 谐波表为H
- 无指示为无测量功能

图 4-17 Micrologic 的命名

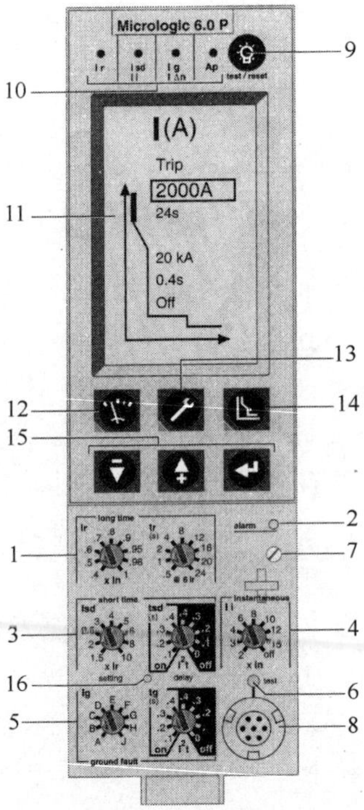

图 4-18 Micrologic 6.0P 控制面板

1—长延时；2—过载信号；3—短延时；4—瞬时整定值；5—接地故障和脱扣延时；6—接地故障测试按钮；7—长延时整定模块固定螺钉；8—测试孔；9—测试复位和电池测试；10—脱扣原因显示；13—维修显示；14—保护整定值；15—导航键；16—透明罩上锁定孔

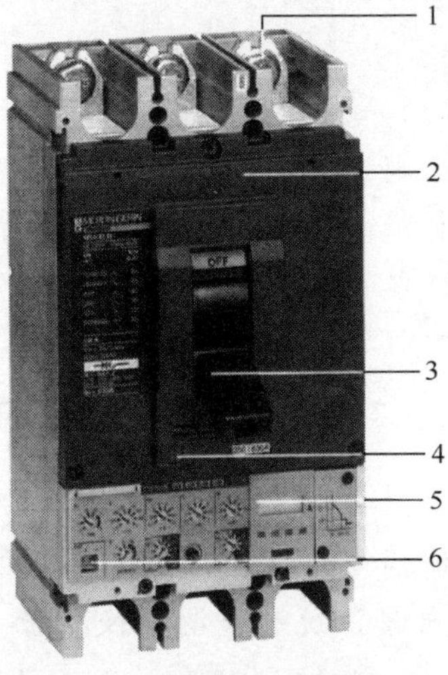

图 4-19 NS 断路器外形结构图

1—端子；2—外壳；3—手柄及位置指示；4—脱扣试验按钮；5—脱扣器；6—脱扣器测试仪器插孔

4.10　高低压成套电器设备

4.10.1　成套电器的特点

成套电器即成套开关设备，它是以开关设备为主体的成套配电装置，即制造厂家根据用户对一次接线的要求，将各种一次电器元件以及控制、测量、保护等装置组装在一起而构成的成套配电装置。成套配电装置分为低压配电屏（柜）、高压开关柜、成套变电站、SF_6全封闭组合电器 4 类。

成套电器的特点是：

（1）电气设备布置在封闭或半封闭的金属外壳内，相间和对地距离可以缩小，结构紧凑，占地面积小；

（2）所有电器元件出厂时已组装成一体，现场安装工作量大大减小；

（3）运行可靠性高，维护方便；

（4）耗用钢材较多，造价较高。

4.10.2　低压开关柜

低压开关柜主要用于发电厂、变电所和工矿企业 380/220 V 低压配电系统，作为动力、照明配电之用。不同要求的主接线，其配置方案也不同。

1. 固定式

固定式有 PGL、GGL、GGD、GHL 等系列。PGL 系列结构示意图如图 4-20 所示。

（1）屏前。上部装有测量仪表；中部装有闸刀的操作手柄、控制按钮等；下部装有继电器、电能表和二次端子排。

（2）屏后。屏顶为主母线，并设有防护罩；上部为刀开关；中部为低压断路器、接触器等；下部为电流互感器、电缆头、中性母线。

屏与屏之间加装隔板，以限制故障范围；始端屏和终端屏的外侧加装有防护板。

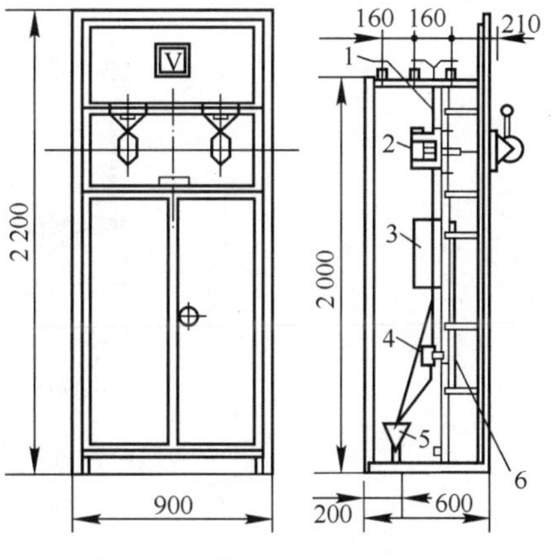

图 4-20　PGL-1 型低压配电屏结构示意图

1—母线及绝缘框；2—刀开关；3—低压断路器；4—电流互感器；5—电缆头；6—继电器

GGD 型低压配电柜外形图如图 4-21 所示。为便于散热，在柜体上、下部均有散热槽孔；顶盖在需要时可拆下，有利于主母线的安装和调整。

2. 抽出式

抽出式开关柜的特点是：

（1）采用模块化、组合式结构，由标准化的、成系列的模块组成，更改、添加部件方便；

（2）框架由镀锌和喷塑处理的钢板制成，用螺钉连接组装，强度高，框架采用模数化设计，按模数的倍数组装成不同体积的框架；

（3）功能单元（抽屉）由电气设备和机械部件组成，采用间隔式布置，用金属或绝缘板将开关柜划分为若干个隔离室，使母线与功能单元之间隔开；

（4）功能单元具有三个位置，即工作（一、二次回路均接通）、试验（一次电路断开、二次电路接通）和分离（一、二次电路均断开）位置，各位置有机械定位，保证操作安全性，相同规格的功能单元具有良好的互换性。

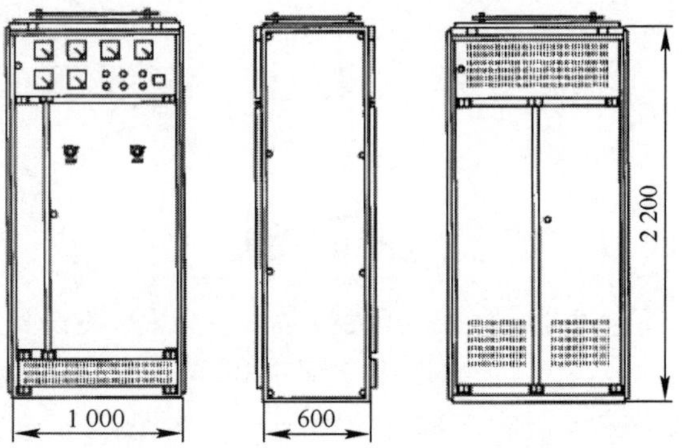

图 4-21　GGD 低压配电柜外形图

EEC-M35 系列开关柜的内部空间分隔图如图 4-22 所示，主要由以下几部分构成。

（1）柜前：断路器室、二次端子排和仪表室、外接保护单元装置等；

（2）柜后：电缆进出线小室；

（3）柜中部：母线室，可安装水平和垂直母线。

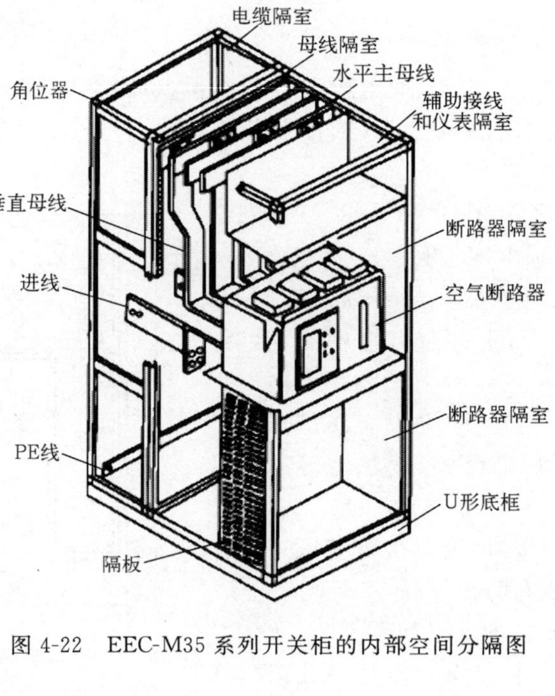

图 4-22　EEC-M35 系列开关柜的内部空间分隔图

4.10.3　高压开关柜

高压开关柜用于 3～35 kV 电力系统，作接受、分配电能及控制之用。

1. 手车式

以 JYN2-10 型金属封闭间隔型移开式户内高压开关柜为例，其内部结构示意图如图

4-23 所示。其内部用钢板或绝缘板分隔成以下几个部分。

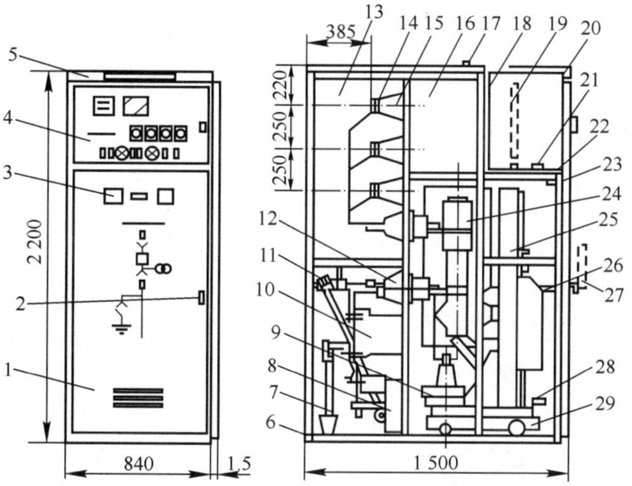

图 4-23　JYN2-10 型高压开关柜内部结构示意图

1—手车室门;2—门锁;3—视察窗;4—仪表板;5—用途标牌;6—接地母线;7—电缆;8—接地开关;9—电压互感器;10—电流互感器;11—出线电缆室;12—出线侧隔离静触头;13—主母线室;14—主母线;15—母线绝缘子;16—排气通道;17—吊环;18—继电器仪表室;19—继电器屏;20—小母线室;21—端子排;22—减振器;23—二次插头座;24—少油断路器;25—断路器手车;26—手车室;27—接地开关操作棒;28—脚踏锁定跳闸机构;29—手车推进机构

(1) 主母线室。室内装有主母线、支持绝缘子和母线侧隔离静触头。

(2) 手车室。门上有视察窗、模拟接线。少油断路器、手车上装有电压互感器。手车底部带有滚轮导向装置,能沿水平方向移动。设置有防止误操作的联锁功能,如:防止带负荷拉隔离开关,防止带电合接地开关(地刀),防止带接地开关合闸等。

(3) 出线电缆室。室内装有出线侧隔离静触头、电流互感器、引出电缆及接地开关。柜后下封板与接地开关设有联锁,接地开关合上后才能打开。

(4) 继电器仪表室。继电器仪表室经减振器固定于柜前上部,门上装有测量仪表、按钮、信号灯和继电保护用的连接片(压板)等,室内有继电器屏、端子排。

(5) 小母线室。室内装有各种小母线如:合闸、控制、信号等直流小母线和电压互感器二次侧的三相交流小母线。在主母线室和继电器仪表室之间设有断路器的排气通道。

2. 固定式

固定式高压开关柜(GG 系列)有双母线(GSG 型)和单母线结构。其基本骨架结构用角钢焊接而成,用薄钢板制成前面板,柜后无保护板;柜顶部位主母线、母线隔离开关,柜内用薄钢板隔开,上部为断路器室,下部为出线隔离开关室,电流互感器装于隔板上。固定式高压开关柜与手车式相比,体积大、封闭性能差,检修不方便。

4.10.4　中国实验快堆用高压开关柜

中国实验快堆常规岛厂房 10 kV 电气间内的采用 ABB 公司的 ZS1 铠装式金属封闭开关设备,即 ZS1 开关柜。开关柜外形图及基本结构示意图如图 4-24 所示。

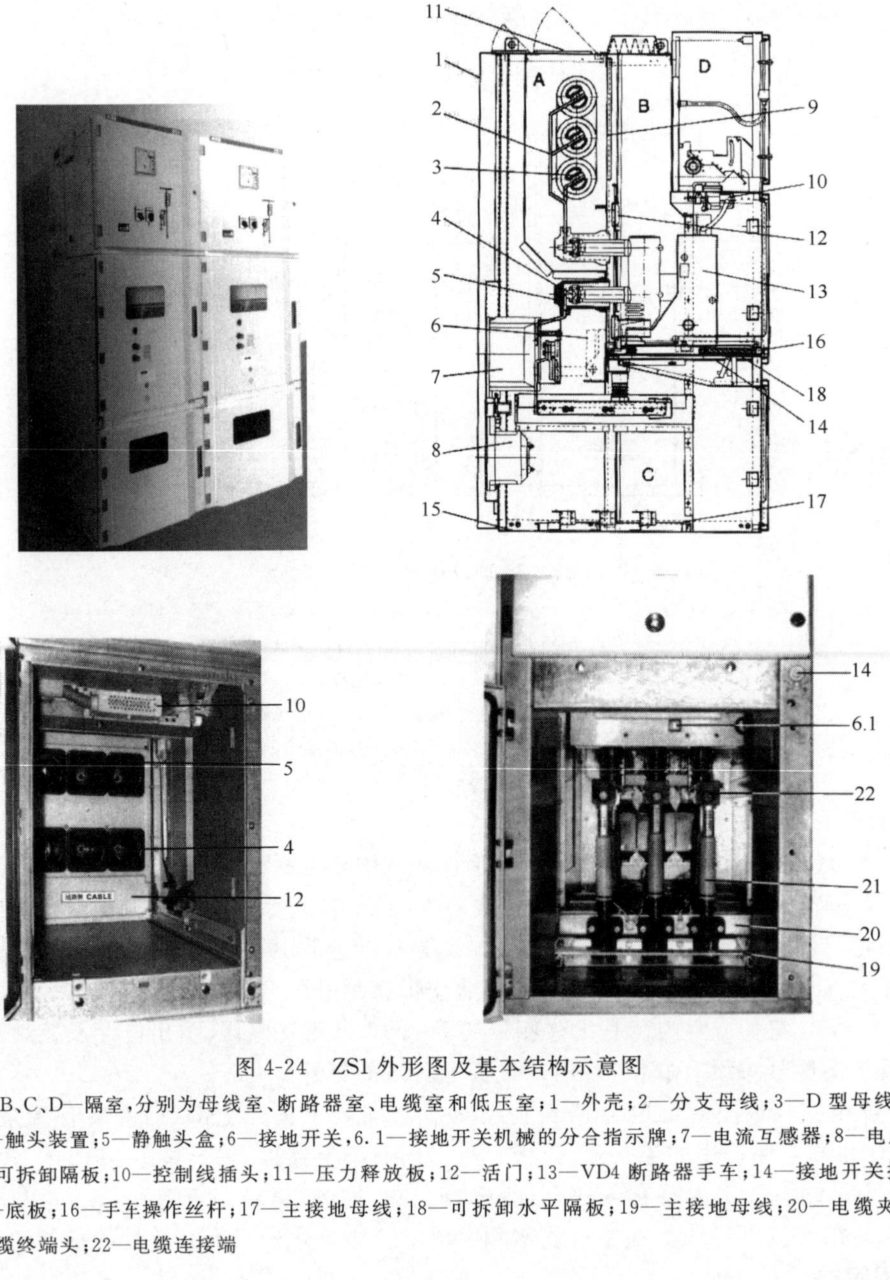

图 4-24　ZS1 外形图及基本结构示意图

A、B、C、D—隔室，分别为母线室、断路器室、电缆室和低压室；1—外壳；2—分支母线；3—D 型母线(主母线)；4—触头装置；5—静触头盒；6—接地开关，6.1—接地开关机械的分合指示牌；7—电流互感器；8—电压互感器；9—可拆卸隔板；10—控制线插头；11—压力释放板；12—活门；13—VD4 断路器手车；14—接地开关操动机构；15—底板；16—手车操作丝杆；17—主接地母线；18—可拆卸水平隔板；19—主接地母线；20—电缆夹撑板；21—电缆终端头；22—电缆连接端

(1) 断路器室。断路器手车装在有导轨的断路器室内，可在运行、试验/隔离两个不同位置之间移动。当手车从运行位置向试验/隔离位置移动时，活门会自动盖住装在母线室和电缆室内的静触头盒内的触头装置，反向运动则打开。手车能在开关柜门关闭的情况下操作，通过门上的观察窗可以看到手车的位置、手车上的 ON/OFF 按钮、合分闸状态指示器和储能/释能状况指示器。

(2) 电缆室。电流互感器、电压互感器和接地开关装在电缆室后部。电缆室也可安装避雷器。

(3) 联锁设置。断路器和接地开关在分闸位置时，手车能从试验/隔离位置移动到运行位置，也可反向移动（机械联锁）；手车已完全咬合在试验或运行位置时，断路器才能合闸（机械联锁）；手车在试验或运行位置而没有控制电压时，断路器不能合闸，仅能手动分闸（机械电气联锁）；手车在运行位置时，控制线插头被锁定，不能拔出；手车在试验/隔离位置或移开时，接地开关才能合闸；接地开关关合时，手车不能从试验/隔离位置移向运行位置（机械联锁）；当手车移开后，活门可用挂锁锁定。

4.11　可编程控制器(PLC)

4.11.1　可编程控制器的特点

国际电工委员会（IEC）对可编程控制器的定义：可编程控制器 PLC（Programmable Logic Controler）是一种数字运算的电子系统，专为工业环境下的应用而设计。它采用可编程序的存储器，用来在内部存储执行逻辑运算、顺序控制、定时、计数和算术运算等操作的指令，并通过数字式、模拟式的输入和输出，控制各种类型的机械或生产过程。

与传统的继电器逻辑相比，PLC 具有如下优点：

(1) 采用集成电路和计算机技术，PLC 具有可靠性高，逻辑功能强，体积小的特点；

(2) 利用微处理器及存储器易于实现逻辑组合和运算；

(3) 采用软件编制程序实现，易于修改；

(4) 可附加定位、计数、模数转换等特殊模块，实现各种复杂的控制功能。

PLC 虽然采用了计算机技术和微处理器，但是它与计算机相比又具有如下特点：

(1) PLC 采用了以继电器逻辑梯形图为逻辑程序语言，易于学习；

(2) PLC 具有可靠、高抗干扰、密封及坚固的特性，可以在恶劣的工业环境中运行；

(3) PLC 具有模块化结构，可以针对不同的对象进行组合和扩展。

4.11.2　可编程控制器的基本结构

可编程控制器主要包括：中央处理单元 CPU、存储器 RAM 和 ROM、输入输出接口电路、电源、I/O 扩展接口、外部设备接口等。

中央处理单元 CPU 是由控制器和运算器组成。运算器的功能就是进行算术运算和逻辑运算；控制器是从内存中取指令和执行指令，控制整个系统的各个部件有条不紊的工作。

存储器用以存放系统管理和监控程序、系统内部数据、用户编制的应用程序等。

输入输出接口电路是连接 PLC 与外围设备的，输入信号通过光电耦合器件传送给内部电路，通过这种隔离措施可以防止现场干扰串入 PLC。经 PLC 处理过的输出数字信号通过输出接口电路转换成现场需要的强电信号输出，以驱动继电器、接触器、电磁阀、指示灯等被控设备获得或失去工作所需要的电压或电流。

4.11.3　可编程控制器的原理及技术性能

PLC 的工作方式为循环扫描。当程序运行时，CPU 从第一条指令开始执行，按指令步序号做周期性的程序循环扫描，每一个循环称为一个扫描周期。一个循环扫描周期主要分为三个阶段，如图 4-25 所示。

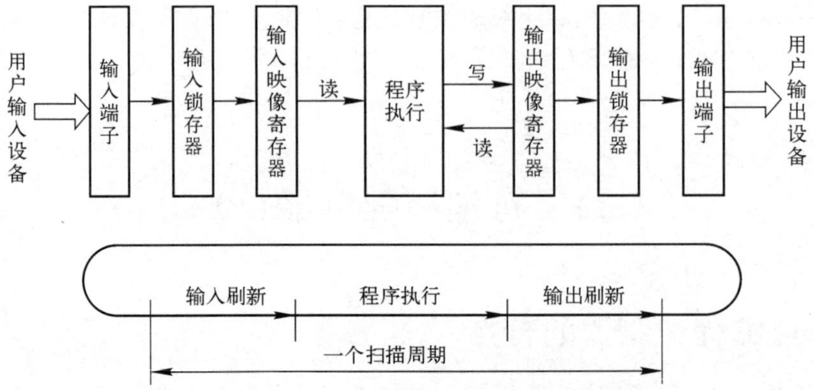

图 4-25 PLC 扫描工作过程示意图

(1) 输入刷新阶段

在输入刷新阶段，CPU 扫描全部输入端口，读取其状态并写入输入状态寄存器。完成输入端刷新工作后，将关闭输入端口，转入程序执行阶段。在程序执行期间即使输入端状态发生变化，输入状态寄存器的内容也不会改变，在下一个工作周期的输入刷新阶段，这些变化才能被读入。

(2) 程序执行阶段

在程序执行阶段，根据用户输入的控制程序，从第一条开始逐条执行，并将相应的逻辑运算结果存入对应的内部辅助寄存器和输出状态寄存器。当最后一条控制程序执行完毕后，即转入输出刷新阶段。

(3) 输出刷新阶段

当所有指令执行完毕后，将输出状态寄存器中的内容依次送到输出锁存电路，并通过输出端口输出，驱动外部相应执行元件工作，形成 PLC 的实际输出。

PLC 的主要技术指标有：

(1) 输入/输出点数(I/O 点数)

在选用 PLC 时，要根据控制对象与 PLC 的通讯点数要求，确定 PLC 输入输出机型，点数不够可接扩展模块，但扩展模块由主机的 CPU 进行寻址，故最大扩展点数受 CPU 的 I/O 寻址能力的限制。

(2) 内存容量

表征 PLC 能存放用户程序的能力。PLC 中程序指令按“步”存放，一“步”占一个地址单元，一个地址单元一般占两个字节。

(3) 扫描速度

扫描速度一般指执行 1 000 步指令所需要的时间，单位为 ms/k。有时也用执行一步指令所需的时间计算，单位为 μs/步。

(4) 指令条数

PLC 指令一般分为基本指令和高级指令两部分。指令种类越多，软件功能越强。

（5）内部继电器和寄存器

用来存放变量状态、中间结果和数据，包括特殊功能的辅助继电器和寄存器。

（6）编程语言及编程装置

PLC 的编程语言一般分为梯形图、功能块图、顺序功能图、指令表和结构化文本。不同厂家的 PLC 编程语言类型有所不同。

编程装置一般分为手持编程器和带有相应编程软件的计算机两种。

（7）特殊功能模块

PLC 除了电源、CPU 等主控模块外，还可以配接各种特殊功能模块。特殊功能模块可以实现一些诸如定位，计数，A/D、D/A 转换，温度控制，远程通讯等特殊功能。

4.11.4　PLC 的分类及功能

1. PLC 的分类

根据结构形式不同，PLC 可分为整体式和模块式两种。

（1）整体式：整体式是把 PLC 的各组成部分安装在一块或少数几块印刷电路板上，并连同电源一起装在机壳内形成一个单一的整体。

（2）模块式：模块式是把 PLC 的各基本组成部分做成独立的模块，如 CPU 模块、输入模块、输出模块、电源模块等。其他各种智能单元和特殊功能单元也制成各自独立的模块。然后以搭积木的方式将它们组装在一个具有标准尺寸并带有若干个插槽的机架内构成完整的系统。

2. PLC 的主要功能

（1）逻辑控制功能：用 PLC 的与、或、非指令取代继电器触点的串联、并联及其他各种逻辑连接。

（2）定时/计数控制功能：用 PLC 提供的定时器、计数器指令取代时间继电器和计数继电器，实现对某种操作的定时或计数控制。

（3）数据处理功能：进行数据传送、比较、移位、数制转换、算术和逻辑运算等操作。

（4）A/D、D/A 转换功能：实现模拟量和数字量之间的转换。

（5）运动控制功能：利用高速计数和位置控制模块等进行单轴或多轴运动控制。

（6）过程控制功能：利用 PID 模块实现对温度、压力、速度、流量等参数的闭环控制。

（7）通讯联网功能：实现远程I/O控制或数据交换，完成较复杂的控制。

4.11.5　PLC 的编程语言

IEC1131-3 为 PLC 制定了五种标准的编程语言，包括图形化编程语言和文本化编程语言。图形化编程语言包括：梯形图（LD—Ladder Diagram）、功能块图（FBD—Function Block Diagram）、顺序功能图（SFC—Sequential Function Chart）。文本化编程语言包括：指令表（IL—Instruction List）和结构化文本（ST—Strutured Text）。

继电器梯形图（LD—Ladder Diagram）语言是 PLC 普遍采用的编程语言，由继电器控制系统原理图演变而来，仅在使用符号和表达方式上有所区别。由于梯形图保留了继电器电路图的风格和习惯，成为广大电气技术人员易于接受和使用的语言。在梯形图中分别用符号─┤├─、─┤/├─表示 PLC 软元件的常开和常闭触点，用符号—(　)—表示其线圈，如图

4-26 所示。

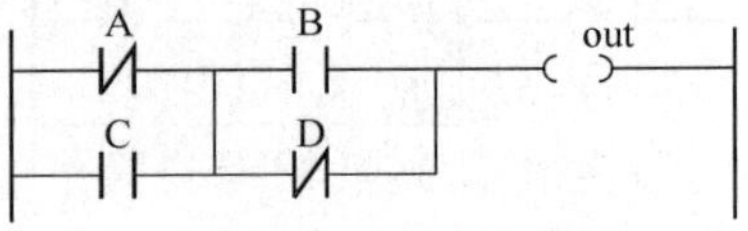

图 4-26 PLC 梯形图

梯形图程序设计语言的特点是：

(1) 与电气操作原理图相对应，具有直观性和对应性；

(2) 与原有继电器逻辑控制技术相一致，对电气技术人员来说，易于掌握和学习；

(3) 梯形图中的能流(Power Flow)和其内部的继电器不是实际意义的电流和继电器，应用时，需与原有继电器逻辑控制技术的有关概念区别对待；

(4) 与指令表程序设计语言有一一对应关系，便于相互的转换和程序的检查。

功能块图(FBD—Function Block Diagram)采用类似于数字逻辑门电路的图形符号，逻辑直观，使用方便，具有与梯形图编程中的触电和线圈等价的指令。功能块图程序设计语言有如下特点：

(1) 以功能模块为单位，易于分析控制方案；

(2) 采用图形化方法描述功能，便于编程和组态，易操作；

(3) 对于复杂的控制系统，可以缩短编程和组态及调试的时间。

顺序功能图(SFC—Sequential Function Chart)也称流程图或状态转移图，是一种图形化的功能性说明语言，专用于描述工业顺序控制程序，可以对具有并发、选择等复杂结构的系统进行编程。顺序功能图程序设计语言有如下特点：

(1) 以功能为主线，条理清楚，便于对程序操作的理解和沟通；

(2) 对大型程序，分工协作，采用灵活的程序结构，节省设计时间和调试时间；

(3) 常用于系统的规模较大，程序关系较复杂的场合；

(4) 程序的扫描时间较其他程序编制的程序扫描时间大为缩短。

指令表(IL—Instruction List)编程语言类似于计算机中的助记符汇编语言，它是可编程控制器最基础的编程语言。所谓指令表编程，是用一个或几个容易记忆的字符来代表可编程控制器的某种操作功能。

指令表程序设计语言有如下特点：

(1) 采用助记符来表示操作功能，具有容易记忆，便于掌握的特点；

(2) 在编程器的键盘上采用助记符表示，具有便于操作的特点，可在无计算机的场合进行编程设计；

(3) 与梯形图有一一对应关系，其特点与梯形图语言基本类同。

结构化文本(ST—Strutured Text)是一种高级的文本语言，可以用来描述功能、功能块和程序的行为，还可以在顺序功能流程图中描述步、动作和转变的行为。结构化文本语言是专为工业控制应用开发的编程语言，具有很强的编程能力，用于对变量赋值、回调功能和功能块、创建表达式、编写条件语句和迭代程序等。结构化文本程序设计语言有如下特点：

(1) 采用高级语言进行编程，可以完成较复杂的控制运算；

(2) 需要有一定的计算机高级程序设计语言的知识和编程技巧，对编程人员的技能要求较高；

(3) 直观性和易操作性等性能较差；

(4) 常被用于采用功能模块等其他语言较难实现的一些控制功能的实施。

大型的PLC控制系统一般都支持这五种标准编程语言或类似的编程语言。其他编程语言是针对某些特殊场合的应用而开发的，对于该特殊场合来说，它就是最好的编程工具。比如D7-SYS的连续功能图CFC就是专为大型连续工艺控制而开发，只要调用程序中的CFC功能块就可以轻易实现像PID控制器、计数器、定位器、斜坡函数发生器等一系列特殊功能，而且不需要专门的编程知识，只需要懂得图形化处理和标准程序块的使用，进行简单的设置即可。

4.11.6　实验快堆PLC的编程举例

下面以快堆核岛换料系统中的气闸控制系统为例，介绍PLC的编程和控制功能。气闸是打开、关闭换料通道的闸门，共有三台。

1. 气闸控制原理

气闸由可编程控制器(PLC)控制电机直接启动，在气闸的上、下位置分别设有一对电感式接近开关，当闸门到达上下限位时，向PLC发出信号，闸门停止。电机传动路线中设有电磁离合器。当电机动作时，电磁离合器提前5～10 s通电；电机断电后，电磁离合器延时5～10 s断电。手动操作时切断电磁离合器电源。PLC程序中电磁离合器提前(延时)时间暂定为10 s。

在控制箱上设置气闸选择开关，可分别选择1号、2号、3号气闸进行控制。当电动操作时，按下开/关按钮，控制系统自动进行电磁离合器通电、电机延时运转、电机到位停止、电磁离合器延时断电的操作。当点动操作时，首先使电磁离合器通电，然后进行点动操作，运行完毕后，关断电磁离合器。

2. PLC配置

根据输入输出点数及逻辑控制要求，选择PLC的CPU、输入输出模块型号。气闸采用日本三菱AnS系列，PLC的配置见表4-1。

表4-1　PLC配置表

PLC模块名称	型号	数量	安装槽号
CPU模块	A1SJHCPU	1	
输入模块	A1SX41-S2	1	1
	A1SX40-S2	1	2
输出模块	A1SY10	2	3、4
网络模块	A1SJ71LP21	1	0

3. 明确PLC输入、输出地址

根据PLC模块在基板上的先后排列顺序，明确I/O地址。气闸I/O地址如图4-27所示。

4. 分配PLC输入、输出信号地址

将现场输入信号和输出的控制信号分配到具体的PLC输入、输出地址上，这样就可以利用PLC地址进行控制程序的编制。气闸I/O信号地址表如表4-2和表4-3所示。

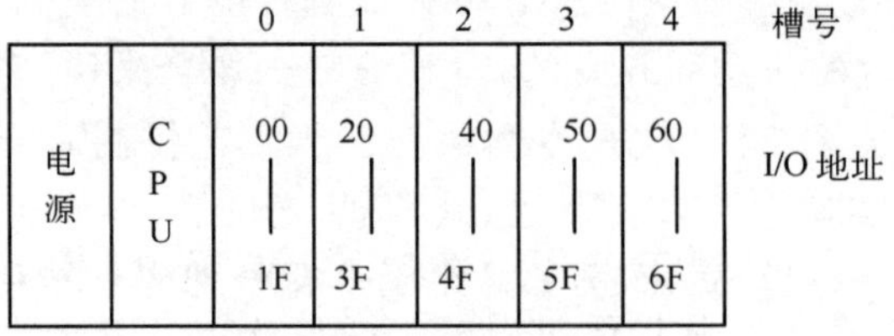

图 4-27 气闸 I/O 地址

表 4-2 气闸 PLC 输入信号地址表

输入地址	输入代号	含义	输入地址	输入代号	含义
X20	SQ11	1 号开	X2D	SL2	手动 2
X21	SQ12	1 号开	X2E	SL3	手动 3
X22	SQ13	1 号关	X2F	SS1	密封 1
X23	SQ14	1 号关	X30	SS2	密封 2
X24	SQ21	2 号开	X31	SS3	密封 3
X25	SQ22	2 号开	X32	SA1	自动
X26	SQ23	2 号关	X33	SA1	电动
X27	SQ24	2 号关	X34	SA1	点动
X28	SQ31	3 号开	X35	SA2	1 号
X29	SQ32	3 号开	X36	SA2	2 号
X2A	SQ33	3 号关	X37	SA2	3 号
X2B	SQ34	3 号关	X38	SB3	开按钮
X2C	SL1	手动 1	X39	SB4	关按钮
X3A	SB5	停止按钮	X3D	FR3	热继电器 3
X3B	FR1	热继电器 1	X40、X41	运输机上、下位信号	
X3C	FR2	热继电器 2	X42	转换桶到大厅通道开关信号	

表 4-3 气闸 PLC 输出信号地址表

输出地址	输出代号	含义	输出地址	输出代号	含义
Y50	KM1O	1 号开	Y60	HL3	密封 1 开指示
Y51	KM1C	1 号关	Y61	HL4	密封 2 开指示
Y52	KM2O	2 号开	Y62	HL5	密封 3 开指示
Y53	KM2C	2 号关	Y63	HL6	联锁 1 指示
Y54	KM3O	3 号开	Y64	HL7	联锁 2 指示
Y55	KM3C	3 号关	Y65	HL8	联锁 3 指示
Y56			Y66	HL9	位置指示 1 开
Y57	KA1	电磁离合器 1	Y67	HL10	位置指示 2 开
Y58	KA2	电磁离合器 2	Y68	HL11	位置指示 3 开
Y59	KA3	电磁离合器 3	Y69	HL12	位置指示 1 关
Y5A	KA4	3 号开信号输出	Y6A	HL13	位置指示 2 关
Y5B	KA5	3 号关信号输出	Y6B	HL14	位置指示 3 关
Y5C	KA6	2 号开信号输出	Y6C	HL15	自动运行指示
Y5D	KA7	2 号关信号输出	Y6D		
Y5E	KA8	1 号开信号输出	Y6E		
Y5F	KA9	1 号关信号输出	Y6F		

5. 绘制 PLC 控制流程图

根据设备控制要求，绘制程序流程图，明确程序脉络及主要逻辑关系，如图 4-28 所示。

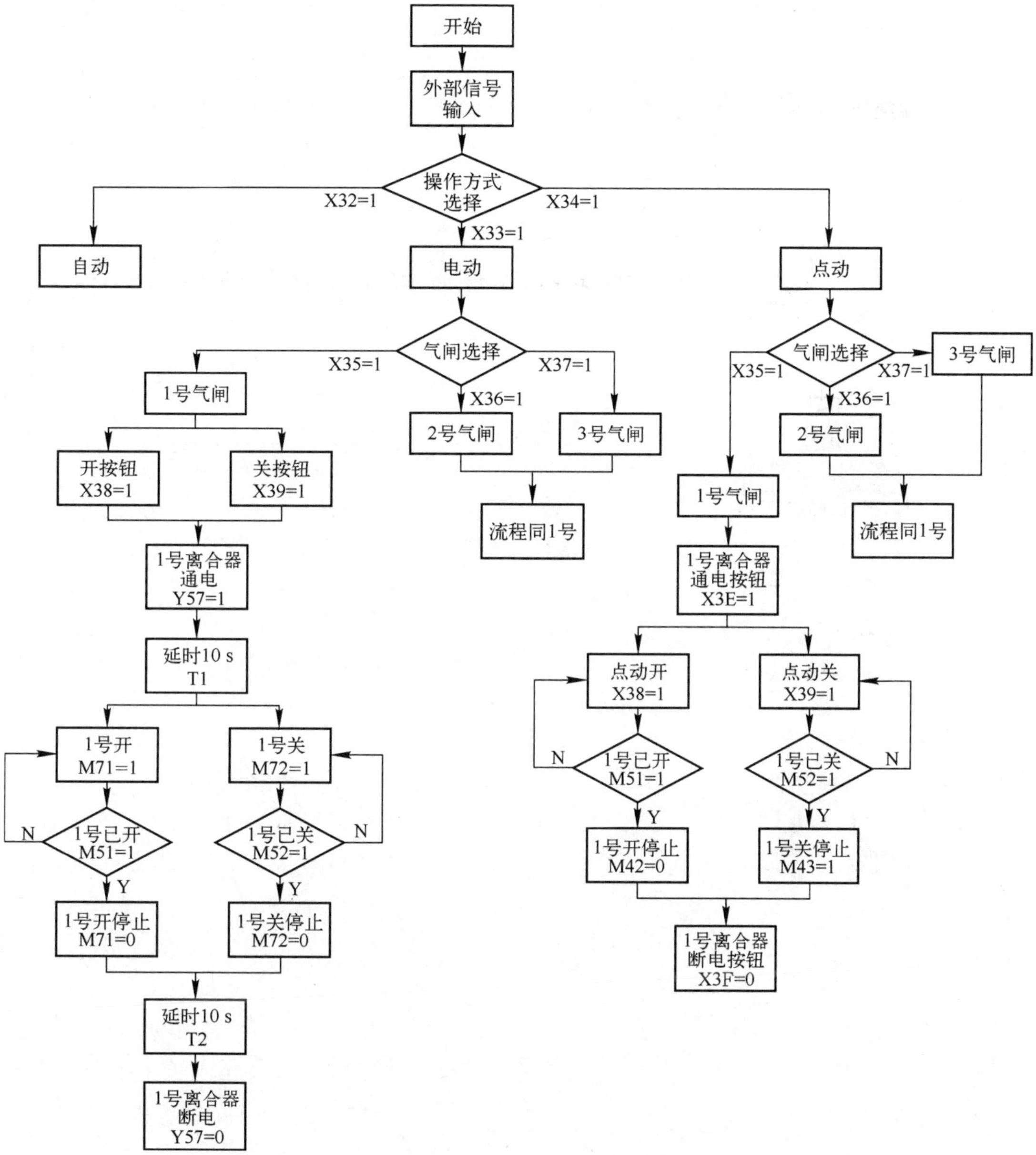

图 4-28　气闸 PLC 程序流程图

6. 编制 PLC 程序

利用 PLC 配套编程软件编制 PLC 程序，如图 4-29 所示。

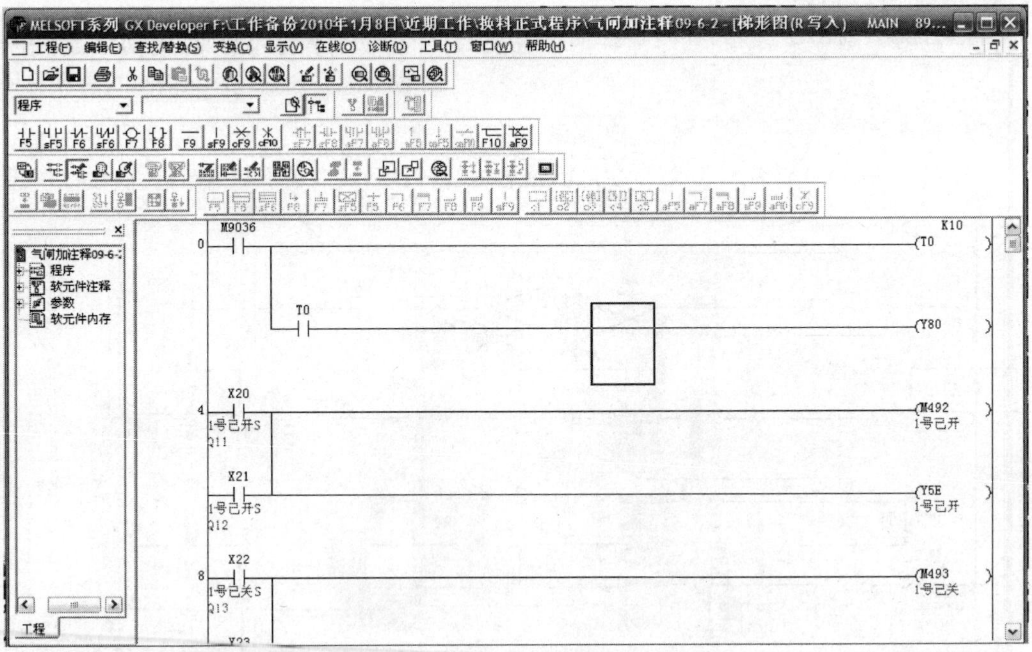

图 4-29 气闸 PLC 程序及编程界面

第5章　直流电源系统

5.1　电厂的直流电源系统的作用及组成

5.1.1　电厂的直流电源系统的作用

蓄电池直流系统是发电厂厂用电中最重要的一部分，它应能保证电厂在正常运行情况和任何事故情况下，都能可靠地、不间断地向其用电设备供电。直流系统的供电对象主要有：继电保护、自动装置、信号设备、通信系统、开关电器操作、直流动力负荷、事故照明等。

蓄电池直流系统是一种与电力系统运行方式无关的独立的电源系统，在发电厂或变电所发生故障甚至交流电源完全消失的情况下，应能可靠地工作，因此它具有很高的供电的可靠性。此外，由于蓄电池电压平稳，容量较大，可以提供断路器合闸时所需的较大的短时冲击电流，并可作为事故保安负荷的备用电源。正是由于蓄电池直流系统具有很高的独立性和可靠性，在电厂（包括核电厂）得到了广泛的应用。较早的蓄电池直流系统都设端电池，多年运行经验证明，无端电池的直流系统具有接线简单、运行工作量小、能满足可靠性要求。

5.1.2　电厂的直流电源系统的组成

在核电厂中（火电厂也如此），各直流配电系统是独立的，每个直流配电系统由交流电源、充电器（整流器）、蓄电池组和直流配电盘组成。其中，交流电源为充电器提供外部电源；充电器将外部交流电整流为直流电为蓄电池充电，并通过直流配电盘给负载供电；蓄电池组在充电器可用时担负着向直流系统瞬间大负载提供电力的作用，当充电器不可用时，向整个直流配电系统供电；直流配电盘用于对该直流配电系统的电力进行分配。典型的直流配电系统图如图5-1所示。

5.2　整流器的原理

直流电源是由电源变压器、整流电路、滤波电路和稳压电路组成的，如图5-2所示。其中电源变压器将电网电压变换成合适的交流电压；整流电路将交流电压整流成脉动的直流电压；滤波电路将脉动的直流电压变换成平滑的直流电压；而稳压电路的作用是清除电网的波动和负载变化的影响。

这里最重要的是整流电路，如图5-3所示。整流电路是利用二极管的单向导电性制成的半波、全波、桥式单相和三相整流电路，把正负交变的50 Hz电网电压变成脉动的直流电压。

整流后的波形是脉动的，其中既有直流成分又有交流成分，必须经滤波才能转成平滑的直流。滤波电路利用储能元件电容两端的电压（或通过电感中的电流）不能突变的特性，滤

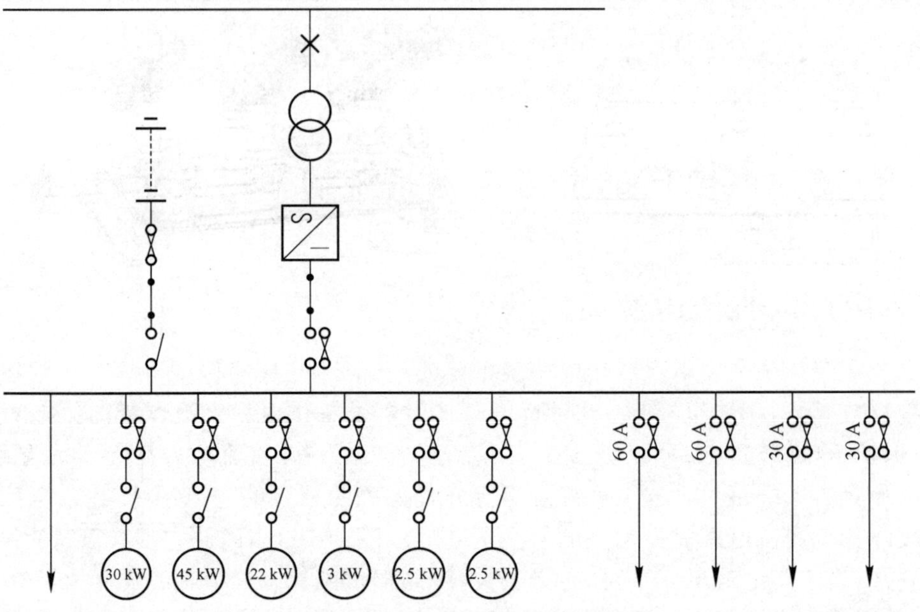

图 5-1 典型的直流配电系统

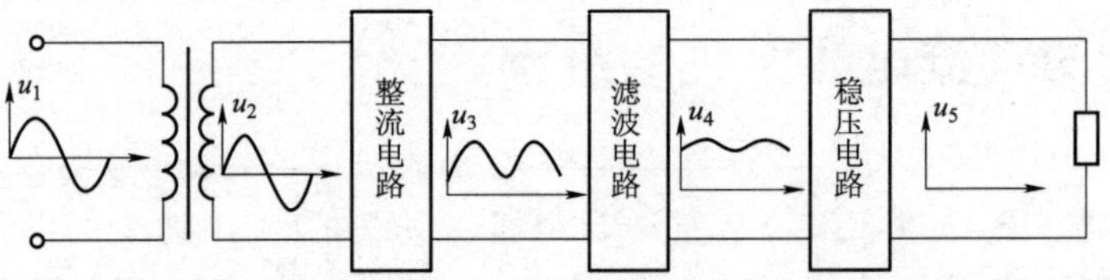

图 5-2 直流电源组成图

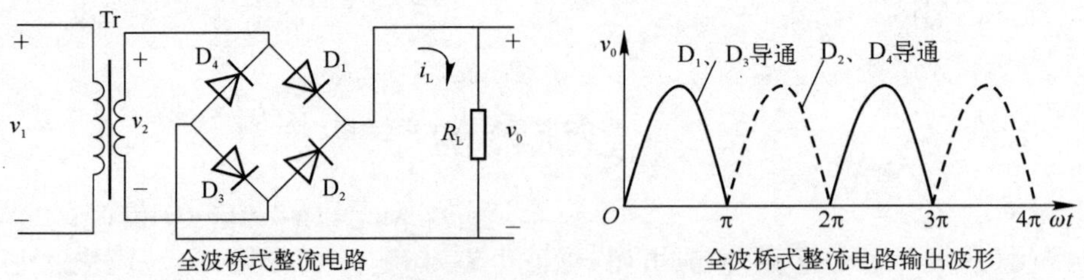

图 5-3 单相全波桥式整流电路及输出波形图

掉整流电路输出电压中的交流成分，保留其直流成分，达到平滑输出电压波形的目的。其方法是将电容与负载 R_L 并联，或将电感与负载 R_L 串联，也可以采用电容和电感并用的 π 型滤波，如图 5-4 所示。

整流器的参数有：输入交流电压、相数、电压波动范围，输出直流电压可调范围、波动范围、额定电流、纹波系数等。

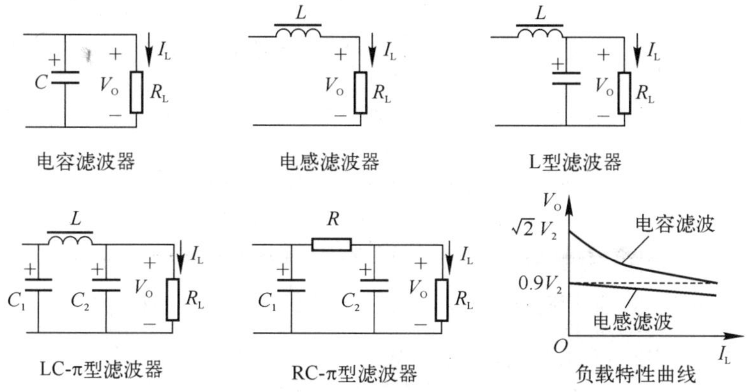

图 5-4　各种滤波电路图

5.3　蓄电池的原理及运行方式

5.3.1　蓄电池的原理

铅酸蓄电池的正极板是二氧化铅，它的骨架是由铅锑合金压铸而成，用涤纶排管做成管状结构，以增大极板与电解液的接触面积，减小内阻和增大单位体积的蓄电池容量。涤纶排管内填充有多孔性的有效物质，通常为二氧化铅（PbO_2），涤纶排管可以防止多孔性有效物质的脱落。

铅酸蓄电池的负极板为涂膏式结构，将铅粉用稀硫酸等调制成海绵状混合物，涂在铅制的栅格骨架上，为了增大极板与电解液的接触面积，表面有棱纹凸起。

将不同物质构成的正负极板放入同一电解液中，由于极板有效物质与电解液产生化学反应，两种极板产生不同的电位，外电路开路时两种极板的电位差就是蓄电池的电势。在正负极板的材料一定时，蓄电池的电势大小主要与电解液的比重有关。电势的大小也受电解液温度的影响，但在容许的温度范围内，其影响是很小的。因此，蓄电池的电势可以近似地用公式决定：

$$E = 0.85 + d \tag{5-1}$$

式中，E——蓄电池的电势；

d——电解液的比重。

固定式铅酸蓄电池电解液的比重为 1.21，故其电势为：$E = 0.85 + 1.21 = 2.06$ V

铅酸蓄电池的电势的产生是正负极板有效物质与电解液进行化学反应的结果，也就是正极板上的二氧化铅和负极板上的绒状铅与电解液产生化学反应变成了硫酸铅，如果正负极板完全变成硫酸铅，蓄电池就不能再放电了。但是，为了蓄电池容易逆向的转变，蓄电池每次放电只放到一定程度（例如电池电压放电到 1.8 V）就不再放电了，并立即充电。用充入的电能把正负极上的硫酸铅转变为二氧化铅（正极板）和绒状铅（负极板），于是蓄电池又可以使用了（又可以放电了），这就是铅酸蓄电池的充放电的基本原理。

蓄电池充放电化学反应方程式：

$$\text{二氧化铅} + \text{电解液} + \text{绒状铅} \underset{\text{充电}}{\overset{\text{放电}}{\rightleftharpoons}} \text{硫酸铅} + \text{水} + \text{硫酸铅}$$

（正极） （负极） （正极） （负极）

$$PbO_2 + 2H_2SO_4 + Pb \underset{\text{充电}}{\overset{\text{放电}}{\rightleftharpoons}} PbSO_4 + 2H_2O + PbSO_4$$

（正极） （负极） （正极） （负极）

从化学反应方程式可以看出，蓄电池放电时，正负极板都变成了硫酸铅（$PbSO_4$），消耗了电解液中的硫酸（H_2SO_4），同时析出水（H_2O），使电解液的比重减小。

5.3.2 固定式铅酸蓄电池的结构

铅酸蓄电池由正极板、负极板、电解液和容器组成，各部件详述如下。

正极板：管式极板，在涤纶纤维编织管中插入骨架，灌入铅粒，用铅合金或塑料封底，再经过充电而成。维护方便，寿命长，极板依型号大小分几种规格。

负极板：为涂膏式极板，所用的铅粉为高纯度的电解铅制成，在涂膏中添加适量的膨胀剂和防潮剂，以减少负极板的收缩开裂，容易氧化等。板栅的两面横筋之间，留有一定的空隙，故涂膏与板栅之间结合较牢不易掉粉。为了增大极板与电解液的接触面积，即板表面有棱纹凸起。

隔板：用高孔率、耐酸、抗氧化的微孔橡胶制成，使正极板和负极板隔开，既可以防止正负极板之间短路，又可以通过微孔透过电解液。

衬板：由塑料制成，填充电池槽和极群之间的空隙，使极群不松动，在运输和搬动过程中，防止极板弯曲。

电池槽：由透明塑料制成，内底有鞍子，用以搁置负极群及隔开沉淀物。内上部有凸台，用以支撑正极群。

电池盖：硬塑料制成，盖上开数个孔，用来安装防酸栓、正负极柱用，电池槽和电池盖之间有空隙，用特制的封口剂密封。

防酸栓：随着电池在充放电过程中会产生气体，这些气体在溢出时，会将酸雾带出，防酸栓微孔透气，可以阻止酸雾的溢出。

正负极柱：为铅合金制成，在蓄电池内部分别与正负极群连接，在蓄电池外部利用正负极柱将单个的蓄电池连接成蓄电池组。

连接螺帽和连接电缆：连接各蓄电池用。

电解液：蓄电池的电解液是由纯硫酸和蒸馏水配制而成的稀硫酸。电解液密度的高低，影响蓄电池容量的大小。电解液密度越低，产生的离子少，蓄电池的内阻大，使放电时消耗的电能大，蓄电池的容量减小。电解液的密度越高，蓄电池的容量越大。但是，密度太大对蓄电池的极板腐蚀越厉害，直接影响蓄电池的寿命。一般为 1.2～1.25 g/cm^3。

抗震支架：由型钢焊接而成，包括侧梁、门架、衬板等。蓄电池放在上面起到固定防震作用。

5.3.3　固定式铅酸蓄电池的特性参数

1. 安时

蓄电池最重要的电气参数就是蓄电池的容量，蓄电池的额定容量是指在规定的电解液温度和比重条件下，对给定的放电时间和放电终止电压，制造厂给出的蓄电池的安时数，即放电的安培数和放电时间的乘积。

所以从蓄电池额定容量的定义来看，蓄电池的容量是一个变化的量，它与蓄电池电解液的温度、比重条件有关，也与放电的电流大小，放电终止电压有关，随着时间的推移，蓄电池也会老化，同样它的容量也会减小，所以在讨论蓄电池容量时，一定要与环境条件和放电要求联系起来，表 5-1 给出了蓄电池容量与温度的关系。

表 5-1　不同温度下的蓄电池放电容量/%

小时率/h 温度/℃	0.1	0.5	1	3	5	10
30	13.1	37	47	70	85	103
25	12.5	35	45	68	83	100
20	11.9	33	43	66	80	97
15	11.3	31	41	64	78	94
10	10.8	30	39	62	76	91
备注	蓄电池型号不同，上表数值有差异，实际应用时以厂家的数据为准					

2. 放电率

在规定的放电电流，规定的放电时间，放出规定的容量又不低于规定的电压。不同的蓄电池有不同的放电率，如 10 h 率，4 h 率等。

3. 浮充电

间隙使用的蓄电池或在交流电源中断后仍使用的蓄电池，平常以较小的电流对蓄电池连续充电，这种充电方式称为浮充电。

4. 自放电

蓄电池由于自身的原因产生放电。

5. 使用寿命

一般按充放电的循环次数计；对浮充电的蓄电池一般按年数计。

5.3.4　铅酸蓄电池运行方式

1. 充放电运行方式特点

就是对蓄电池组进行周期性的充电和放电，当蓄电池组充足电后，就与充电器断开，由蓄电池组单独向经常性的负荷供电，在厂用电事故停电时，向事故照明和直流动力负荷供电。为了保证蓄电池组在任何时刻都能供出直流电源，通常，当蓄电池组放电到其容量的 60％～70％时，就要给蓄电池充电，这样周而复始地循环下去。

这种运行方式工作量很大，蓄电池组的维护量也大，已淘汰。

2. 浮充电运行方式特点

所谓浮充电运行方式，就是充电器经常与蓄电池组并联运行，充电器除供给经常性直流负荷外，还以较小的电流(浮充电流)给蓄电池充电，以补偿蓄电池组的自发电的损耗，使蓄电池组经常处于完全充足电的状态。当出现短时大电流负荷时，例如断路器合闸，多个断路器同时跳闸等，由于充电器自身有限流作用，此时负荷主要由蓄电池组供电。在浮充电的交流电源失去时，充电器停止工作，所有负荷完全由蓄电池组供电。如果交流电源恢复，就又开始充电器与蓄电池组并联运行。

浮充电流的大小，取决于蓄电池的自放电率，浮充电的结果，应刚好补充蓄电池的自放电。如果浮充电流过小，蓄电池的自放电可能长期得不到足够的补偿，将导致极板硫化，蓄电池的容量下降，如果浮充电流过大，蓄电池就会长期过充，引起极板有效物质脱落，降低了蓄电池的寿命，同时还消耗了多余的电能。

3. 均衡充电方式特点

均衡充电方式是对蓄电池的一种特殊充电方式。在蓄电池长期使用期间，可能由于各种原因(充电器的原因、电压表的原因等)造成蓄电池组欠充电，也可能由于各个蓄电池的自放电率不同和电解液密度有差异，使它们的内阻和端电压不一致，这些都将影响蓄电池的效率和寿命。为此，必须进行均衡充电(也称为过充电)，使全部蓄电池恢复到完全充电状态。

均衡充电的电压和充电时间因蓄电池的不同而不同，要根据各蓄电池厂家的说明书或售后服务人员的指导进行，不要千篇一律。

5.4 核电厂直流配电系统

在核电厂中，直流配电系统又分为非安全级直流配电系统和安全级直流配电系统。非安全级直流配电系统与普通电厂的直流系统大致相同，一般来讲，核电厂的非安全级直流配电系统与普通电站的直流配电系统很相似，但是非安全级直流配电系统的电气设备，应该按工业标准最高档的质量等级来要求。

在核电厂中，要求安全级直流配电系统向失去交流电源时必须工作的直流用电设备供电，这些用电设备有厂用电动机、断路器、继电器、电磁阀和逆变器等。每个安全通道内，一般都将直流电源分为两组，一组用于动力，一组用于控制和仪表。作为安全设施，例如柴油发电机组的启动电源，专门设置一组蓄电池组。

而安全级直流配电系统的电气设备，应该按核级标准来设置，它执行的标准是GB/T14546 核电厂安全级直流电力系统设计准则：安全级直流配电系统设置的通道数必须与其供电负荷的通道数相一致，以满足核电厂安全系统功能隔离的要求；同时直流配电系统的布置还要满足冗余通道之间实体分隔的要求；直流配电系统的电气设备还要满足抗震的要求；必要时对系统中的电气设备需要进行老化试验，以满足对直流系统设备的使用寿命的要求。典型的安全级直流配电系统图如图5-5所示。

核电厂蓄电池组直流系统额定电压一般采用220 V、110 V、48 V、24 V。应该根据用电设备类型、额定容量等诸多因素来确定：

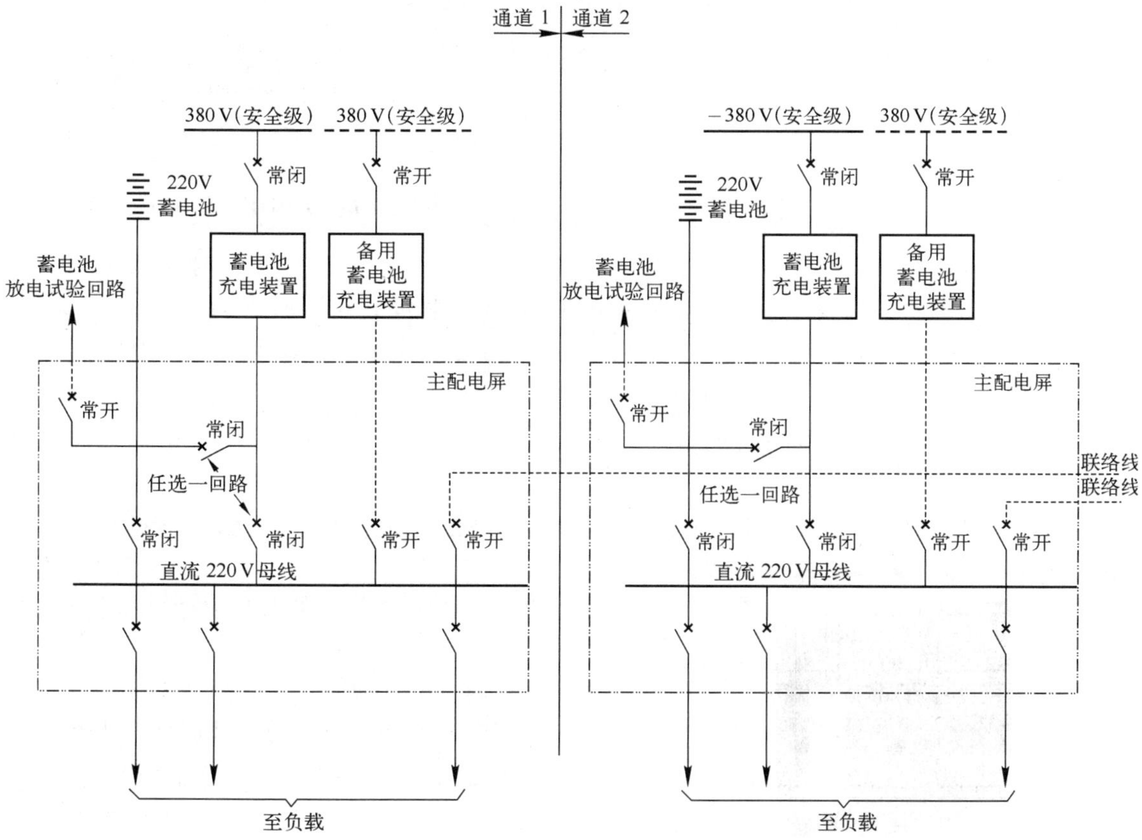

图 5-5　典型的安全级直流配电系统

(1) 泵电动机、大型阀门操作机构和大容量逆变器等动力负荷一般有 220 V 蓄电池组供电；

(2) 配电装置的断路器合闸、跳闸的控制电源一般用 110 V 蓄电池；

(3) 如果动力负荷和控制负荷共用一个蓄电池组，可以采用 110 V 或 220 V；

(4) 48 V 和 24 V 蓄电池组一般用在专用仪表控制系统和柴油机启动系统。

这里要特别强调一下，核电厂安全级直流配电系统还是应急电力系统的一部分，承担着交流不间断的交流电力系统的直流电源的重要角色。

对于一组已设置的蓄电池，接入的设备决定了最高和最低的运行电压，蓄电池的数量也据此而定。蓄电池的数量是以最大系统电压或最小系统电压来定：

蓄电池的数量＝最大系统电压 / 满充电的蓄电池电压 或 蓄电池的数量＝最小系统电压 / 放电终止的蓄电池电压

无端电池的直流系统的蓄电池组的蓄电池的个数有如下规定：

(1) 若为铅蓄电池组，110 V 直流系统蓄电池的个数一般为 52～53 个，220 V 直流系统蓄电池的个数一般为 104～107 个。

(2) 若为中倍率镉镍蓄电池组，110V 直流系统蓄电池的个数一般为 83～88 个，220 V 直流系统蓄电池的个数一般为 158～168 个。

关于蓄电池的容量确定应考虑的因素包括:经常负荷、事故负荷、冲击负荷。还要考虑一定的裕度。

有关核电厂安全级蓄电池的规定可参考标准 EJ/T 525 核电厂用蓄电池(或 IEEE535)。

5.5 中国实验快堆的直流电源系统

中国实验快堆的直流电源系统包括一个 220 V 直流电源系统和两个 48 V 直流电源系统,其中的 220 V 直流电源系统和一个 48 V 直流电源系统为安全级的直流系统,另一个 48 V直流电源系统为非安全级的直流系统。

220 V 直流电源系统分为两个通道,它们分别给各自的安全级负荷供电,如控制保护、仪表、事故照明等。

安全级的 48 V 直流电源系统分为两个通道,它们分别给各自的安全级负荷供电,如报警系统等。

非安全级的 48 V 直流电源系统也分为两个通道,它们分别给各自的非安全级负荷供电,如控制棒的落棒系统供电等。

每个直流电源系统都由交流电源、整流器、蓄电池组和直流配电屏组成。交流电源正常时,直流电源系统的负荷全部由整流器供电,此时整流器还要为蓄电池浮充电。当交流电失去时,直流电源系统的负荷全部由蓄电池组供电,蓄电池组供电能力按满负荷放电 1 h 设计。每个直流电源系统配备两台整流器,互为备用。

第 6 章　交流不间断电源系统

6.1　UPS 作用和用途

UPS 是英文 Uninterruptible Power Supply 的缩写，意为“不间断电源”，是一种含有储能装置（常见的是蓄电池），以逆变器为主要组成部分的恒压恒频电源，是能够向用电负荷提供持续的、稳定的、不间断的交流电源设备。

从原理上来讲，UPS 是一种集数字电路和模拟电路、自动控制器件、逆变器及免维护储能装置为一体的电力电子设备。从功能上来讲，UPS 可以在市电出现异常时，有效地净化市电，还可以在市电突然发生中断时，接替市电持续向负荷供电并能保持一定的时间。因此，UPS 的作用概括起来有两个作用，即在外部电源失去的时候，可以用其内部的贮能元件贮存的能量，继续为负荷供电，维持供电的连续性；在外部电源的供电质量出现问题时（电压和频率不符合要求），UPS 可以通过其内部的稳压稳频等环节，消除外部的波动和干扰，使其满足负荷的需要。所以，UPS 广泛地应用于国民经济各个领域，如通讯、计算机、电力、核电等。

随着发电厂自动化水平的不断提高，信息处理技术日益完善，对供电电源的可靠性和供电质量（电压、频率、波形）的要求越来越高，像计算机、监测仪表及保护系统等，一旦发生供电中断，所造成的损失是巨大的。所以，虽然设置了可靠性较高的供电系统，其供电的质量和可靠性还是不能满足上述设备的要求，必须设置专门的不间断的交流电源（UPS），以保证不间断地连续供电，且电压和频率等参数稳定，完全消除由于市电电网的电压波动、波形畸变、频率波动及干扰所产生的影响。

6.2　UPS 组成元件及原理接线

绝大多数的 UPS 由整流器、蓄电池组、逆变器、静态开关和控制电路等几部分组成，其原理图如图 6-1 所示。

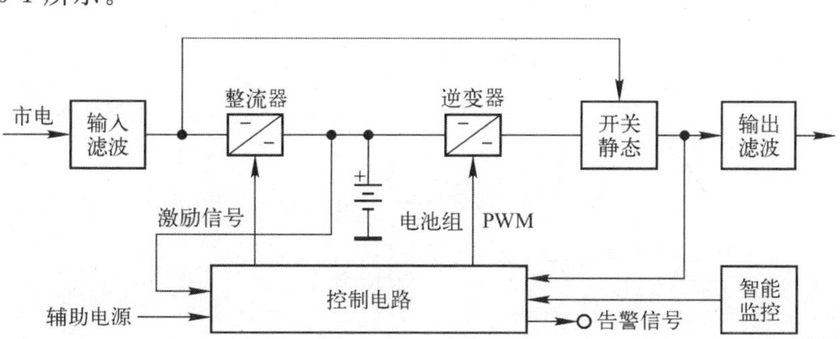

图 6-1　UPS 原理方框图

UPS各组成部分的功能：

整流器(充电器)——为逆变器和蓄电池组提供所需的直流电源。交流电源(市电)经过输入滤波电路后供电给整流器，整流器通常是三相桥式整流电路，将交流电变为直流电，再经滤波电路供电给逆变器和蓄电池组。

蓄电池组——能量贮存元件。

逆变器——逆变器的作用是将整流器整流后产生的直流电压或蓄电池组的直流电压转换为稳定的、具有规定频率的交流电。

静态开关——静态开关的作用是将负载从逆变器供电转换到交流电源供电或从交流电源供电转换到由逆变器供电，而不产生供电的中断。

控制电路——控制电路的作用是控制整个UPS中的各部分，使其输出电压具有高精度，从逆变器输出的电源具有非常标准的正弦波形，电源的转换保持不间断等。

6.3 UPS的分类和运行

6.3.1 UPS分类

(1) 按输入输出来分有：单相输入单相输出、三相输入单相输出、三相输入三相输出。

(2) 按功率等级分类，把UPS分成微型(<3 kVA)、小型(3～10 kVA)、中型(10～100 kVA)和大型(>100 kVA)。

(3) 按电路结构形式分类，有后备式、在线互动式、三端口式(单变换式)和在线式等。

(4) 按输出波形的不同，又可分为方波和正弦波两种。

6.3.2 后备式UPS

在市电正常时，UPS直接由市电向负荷供电，当市电的电压或频率超出其工作范围或者停电时，通过转换开关转向由逆变器供电。

后备式UPS的特点是结构简单、体积小、成本低，但输出的电压窄，输出的电压稳定精度低，电源有切换时间，电压输出波形一般为方波。后备式UPS的原理示意框图如图6-2所示。

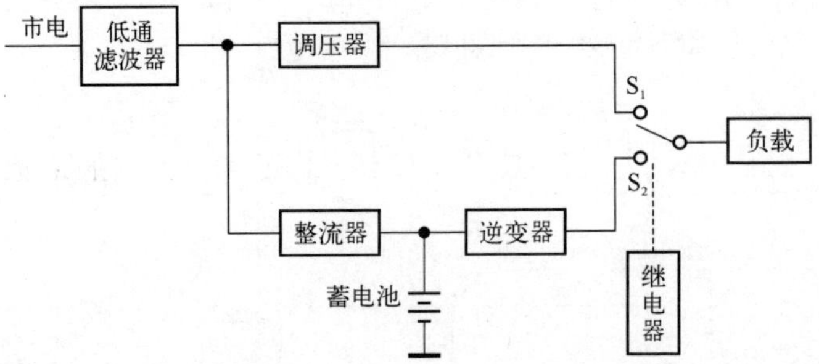

图6-2 后备式UPS原理方框图

6.3.3　在线式 UPS

在市电正常时，市电经 UPS 的整流器输出直流给逆变器供电，由逆变器输出的交流电供给负荷，整流器输出的直流电同时给蓄电池充电；当市电不正常时，逆变器由蓄电池供电，产生的交流电供给负荷，在线式的 UPS 中的逆变器始终处于工作状态，保证了 UPS 不间断地输出交流电。

在线式 UPS 的特点是有极宽的输入电压范围，无切换时间，输出电压稳定精度高，特别适用于电源要求高的场合，但这种 UPS 成本高。在线式 UPS 的原理方框图如图 6-3 所示。

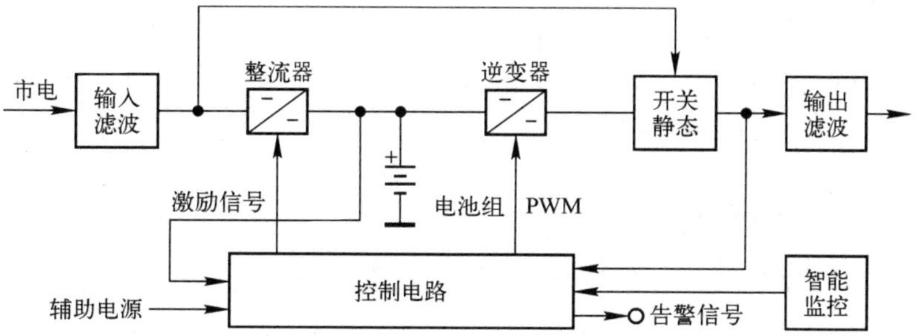

图 6-3　在线式 UPS 原理方框图

6.3.4　在线互动式 UPS

在市电正常时，UPS 直接由市电向负荷供电，当市电的电压偏高或偏低时，通过 UPS 的稳压器稳压后输出，当市电异常或停电时，通过转换开关转由逆变器供电。

在线互动式 UPS 的特点是有较宽的输入电压范围，噪声低，体积小，但有切换时间。在线互动式 UPS 的原理方框图如图 6-4 所示。

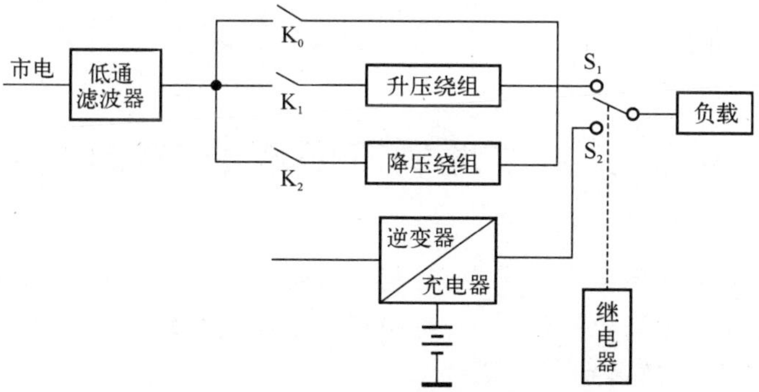

图 6-4　在线互动式 UPS 原理方框图

6.4 UPS 基本原理和主要参数

6.4.1 UPS 基本原理

本节以在线式 UPS 为例对其原理进行说明。它由整流器、逆变器、交流静态开关和蓄电池组组成。平时，市电经整流器变为直流，对蓄电池浮充电，同时经逆变器输出高质量的交流纯净的电源供重要负载，使其不受市电的电压、频率、谐波干扰。当市电因故停电时，系统自动切换到蓄电池组，蓄电池放电，经逆变器对重要设备供电。

UPS 的不间断特性体现在其转换时间工作程序上，当市电与逆变器进行切换时，其控制系统会适时地检测市电的同步范围，在市电不超限时，逆变器实现“先通后断”的供电，从而保证了供电系统的“不间断切换”。

6.4.2 UPS 主要技术参数

以某 600 MW 机组用的 UPS 为例，其主要参数如下：

额定容量：75 kVA，($\cos\phi=0.8$)。

额定输出电压：

三相：400 V(±10%)，50 Hz(±0.5 V)；

单相：400 V(+10%，−20%)，50 Hz(±0.5 V)；

直流：201～280 V。

输出电压：230 V(±2%)。

输出电压特性：交流输入电压变化±10%，直流输入电压变化为 210～250 V，负载在 0%～100%范围变化，输出交流电压变化小于±2%。

输出频率：50 Hz(±0.5%)。

谐波失真度：<5%。

静态开关切换时间：<5 ms。

6.5 中国实验快堆的不间断的交流电力系统

核电厂的不间断的交流电力系统也有两类：安全级和非安全级。其中的非安全级的不间断的交流电力系统与普通电厂的 UPS 是一样的。而安全级的不间断的交流电力系统与普通电厂的 UPS 有很大的区别。

安全级的不间断交流电力系统的配置要与为其供电的通道相一致，各通道之间绝不允许有任何电的联系，即所谓的功能隔离，避免一个通道出现故障影响另一个通道正常运行，即符合单一故障准则。在实体布置上要实行实体分隔，防止因一个通道出现机械等外因故障影响另一个通道正常运行。

在质量鉴定上也有很大的差异，安全级的设备要考虑地震、辐射、老化、特殊环境的因素等。

在核电厂的厂用电系统中，有一部分被称为应急电力系统，它的作用是保证核电厂在正常运行工况，预计运行事件和事故期间及事故后，向核电厂的安全重要物项及其他指定的物项提供电力，使其执行安全功能。所以，应急电力系统是安全系统的一部分，起着安全系统辅助系统的作用。

在中国实验快堆上，使用了一些 UPS，与其他的核电厂一样，不间断的交流电力系统也有两类：安全级和非安全级。其中的非安全级的不间断的交流电力系统与普通电厂的 UPS 是一样的。而安全级的不间断的交流电力系统的设计，是作为应急电力系统中的一部分来处理的。

中国实验快堆的应急电力系统分为两个序列，各由可暂短停电的交流电力系统、直流电力系统和不间断交流电力系统组成。其中每个序列的不间断的交流电力系统又分为四个通道，有一个通道是为仪表、计算机等供电的，剩余的三个通道是专为保护系统供电的，因为中国实验快堆的保护系统每个序列有三个通道，所以，不间断的交流电力系统的通道数要与之相一致，中国实验快堆不间断电源供电原理图如图 6-5 所示。

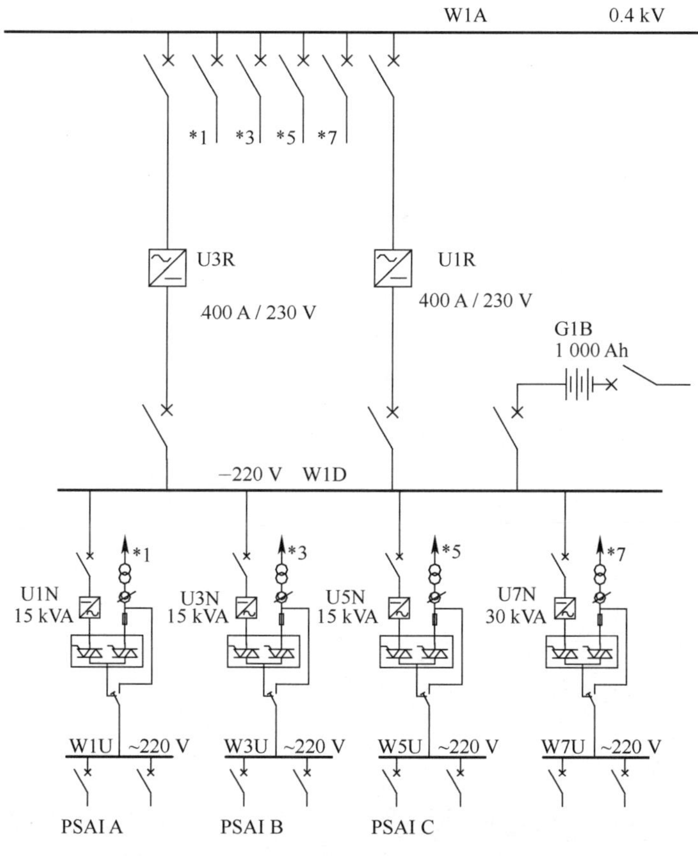

图 6-5　中国实验快堆不间断电源原理图

中国实验快堆的应急电力系统的不间断的交流电力系统的运行方式属于在线式 UPS 的运行方式。因其功率较大，其中的整流器和蓄电池组为另外设置。整流器的交流电源取自中国实验快堆的应急电力系统的交流电力系统，当交流电源有电时，整流器的输出一方面供给逆变器，另一方面给蓄电池浮充电。按照核电厂直流电力系统的设计标准要求，每个通道设置了两台整流器，一台工作，另一台热备用。为逆变器供电的蓄电池组是经过抗震和老化试验过的，完全满足核电厂的安全要求。

中国实验快堆的不间断的交流电力系统由各自独立的三部分组成，即整流器、蓄电池组和逆变器。它们既可以共同组成完整的UPS运行，各部分也可以单独地独立运行。单独运行时，整流器可以单独带直流系统负荷和给蓄电池浮充电。逆变器也可以通过其交流旁路给负荷供电。反应堆运行时它们又联合组成UPS，给那些安全级负荷提供电力。

第7章　变压器

7.1　变压器的应用、分类和结构

变压器是一种常见静止的电气设备，它利用电磁感应原理，将某种电压和电流值，变为同一频率的另一种或几种电压和电流值。变压器是发电厂和变电所的重要元件之一，为了减小电能传输过程不必要的损耗需要利用变压器提高电压等级，而在用户侧又需要利用变压器将系统输送来的高压电能降低到用户所需要的电压等级，所以在电力系统中变压器在传输和分配电能上是不可缺少的元件。

7.1.1　变压器的分类

变压器的种类很多，可按其用途、结构、相数、冷却方式等不同来进行分类。

按用途分类，可分为：电力变压器（主要用在输配电系统中，又分为升压变压器、降压变压器、联络变压器和厂用变压器）、仪用互感器（电压互感器和电流互感器）、特种变压器（如调压变压器、试验变压器、电炉变压器、整流变压器和电焊变压器等）。

按绕组数目分类，可分为：双绕组变压器、三绕组变压器、多绕组变压器和自耦变压器。

按铁芯结构分类，可分为：心式变压器和壳式变压器。

按相数分类，可分为：单相变压器、三相变压器和多相变压器。

按冷却介质和冷却方式分类，可分为：油浸式变压器（包括油浸自冷式、油浸风冷式、油浸强迫油循环式）、干式变压器、充气式变压器。

电力变压器按容量大小通常分为：小型变压器（容量为 10～630 kVA）、中型变压器（容量为 800～6 300 kVA）、大型变压器（容量为 8 000～63 000 kVA）和特大型变压器（容量为 90 000 kVA 及以上）。

7.1.2　变压器的基本结构

变压器由器身、油箱、冷却装置、保护装置、出线装置和变压器油等部分组成，如图 7-1 所示。其中，器身包括铁芯、绕组、绝缘、引线及分接开关；油箱包括油箱本体及附件；冷却装置包括轴流风机、散热器或冷却器等；保护装置包括储油柜、油表、防爆管、吸湿器、测温元件、净油器、继电器等；出线装置包括高、中、低压套管等。

1. 铁芯

铁芯是变压器的主磁路，铁芯由铁轭和铁芯柱组成，铁芯柱用来套装绕组，铁轭将铁芯柱连接起来，使之形成闭合磁路。通常用 0.35～0.5 mm 厚表面涂有绝缘漆的硅钢片冲成一定的形状叠制而成，有芯式和壳式两种。

2. 绕组

绕组是变压器的电路部分，一般为绝缘扁铜线或绝缘圆铜线在绕线模上绕制而成。按绕组绕制的特点，绕组可分为圆筒式、连续式、纠结式、螺旋式等结构。变压器的铁芯和绕组

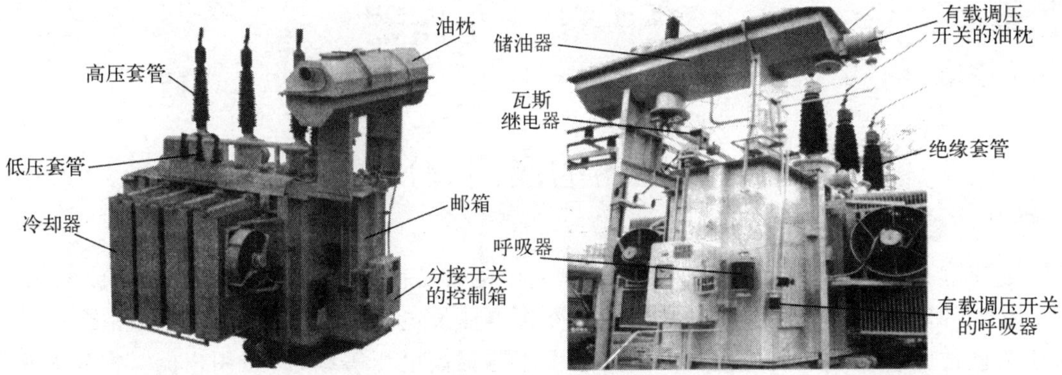

图 7-1 油浸式电力变压器外形图

结构示意图如图 7-2 所示。

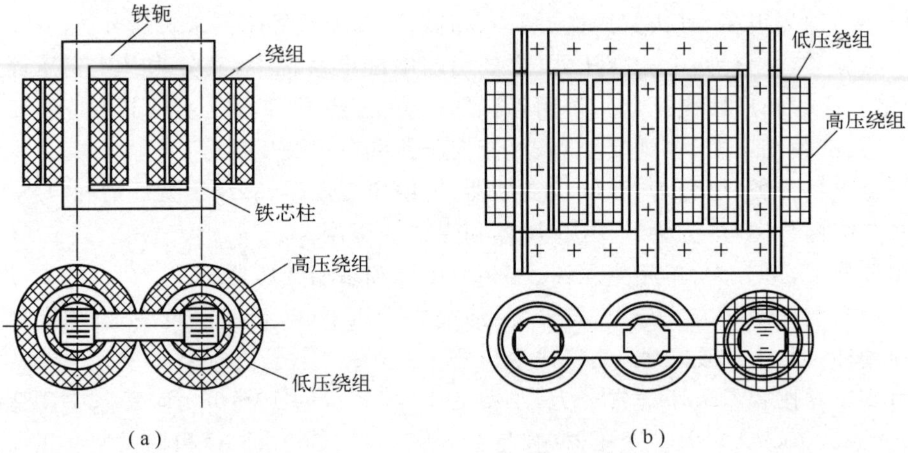

图 7-2 单相和三相芯式变压器

(a) 单相；(b) 三相

3. 分接开关

为满足电网调压的要求，一般从变压器的高压绕组引出若干抽头(即分接头)，用以切换分接头的装置叫分接开关。

分接开关的调压方式有无励磁调压和有载调压两种。前者必须在变压器停电的情况下切换，相应的分接开关称为无励磁(无载调压)分接开关；后者可在变压器带负荷的情况下进行切换，相应的分接开关称为有载分接开关。

分接开关安装在箱盖并埋入油箱内，其操动机构安装在箱盖或箱壳侧面。有载调压分接开关内的变压器油是完全独立的，相应的也配有油箱、气体继电器、呼吸器。

中、小型电力变压器一般有三个分接头，记作 $U_N \pm 5\%$。大型电力变压器采用五个或多个分接头，例 $U_N \pm 2 \times 2.5\%$ 或 $U_N \pm 8 \times 1.5\%$。

4. 油箱及附件

（1）油箱

油浸式变压器的油箱是保护变压器器身的外壳和盛油的容器，装配变压器外部构件的骨架，同时通过变压器油将器身损耗所产生的热量以对流和辐射的方式散至大气中。

油箱用钢板焊成，机械强度高，变形小，焊缝处无渗漏。中、小型变压器的油箱由箱壳和箱盖组成，可将器身吊出进行检修。由于器身庞大和笨重，起吊不便，大容量变压器的油箱广泛采用全封闭结构，主油箱与油箱顶部钢板之间或上、下节油箱之间均采用焊接焊死，为便于检修，在适当部位开有人孔门或手孔门。

（2）储油器（油枕）

油枕用连通管与油箱连接，如图7-3所示。油箱内的变压器油，当温度变化时，其体积会膨胀或收缩。油枕能容纳油箱中因温度变化而膨胀或收缩的变压器油，并限制变压器油与空气的直接接触面积，减少油受潮和氧化的程度。由于油枕内的油温低于油箱上部的油温，油枕内的油和油箱内的油不发生对流。

（3）呼吸器

为防止储油器内的油面自由升降时，空气中的水分和灰尘进入储油器内油中，储油器通常接有相应的带有呼吸器管道，呼吸器与大气连通。呼吸器内装有干燥剂（或称吸湿剂），通常采用硅胶，其颗粒在干燥时是蓝色的，但是随着硅胶吸收水分接近饱和时，粒状硅胶就转变成粉红色或红色，据此可判断硅胶是否已失效。受潮后的硅效可通过加热烘干而再生，当硅胶颗粒的颜色变成钴蓝色时，再生工作就完成了。

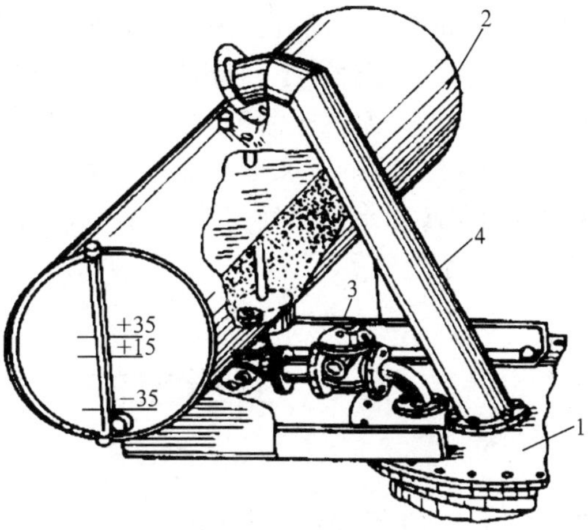

图7-3　储油器和排气管

1—主油箱；2—储油器；3—气体继电器；4—排气管（防爆管）

（4）气体继电器

气体继电器又称瓦斯继电器。它装在油枕与主油箱之间的连接管路上，如图7-3所示。当变压器发生内部故障时产生的气体和油流，使气体继电器动作，轻者发出信号，便于运行人员及时处理，重者使断路器跳闸，保护变压器。

5. 绝缘套管

变压器绕组的引出线从油箱内部引到油箱外时，必须经过绝缘套管，使带电的引线绝缘。绝缘套管主要由中心导电杆和瓷套组成。导电杆在油箱内的一端与绕组连接，在外面的一端与外线路连接。绝缘套管的结构主要取决于电压等级。电压较低时采用实心瓷套管；电压较高时，为了加强绝缘性能，采用充油或电容式套管。

6. 冷却装置

变压器常用的冷却方式有以下几种。

（1）油浸自冷。铁芯和线圈把热量首先传给在其附近的油，使油的温度升高。温度高的油体积增加，比重减小，就向油箱的上部运动。冷油将自然运动补充到热油原来的位置。

而热油沿箱壁或散热器管将热量放出，经箱壁或管壁被周围的空气带走，温度降低后又回到油箱下部参加循环。这样，因油温的差别，产生了油的自然循环流动。既热油从变压器油箱的上部，沿散热器(无散热器的沿箱壁)的内表面向下流，在向下流的过程中把热经管壁或箱壁传给空气(风)，被冷却的油从散热器下部进入油箱，然后经各油道上升，在上升过程中把线圈和铁芯的热量带走，热油又汇于油箱上部，这样，周而复始不断循环。

油浸自冷式的变压器依靠油箱壁(或散热器管壁)的辐射，和变压器周围空气的自然对流，把热量从油箱表面带走。这种变压器为了增加散热表面，有的箱壁做成波状，有的焊上管子，有的装散热器，以促进油的对流。配电变压器和发电厂的低压变等就属于这种冷却方式。

(2) 油浸风冷。在散热器上装风扇，用吹风扇的方法使空气加快流动，借此来增大散热能力的就属风冷式。吹风可使对流散热增加 8.5 倍。同一台变压器，用了风扇以后，容量可提高 30%以上。

(3) 强迫油循环风冷。强迫油循环风冷的变压器则是将风冷却器装于变压器油箱壁上或独立的支架上，经冷却器内的油采用风扇冷却。为了防止油泵的漏油和漏气，目前广泛采用潜油泵和潜油电动机。潜油泵安装在冷却器的下面，泵的吸入端直接装在第一个油回路(冷却器为多回路的)上，吐出端通过装有流动继电器的联管接至第二回路。流动继电器的作用是，当潜油泵发生故障，油流停止时，发出信号和投入备用冷却器。

(4) 强迫油循环水冷。强迫油循环水冷式冷却系统与风冷式的区别在于，油通过冷却器时，利用冷却水冷却油。因此，在这种冷却系统中，铁芯和绕组的热先传给油，油中的热又传给冷却水。

7.2 变压器的型号、额定参数及相关计算

7.2.1 型号表示方法

变压器的型号、规格一般由文字符号和数字按以下方式表示。

[1] [2] [3] [4]—[5] / [6]

其表示的意义为：

1——相数：D—单相(在末位时表示移动式)；S—三相；O—自耦变压器(在型号首位表示降压，在末位表示升压)；G—干式(一般不表示)；F—分裂变压器；C—干式浇注式绝缘；X—表示消弧绕组。

2——冷却方式：F—油浸风冷式；J—油浸自冷；W—水冷式；P—强迫油循环；D—强迫油导向循环等。

3——线圈材质、线圈数及调压方式：L—铝绕组(铜绕组不表示)或防雷；Z—有载调压(无励磁调压不表示)；S—三绕组(双绕组不表示)。

4——设计序号。

5——额定容量(kVA)。

6——高压绕组额定电压(kV)。

另外，在型号后可加注防护类型代号，如 TH 为湿热带，TA 为干热带等。

7.2.2　额定参数

(1) 额定电压 U_{1N}、U_{2N}：U_{1N}是变压器长时间运行所能承受的工作电压；U_{2N}是原边绕组加上额定电压后副边开路即空载时副绕组的端电压，以 V 或 kV 表示。

(2) 额定电流 I_{1N}、I_{2N}：变压器在允许温升下一、二次绕组长期工作所允许通过的最大电流，以 A 表示。

(3) 额定容量 S_N：额定电压、额定电流时连续运行所能输送的容量，用 VA 表示。

以上三个参数的关系为：

单相变压器：　$S_N = I_{1N}U_{1N} = I_{2N}U_{2N}$

三相变压器：　$S_N = \sqrt{3}\,I_{1N}U_{1N} = \sqrt{3}\,I_{2N}U_{2N}$

额定频率：按我国规定，工业用电频率为 50 Hz。

7.3　变压器原理、空载和负载运行

7.3.1　变压器工作原理

在同一铁芯上分别绕有匝数为 N_1 和 N_2 的两个高、低压绕组，其中接电源的、从电网吸收电能的 AX 绕组称为原绕组（一次绕组），接负载的、向外电路输出电能的 ax 绕组称为副绕组（二次绕组），如图 7-4 所示。

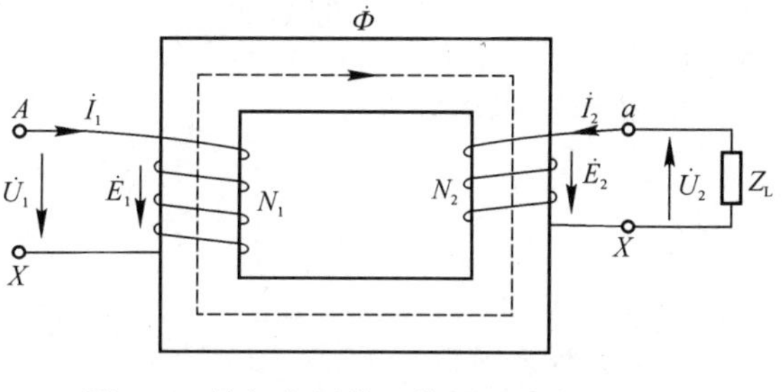

图 7-4　单相变压器工作原理示意图

当原绕组外加电压 $\dot{U}_1$时，原边就有电流 $\dot{I}_1$流过，并在铁芯中产生与 $\dot{U}_1$同频率的交变主磁通 Φ，主磁通同时链绕原、副绕组，根据电磁感应定律，会在原、副绕组中产生感应电势 $\dot{E}_1$、$\dot{E}_2$，副边在 $\dot{E}_2$的作用下产生负载电流 $\dot{I}_2$，向负载输出电能。

根据电磁感应定律则有：

$$\left.\begin{aligned} e_1 &= -N_1\frac{\mathrm{d}\phi}{\mathrm{d}t} \\ e_1 &= -N_2\frac{\mathrm{d}\phi}{\mathrm{d}t} \end{aligned}\right\} \qquad \frac{E_1}{E_2} = \frac{N_1}{N_2} = k \tag{7-1}$$

式中，k 为变压器变比。若忽略绕组内阻和漏磁通，原、副绕组端电压近似为：

$$\left.\begin{aligned} U_1 &\approx E_1 \\ U_2 &\approx E_2 \end{aligned}\right\} \qquad \frac{U_1}{U_2} \approx \frac{E_1}{E_2} = \frac{N_1}{N_2} = k \tag{7-2}$$

7.3.2 变压器空载运行

变压器的一次绕组接交流电源、二次绕组开路、负载电流为零时的运行，称为空载运行。此时，一次绕组中的电流称为变压器的空载电流，空载电流产生空载时的磁场。在主磁场(即同时交链一、二次绕组的磁场)的作用下，一、二次绕组中便感应出电动势。

变压器空载运行时，虽然二次侧没有功率输出，但一次侧仍要从电网吸取一部分有功功率来补偿由于磁通饱和，在铁芯内引起的铁耗即磁滞损耗和涡流损耗，简称铁耗。磁滞损耗的大小取决于电源的频率和铁芯材料磁滞回线的面积，涡流损耗与最大磁通密度和频率的平方成正比。另外还存在空载电流引起的铜耗，对于不同容量的变压器，空载电流和空载损耗的大小是不同的。

7.3.3 变压器负载运行

变压器原边接在电源上，副边接上负载的运行情况，称为负载运行。此时二次绕组便有电流 $\dot{I}_2$流过，产生磁通势 $\dot{I}_2N_2$，该磁通势将使铁芯内的磁通趋于改变，使一次电流 $\dot{I}_1$发生变化，但是由于电源电压 $\dot{U}_1$为常值，故铁芯内的主磁通 Φ 始终应维持常值，所以，只有当一次绕组新增电流$\triangle\dot{I}_1$所产生的磁通势 $N_1\triangle\dot{I}_1$和二次绕组磁通势 $\dot{I}_2N_2$相抵消时，铁芯内主磁通才能维持不变。即：$N_1\triangle\dot{I}_1+N_2\dot{I}_2=0$ 称为磁通势平衡关系。变压器正是通过一、二次绕组的磁通势平衡关系，把一次绕组的电功率传递到了二次绕组，实现能量转换。原边绕组从电网吸收的功率传递给副边绕组，副边绕组电流增加或减小的同时，引起原边电流的增加或减小，吸收的功率也增大或减小。

1. 磁通势平衡方程式

$$\dot{I}_1N_1+\dot{I}_2N_2=\dot{I}_mN_1 \tag{7-3}$$

$$\dot{I}_1=\dot{I}_m+(-\dot{I}_2\frac{N_2}{N_1})=\dot{I}_m+\dot{I}_{1L} \tag{7-4}$$

式中，$\dot{I}_m$是激磁电流，固定不变的量。

$\dot{I}_{1L}$是负载分量，随负载不同而变化。

在额定负载时，$\dot{I}_{1L}$比 $\dot{I}_m$大很多，负载分量是 $\dot{I}_1$中的主要部分。

2. 电动势平衡式

除了主磁通在原、副边绕组中感应电动势 $\dot{E}_1$和 $\dot{E}_2$外，原、副边还有对应于漏磁通产生的漏电势。

原边

$$\dot{U}_1=-\dot{E}_1-\dot{E}_{1\sigma}+\dot{I}_1r_1=-\dot{E}_1+\dot{I}_1r_1+j\dot{I}_1x_{1\sigma}=-\dot{E}_1+\dot{I}_1Z_1 \tag{7-5}$$

副边

$$\dot{U}_2=\dot{E}_2+\dot{E}_{2\sigma}-\dot{I}_2r_2=\dot{E}_2-\dot{I}_2r_2-j\dot{I}_2x_{2\sigma}=\dot{E}_2-\dot{I}_2Z_2 \tag{7-6}$$

式中，Z_1、Z_2——原副边绕组的漏阻抗；

r_1、r_2——原副边绕组的电阻；

$x_{1\sigma}$、$x_{2\sigma}$——原副边绕组的漏电抗。

变压器负载运行时的物理过程和方程式如图 7-5 所示。

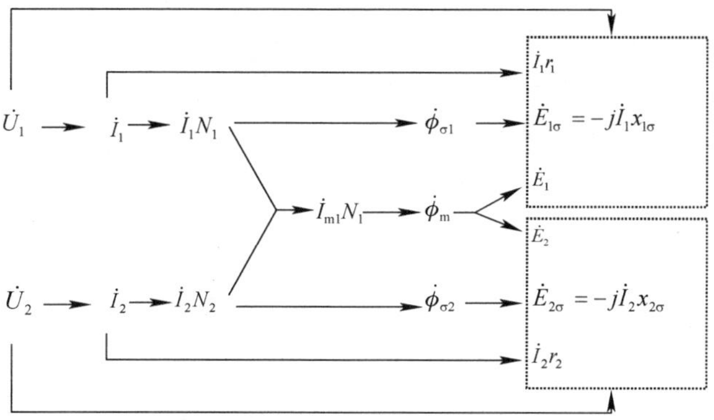

图 7-5　变压器负载时各种磁通及其产生的感应电动势的关系

7.4　变压器的等效电路、计算方法

7.4.1　变压器的折算法

当 k 较大时，变压器原、副边电压相差很大，为计算和作图带来不便。而且，变压器原边和副边没有直接电路的联系，只有磁路的联系。副边的负载通过磁势影响原边。因此只有副边的磁势不变，原边的物理量才没有改变。这为折算提供了依据。

这种保持磁势不变而假想改变它的匝数与电流的方法，称折合算法。实际绕组的各个量，称为实际值；假想绕组的各个量，称为折算值；保持副边绕组的磁势不变进行折算，称为副边向原边折算；保持原边绕组的磁势不变进行折算，称为原边向副边折算。

根据折算原则，经推导可得二次侧各物理量折算到一次侧的规律为：凡是单位为伏的物理量（电动势、电压）的折算值等于原来数值乘 k；单位为欧的物理量（电阻、电抗、阻抗）的折算值等于原来数值乘 k^2；电流的折算值等于原来的数值乘以 $1/k$。

7.4.2　等效电路

利用副边绕组折算过的变压器的基本方程式，单相变压器负载运行时的电磁关系可以用“T”型等效电路的形式表示，如图 7-6 所示。该等效电路满足两点：(1)电路中全部的量和参数都是每一相的值。原边为实际值，副边为折算值；(2)等效的是稳态对称运行状态。

由于“T”型电路包含有串联、并联回路，复数运算复杂。负载运行时，I_m 在 I_{1N} 中所占的比例很小。在工程实际计算中，忽略 I_m，将激磁回路去掉，得到更简单的阻抗串联电路，即简化等效电路，如图 7-7 所示。

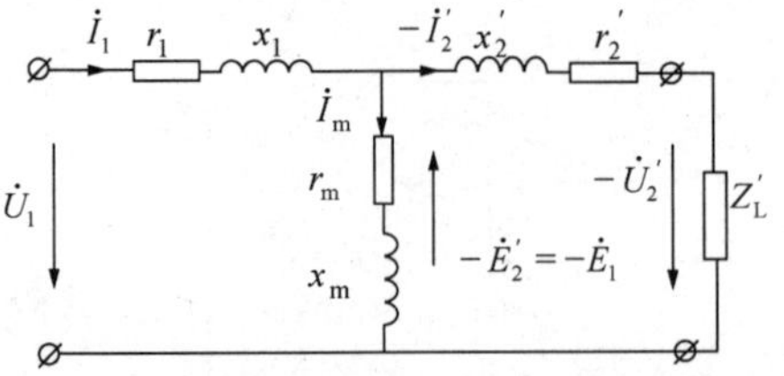

图 7-6 变压器负载运行时的“T”型等效电路

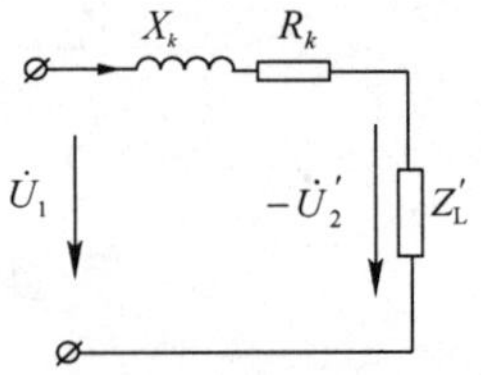

图 7-7 变压器简化等效电路

7.5 变压器的空载和短路试验

等效电路的参数,可以用空载试验和短路试验来确定。这两个试验是变压器的主要试验项目。

7.5.1 空载试验

试验时,变压器二次绕组开路,一次绕组加额定电压,测量此时的输入功率 P_0、电压 U_1、电流 I_0。通过这些数据可以算出等效电路中的激磁阻抗,如图 7-8 所示。

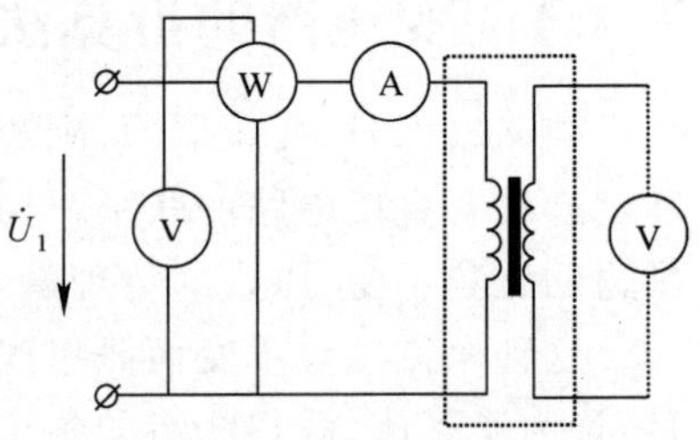

图 7-8 变压器空载试验接线图

变压器二次绕组开路时,一次绕组电流 I_k 就是激磁电流 I_m,由于一次漏阻抗比激磁阻抗小得多,可忽略不计;由于空载电流很小,它在一次绕组中产生的电阻损耗可以忽略不计,空载输入功率可认为基本上是供给铁芯损耗的,因此激磁阻抗计算如下式所示:

$$Z_m = \frac{U_1}{I_0} \qquad R_m = \frac{p_0}{I_0^2} \qquad X_m = \sqrt{Z_m^2 - R_m^2} \tag{7-7}$$

7.5.2 短路试验

试验时(接线图见图 7-9),把二次绕组短路,在一次侧施加一可调的低电压,约为其额定电压的 5%～10%。调节外加的低电压,使短路电流达到额定电流,根据此时的一次电压 U_k、输入功率 P_k和电流 I_k,即可确定变压器的等效漏电抗。短路试验时,外施电压低,相应主磁通很小,铁耗、激磁电流不计,则短路阻抗可用下式表示:

$$Z_k = \frac{U_1}{I_k} \qquad R_k = \frac{p_k}{I_k^2} \qquad X_k = \sqrt{Z_k^2 - R_k^2} \tag{7-8}$$

短路试验时温度与实际运行时不同,需折算到 75 ℃时的数值:

$$R_{k75\,℃} = R_{k\theta}\frac{T_0 + 75}{T_0 + \theta} \qquad Z_{k75\,℃} = \sqrt{R_{k75\,℃}^2 + X_k^2} \tag{7-9}$$

式中，θ——试验时的环境温度；

T_0——对铜线为234.5 ℃，对铝线为228 ℃。

短路试验时，使电流达到额定值时所加的电压U_k称为变压器的阻抗电压或短路电压。阻抗电压的大小用百分比来表示：

$$u_k=\frac{U_k}{U_{1N}}\times 100\%=\frac{I_{1N}Z_{k75℃}}{U_{1N}}\times 100\% \qquad (7\text{-}10)$$

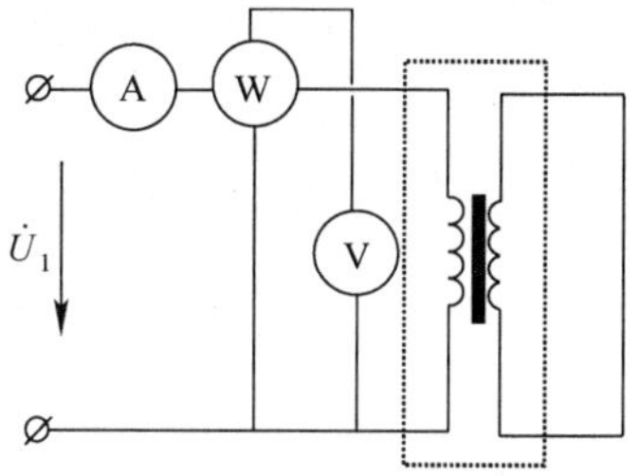

图7-9　变压器短路试验接线图

7.6　变压器的运行特性

表征变压器运行特性主要指标有两个，一个是外特性（副边电压变化），二是效率。

7.6.1　电压调整率和外特性

变压器一次侧接额定电压，二次侧开路时，二次侧的空载电压$U_{20}=U_{2N}$，负载后，负载电流在变压器内部产生阻抗压降，使二次侧端电压发生变化，变化曲线即为变压器的外特性曲线$U_2=f(I_2)$，如图7-10所示，其变化大小用电压调整率ΔU表示。

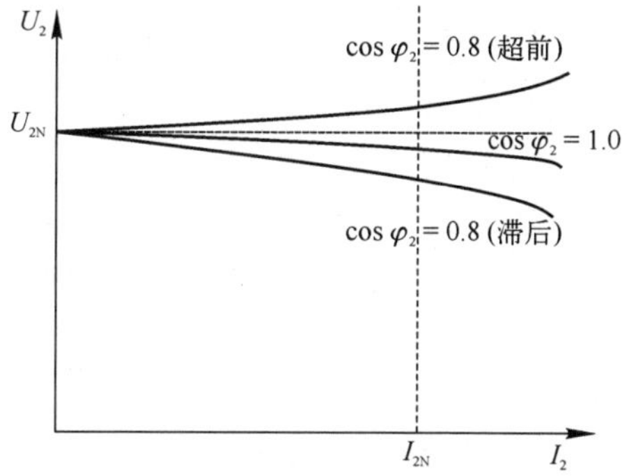

图7-10　变压器外特性

$$\Delta U=\frac{U_{2N}-U_2}{U_{2N}}\times 100\%=\frac{U_{1N}-U_2'}{U_{1N}}\times 100\% \qquad (7\text{-}11)$$

当纯电阻负载时和电压性负载时，外特性是下降的，而容性负载时可能上翘。该曲线可由相应公式推导得出，本节省略。

7.6.2　效率特性

当原绕组外施电压和副绕组的负载功率因数不变时，变压器效率随负载电流变化的规律，即$\eta=f(I_2)$。

变压器在能量传递过程中，将产生铜耗和铁耗，它们又各自包含有基本损耗和附加损耗。工程上常采用间接法测定变压器的效率，即测出各种损耗以计算效率。

基本铜耗：原、副边绕组中电流引起的直流电阻的损耗。

附加铜耗：导体在交变漏磁场作用下引起集肤效应，有效电阻增大而增加的铜耗。

基本铁耗：铁芯中的磁滞和涡流损耗。

附加铁耗：结构件中的涡流损耗。

额定电压下，磁密基本不变

$$p_{Fe}=p_0 \qquad \sum p=p_{Fe}+p_{Cu}=p_{Fe}+I_2^{*2}p_k \qquad (7\text{-}12)$$

$$\eta = \frac{P_2}{P_1} \times 100\% = \left(1 - \frac{\sum p}{P_1}\right) \times 100\% = \left(1 - \frac{p_{Fe} + p_{Cu}}{p_{Fe} + p_{Cu} + p_2}\right) \times 100\% \quad (7\text{-}13)$$

可见，一定功率因数下，η 随负载电流的不同而改变。

令 $\frac{d\eta}{dI_2^*} = 0 \rightarrow I_2^{*2} p_k = p_0$，一般在设计时，$I_2^*$ 在 0.5～0.6 范围内，平均效率大。

7.7 三相变压器

7.7.1 三相变压器绕组的联结

1. 绕组的端点标志与极性

在三相变压器中，高压绕组首端由 A、B、C 表示，末端由 X、Y、Z 表示；低压绕组首端由 a、b、c 表示，末端由 x、y、z 表示。连接可采用星形（Y 联结）用 Y（或 y）表示，三角形（△联结）用 D（或 d）表示。N（或 n）表示有中点引出，如 Y，yn；Y，d；YN，d 等。

2. 联结组

(1) 变压器的联结组：三相变压器高、低压绕组对应的线电动势之间的相位差，通常用时钟法来表示，称为变压器的联结组。

(2) 时钟法：把高压绕组的线电动势相量作为时钟的长针，且固定指向 12 的位置，对应的低压绕组的线电动势相量作为时钟的短针，其所指的钟点数就是变压器联结组的标号。

3. 三相绕组的联结方式

对于三相变压器，不论是高压绕组还是低压绕组，我国主要采用星形联结（Y 联结）和三角形联结（D 联结）两种。

星形联结方式：以高压绕组为例，把三相绕组的 3 个末端 X、Y、Z 连在一起，结成中点，而把它们的三个首端 A、B、C 引出，便是星形联结，以符号 Y 表示。

三角形联结方式：如果把一相的末端和另一相首端联结起来，顺序形成一闭合电路，称为三角形联结，用 D 表示。

注意：相应的是对于低压侧而言，用 y，d 表示。

三相绕组的联结方式如图 7-11 所示。

4. 三相变压器的联结组

根据变压器原、副边对应的线电压之间的相位关系，把变压器绕组的联结分成不同的组合称为绕组的联结组。实践与理论证明，变压器高、低压侧相对应的线电压的相位差总是 30 度的倍数。因此采用“时钟表示法”来表示这种相位差是很简明的。

时钟表示法：把高压侧线电压作为长针始终指向“12”。而低压侧相对应的线电压作为短针，短针指向的数字称为三相变压器联结组的组号。

图 7-12、图 7-13 分别示出了 Y，y0、Y，d11 三相变压器的联结及相量图。

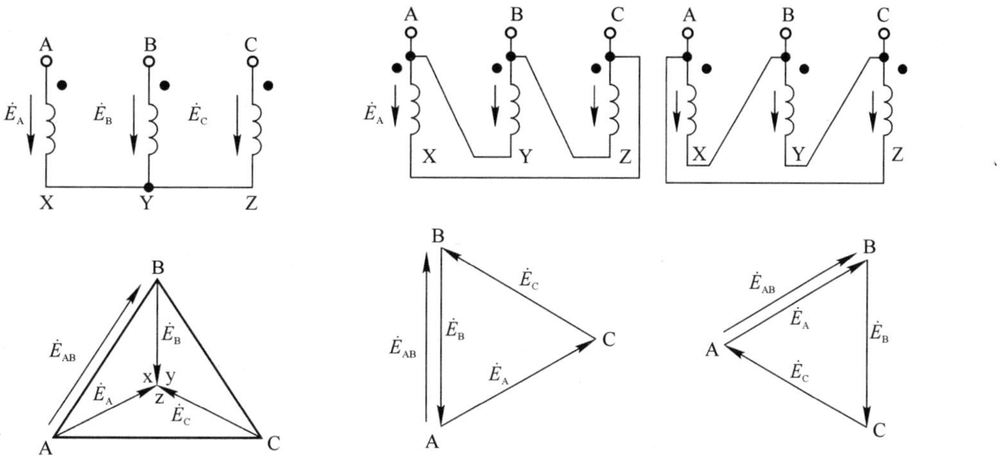

图 7-11　三相绕组的联结方式及相量图

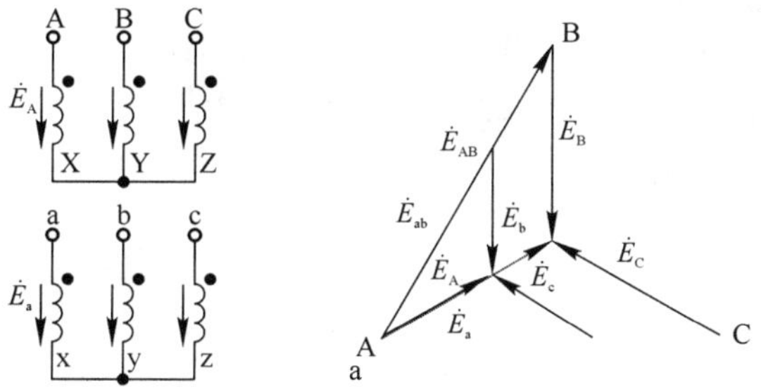

图 7-12　Y，y0 三相变压器的联结及相量图

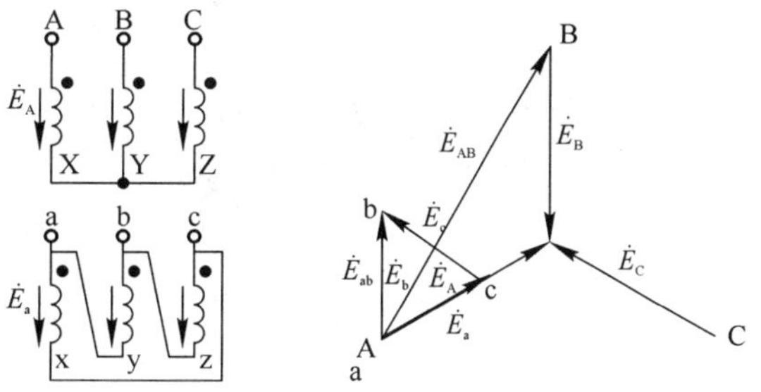

图 7-13　Y，d11 三相变压器的联结及相量图

7.7.2　三相变压器的磁路系统

三相变压器按结构特点分为两种：三相变压器组和三相心式变压器。

1. 三相变压器组

三相变压器组是由三台单相变压器组成的，每组的主磁通各自沿自己的磁路闭合，所以三相变压器的磁路彼此独立，互不影响，如图 7-14 所示。

2. 三相心式变压器

三相心式变压器的磁路彼此相关，这种铁芯结构是由三相变压器组演变而来的，将三个单相变压器合并成图 7-14 所示，则中间铁心柱流过的磁通为 $\varphi_A+\varphi_B+\varphi_C=0$，所以三相主磁通对称，三相电流在任意时刻相加为零。所以，中间心柱可以省去，即得图 7-15(c)所示三相变压器。这种磁路系统中每相主磁通都要借助另外两相的磁路闭合，故属于彼此相关的磁路系统。这种变压器三相磁路长度不等，中间 B 相短，当三相电压对称时，三相空载电流便不等，B 相最小，但由于空载电流很小，它的不对称对负载运行的影响很小，可以略去不计。

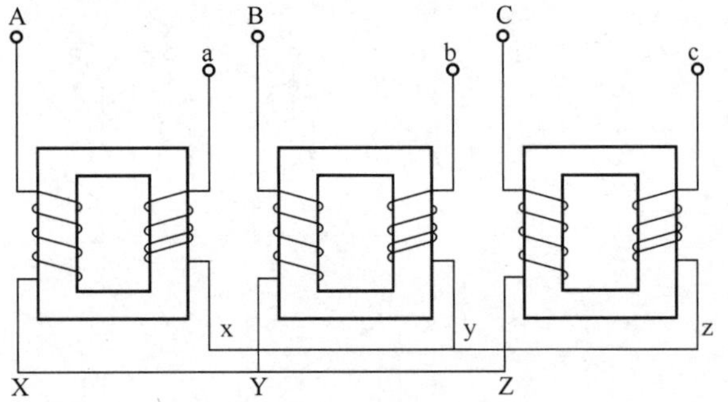

图 7-14 三相变压器组的磁路系统

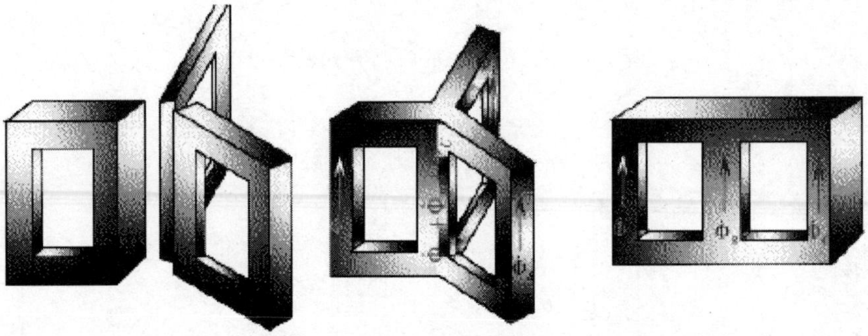

(a) (b) (c)

图 7-15 三相心式变压器的磁路系统的演变

三相心式变压器与三相变压器组比较，前者材料节省，价格便宜，维护简单，而后者特别是巨型的三相变压器组，由于“化整为三”，因而运输较为方便，并可减少备用容量。

7.7.3 联结法和磁路系统对电动势波形的影响

三相变压器绕组的联结法及磁路系统都决定三次谐波电流在变压器中的存在与否，下面进行分析。

1. Y，y 联结组

三次谐波分量同相位、同大小。三次谐波电流在 Y 联结的原边绕组中无法流通，空载电流接近正弦波，主磁通为一平顶波。

对于三相变压器组，感应的三次谐波电势很大，可达基波的 50%，使相电势波形严重畸形，幅值很高，可使绕阻绝缘击穿，所以三相变压器组不允许采用 Y，y 联结。

对于心式变压器，由于磁路构成三相星形磁路，三个同相，同大小的磁通不能沿铁芯磁路闭和，这和三次谐波电流不能在 Y 联结三相电路中流通相似，但他们可以经油箱壁等形成闭路，由于这些磁路的磁阻很大，使三次谐波磁通大为削弱，所以相电势中也接近正弦波。但三相谐波磁通沿油箱闭和，引起附加涡流损耗，降低变压器效率，因此，对心式变压器 Y，y 联结仅在容量为 1 600 kVA 以下的中小容量的变压器中采用。

2. Y,d或D,y联结组

(1) D,y联结组

D,y联结组的三相变压器,因一次侧为△联结,三次谐波电流可在△联结的电路中流通,所以主磁通为正弦波,由它感应的一、二次侧相电势接近正弦波。

(2) Y,d联结组

Y,d联结组的三相变压器,因一次侧电流无三次谐波分量,所以主磁通和一、二次侧相电动势出现三次谐波分量,其合成磁通及电势接近正弦波。

只要变压器有一侧采用"三角形"联结,就能保证主磁通及电势波形为正弦波。在大容量变压器中,当一、二侧都是"Y"联结时,可另加一个接成"三角形"的小容量第三侧,供改善电势波形之用。

综上所述,三相变压器的相电势波形与绕组接法、磁路系统有密切的关系。只要变压器有一侧是角接,就能保证主磁通及电势波形为正弦波。

7.8 变压器并联运行的条件与分析

在现代发电站(厂)和变电所,常采用几台变压器并联运行的方式。所谓并联运行是指一、二次绕组分别并联到一次侧和二次侧的公共母线上。

7.8.1 变压器理想并联运行的条件

变压器并联运行的理想条件是:空载时并联的各变压器一次侧间无环流,负载时各变压器所负担的负载电流按容量成比例分配。

要达到上述理想条件,并联运行的各变压器需满足下列条件:

(1) 各变压器一、二次侧额定电压相等;

(2) 联结组号相同;

(3) 短路阻抗标么值 Z_k 相等。

在上述三个条件中,条件(2)必须严格满足,条件(1)、(3)允许有一定误差,下面分别讨论。

7.8.2 对并联运行条件分析

1. 变比不相等

并联后,在副边绕组中产生的环流为(推导过程从略):

$$\dot{I}_{\mathrm{loop}}=\frac{\Delta\dot{U}_{20}}{Z_{\mathrm{k1}}^{*}+Z_{\mathrm{k2}}^{*}}=\frac{\dot{U}_1/k_1-\dot{U}_1/k_2}{Z_{\mathrm{k1}}^{*}+Z_{\mathrm{k2}}^{*}} \tag{7-14}$$

短路阻抗很小,即使变比差值很小,也能产生较大的环流。

2. 联结组号不同

联结组号不同的变压器,副边电压相量之间的相位至少相差30°,由两侧的相位差,将产生很大的空载环流,数值会超过额定电流很多倍,严禁并联。

3. 短路阻抗相对值不等

设两台并联运行的变压器联结组相同，变比相等，但阻抗的标么值不等，各变压器的负载电流为：

$$\dot{I}_1 = \frac{Z_{k2}}{Z_{k1}+Z_{k2}}\dot{I} \qquad \dot{I}_2 = \frac{Z_{k1}}{Z_{k1}+Z_{k2}}\dot{I} \tag{7-15}$$

可以看出各变压器负载电流与各自的短路阻抗成反比，同理，可推广到 n 台并联运行的变压器。变压器的短路阻抗标么值随着容量的大小而变化，故并联运行的变压器容量之比不超过 3∶1。

7.9 自耦变压器、三绕组变压器、分裂变压器

7.9.1 自耦变压器

自耦变压器是原副边共用一部分绕组的变压器，如图 7-16 所示。因此，其一、二次绕组之间是既有磁的耦合，又有电的联系。

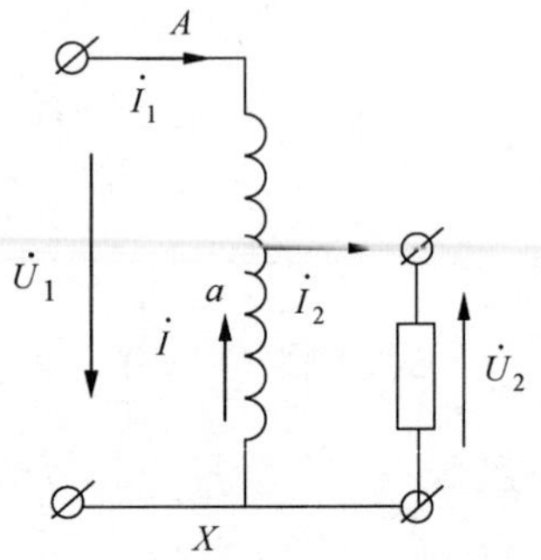

图 7-16 自耦变压器原理图

1. 电压、电流关系

电压比 $$\frac{E_1}{E_2} = \frac{N_1}{N_2} = \frac{U_{1a}}{U_{2a}} \tag{7-16}$$

如忽略励磁电流，绕组两部分所产生的磁通势互相平衡，即 $\dot{I}_1(N_1-N_2)-\dot{I}_2N_2=0$，则有：

$$\dot{I} = \dot{I}_1 + \dot{I}_2 = \dot{I}_2\left(1-\frac{1}{k_A}\right) \tag{7-17}$$

2. 容量关系

$$S_{aN} = U_{1aN}I_{1aN} = \left(1+\frac{1}{K_A-1}\right)U_{1N}I_{1N} \tag{7-18}$$

$$S_{aN} = \left(1+\frac{1}{K_A-1}\right)S_N = S_N + S'_N \tag{7-19}$$

S_N对应于以串联绕组(N_1)为一次侧，以公共绕组(N_2)为二次侧的一个双绕组变压器通过电磁感应而传递给二次侧负载的容量，称为电磁容量，它决定了变压器的主要尺寸、材料消耗，是变压器设计的依据，亦称为计算容量。

$S_N{}'$与此容量相对应的是一次侧电流 I_{1N} 直接传导给负载，称为传导容量。计算自耦变压器容量 S_N 与额定容量 S_{aN} 之间的关系，

$$S_N = \left(1-\frac{1}{K_A}\right)S_{aN} \tag{7-20}$$

自耦变压器的计算容量比额定容量小，当 k_A 越接近 1，自耦变压器优点就越显著，因此自耦变压器适用于一、二次侧电压相差不大的场合，一般 $k_A \leqslant 2$。

3. 特点

优点：由于自耦变压器的绕组容量小于额定容量，当额定容量相同时，自耦变压器与双绕组变压器相比，其单位容量所消耗的材料少、变压器的体积小、造价低，而且铜耗和铁耗也小，因而效率高。这就是自耦变压器的主要优点。

缺点：(1)自耦变压器短路电流大，突然短路时电动力大，必须加强机械结构。(2)由于自耦变压器一次侧、二次侧绕组之间有直接电的联系，为了防止因高压边单相接地故障而引起低压边的过电压，用在电力系统中的三相自耦变压器中性点必须可靠接地。同样，由于一次侧、二次侧绕组之间有直接电的联系，当高压边遭受过电压时，会引起低压边严重过电压，为避免这种危险，需要在原、二次侧都装设避雷器。

7.9.2　三绕组变压器

三绕组变压器每个心柱上套有三个绕组(高压、中压、低压)，三个绕组的容量可相等，也可不相等。容量最大的规定为三绕组变压器的额定容量。对于升压变压器，低压绕组放在高、中压绕组之间，高压绕组在最外侧，目的是使漏磁场分布均匀，漏抗分布合理；对于降压变压器，中压绕组放在高压、低压绕组之间，高压绕组在最外侧。国内三相三绕组变压器的标准联结组标号有 YN，yn0，d11 和 YN，yn0，y0 两种。

电力系统中常用三绕组变压器连接三种不同电压等级的电网。三相三绕组变压器通常采用 Y-Y-△接法，即原、副绕组均为星形接法，第三绕组接成三角形。第三绕组接成三角形联结，可以供电给较低电压等级的配电网络或线路；也可以仅接同步补偿机和电容器，提高线路功率因数；还可以采用不引出第三绕组的方式，仅供三次谐波电流形成通路，以改善电势波形和减少不对称运行时负载中点位移。

7.9.3　分裂变压器

分裂变压器通常把一个或几个绕组(一般是低压绕组)分裂成额定容量相等的几个支路，这几个支路没有电的联系，分裂出来的支路，额定电压可以相同也可以不同，可以单独运行也可以同时运行，也可以并联运行(额定电压相同时)。在电力系统中，用得较多的是双绕组双分裂变压器，它有一个高压绕组和两个分裂的低压绕组，分裂绕组的额定电压和额定容量相同，它们的总容量等于变压器的总容量。

对分裂变压器的基本要求是：

(1) 低压绕组线圈分裂的几个部分与高压线圈的绝缘结构，要求有足够的电气强度；

(2) 低压线圈每一部分与高压线圈之间的阻抗值要相等；

(3) 使用时，低压线圈的每一部分可分别接到发电机或电动机上，且可同时运行，也可单独运行，具有相同额定电压的分裂线圈可以并联运行；

(4) 结构要简单，尽可能接近无分裂线圈变压器的结构。

与普通变压器相比，分裂变压器的优点：

(1) 限制短路电流的作用显著。低压线圈分裂后，可以增加高压线圈与低压线圈各分裂部分之间，以及低压线圈分裂后的各部分之间的短路阻抗值，能够限制短路电流。

(2) 有利于电动机自启动条件的改善。分裂变压器的穿越阻抗比普通变压器的短路阻抗小，所以流过启动电流时变压器的电压降要小些，允许电动机启动容量大些。

(3) 当分裂绕组一个支路发生短路故障时，另一个支路的母线电压降很小，即残压较高，这是分裂变压器的主要优点。

分裂变压器的主要缺点是造价较高。

随着发电机单机容量日趋增大，厂用负荷的增加，厂用变压器的容量增大，短路容量增大，进而要求配置开断短路电流大的断路器。从安全和经济角度，希望厂用容量，特别是短路容量要小，厂用接线尽可能的简单可靠，为了减少短路电流，合理地选择电器，需要选择阻抗较大的接线和运行方式。因此，在发电厂厂用电接线中，厂高变采用低压分裂绕组变压器，由于分裂绕组变压器在正常和低压侧短路时其电抗值不同，从而起到限制短路电流的效果。

7.10 中国实验快堆用变压器介绍

中国实验快堆在役的变压器主要有两种，一是用于升压或降压的 110 kV 主变压器，另一种是 10 kV 的厂用干式变压器。

7.10.1 主变压器

采用的是户外式油浸自然冷却或风冷双绕组有载调压变压器。

额定容量：31 500 kVA；

低压侧额定电压：10.5 kV；

高压侧额定电压：110 kV；

分接绕组分接范围：±8×1.25%；

分接位置数：17；

连接组标号：Y，D11。

7.10.2 干式变压器

采用了两个厂家的变压器：顺特公司的 SCB10 型和赛格迈公司的 SCR9 型三相干式变压器。所有变压器都 D，Yn0 联结方式，分别用于不同容量和重要级别的用户。具体用户及布置见表 7-1。

表 7-1 中国实验快堆核岛厂房干式变压器一览表

系统名称	变压器型号、规格	数量	房间号	设备号	进线配电柜编号
正常电源供电系统	SCB10-1250/10 10/0.4 kV 1 250 kVA	2	334 614	H09TM1 H09TM2	AA101 AA201
应急电力系统	SCB10-1250/10 10/0.4 kV 1 250 kVA	2	521 515	T1A T2A	H111A/1 H112A/1

续表

系统名称	变压器型号、规格	数量	房间号	设备号	进线配电柜编号
正常电源供电系统的电加热系统	SCB10-1000 10/0.4 kV 1 000 kVA 中性点不接地	2	333 325	T5H T6H	H175H/1 H176H/1
可靠电源供电系统的电加热系统	SCB10-400 10/0.4 kV 400 kVA 中性点不接地	2	128 121	T3H T4H	H173H/1 H174H/1
应急电源供电系统的电加热系统	SCR9-250 0.4/0.4 kV 250 kVA 中性点不接地	2	518 512	T1H T2H	H171H/1 H172H/1

另外，10 子项 2 台赛格迈公司变压器，容量为 1 000 kVA(10H03TA/B)；

05 子项 2 台赛格迈公司可靠电源变压器，容量为 800 kVA(H10TM1/2)；

03 子项 2 台顺特干式变压器，容量为 1 000 kVA(03H03TA/B)。

高压绕组用带填料环氧树脂真空浇注，局部放电量减小，线圈的电气强度高。低压绕组采用箔式结构，其线圈采用轴向冷却风道，增强散热能力，温控系统采用智能温控仪，风冷系统采用横流顶吹式冷却风机，提高了运行安全可靠性。

第8章　同步发电机

本章先简要介绍同步发电机的结构，原理，各种运行特性等基本知识，然后结合大亚湾核电站同步发电机的结构特点，进一步介绍中国实验快堆同步发电机的特点。

8.1　同步电机的结构、工作原理和运行状态

同步电机是一种常用的交流电机，可用作发电机，也可用作电动机或补偿机。与异步电机相比较，同步电机的特点是：转子转速 n 与电网频率 f 之间具有固定不变的关系，即 $n=n_s=60\ f/p$（单位为转/分），n_s为同步转速，p 为极对数。若电网频率不变，则同步电机的转速恒为常值且与负载的大小无关。

8.1.1　同步电机的结构

同步电机分为旋转电枢（如图 8-1 所示）和旋转磁极（如图 8-2 所示）两种结构形式。

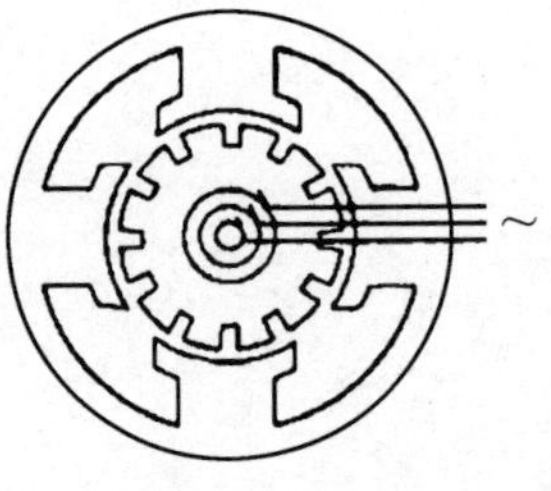

图 8-1　旋转电枢式同步电机

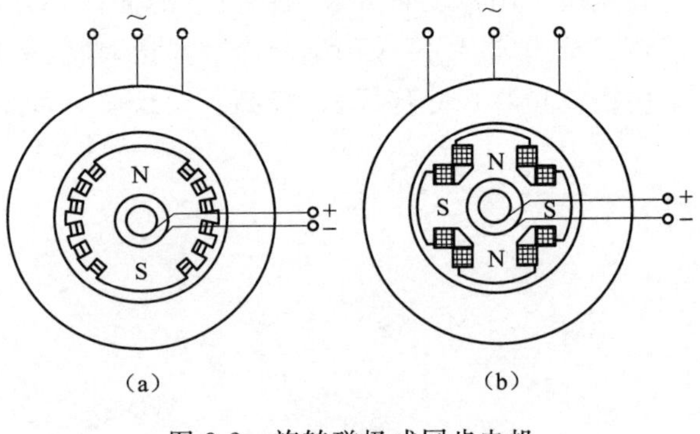

图 8-2　旋转磁极式同步电机

(a) 隐极式；(b) 凸极式

旋转电枢式——电枢装设在转子上，主磁极装设在定子上，该结构常用于小容量同步电机。

旋转磁极式——电枢装设在定子上，主磁极装设在转子上，由于励磁部分的容量和电压常较电枢小得多，所以这种结构能减轻电刷和集电环的负载，改善工作条件。该结构常用于大、中型同步发电机。

旋转磁极式同步电机，根据磁极形状，又可分为隐极和凸极两种型式（如图 8-2 所示）。

隐极同步电机——转子气隙做成圆柱形，气隙均匀；转子机械强度高，适合于高速旋转，多与汽轮机构成发电机组，是汽轮发电机的基本结构型式。

凸极同步电机——转子有明显突出的磁极，气隙不均匀；旋转时空气阻力较大，比较适合于中速或低速旋转场合，常与水轮机构成发电机组，是水轮发电机的基本结构型式。

1. 隐极同步电机

以汽轮发电机为例来说明隐极同步电机的结构。

因为隐极式转子适合于高速旋转，而提高转速可以提高发电机组的效率、减小尺寸并降低造价，所以汽轮发电机大多做成具有最高同步转速的两极结构。由于转速高，所以汽轮发电机的直径较小，长度较长。现代汽轮发电机的转子本体长度与直径之比 $l_2/D_2=2\sim6$，容量越大，此比值就越大。

汽轮发电机的定子由定子铁芯、定子绕组、机座、端盖等部件组成。定子铁芯一般用含硅量较高的无取向冷轧硅钢片分组叠成，每叠厚度为 3～6 cm，叠与叠之间留有宽 0.8～1 cm 的通风槽。整个铁芯用非磁性压板压紧，固定在定子机座上。定子机座为钢板焊接结构，定子绕组一般采用双层短距叠绕形式。图 8-3 所示为一台隐极汽轮发电机定子。

汽轮发电机的转子由转子铁芯、励磁绕组、护环、风扇等部件组成。转子铁芯一般用整块具有高导磁性能的高强度合金钢（例如，铬镍钼合金钢）锻成，转子表面约 2/3 部分铣有轴向凹槽，励磁绕组就分布、嵌放在这些槽里。不开槽的部分组成一个大齿，大齿的中心线即为转子主磁极的中心线。嵌线部分和大齿一起构成了发电机的主磁极（如图 8-2(a)所示）。励磁绕组采用同心式线圈结构，由特制扁铜线绕制而成。为把励磁绕组可靠地固定在转子上，转子槽楔采用非磁性的金属槽楔，端部套上用高强度非导磁合金钢制成的护环。图 8-4 所示为一台隐极同步发电机转子。

图 8-3　隐极汽轮发电机定子

图 8-4　隐极同步发电机转子

汽轮发电机的端盖将电机两端封盖起来，与机座、定子铁芯和转子一道构成电机的内通风系统，多由非导磁硅铝合金浇铸而成。其轴承因需承受巨大的转子重量和离心力，所以采用油膜润滑的座式结构，并配有油循环系统。

2. 凸极同步电机

凸极同步电机分为卧式和立式两种结构。大多数由内燃机拖动的发电机、同步电动机、补偿机均采用卧式结构，而低速、大型水轮发电机则采用立式结构。

（1）卧式凸极同步电机

卧式凸极同步电机的定子由定子铁芯、定子绕组和机座等部件组成，与隐极电机或异步电机的定子结构相同。转子则由主磁极、磁轭、励磁绕组、阻尼绕组、集电环和转轴等部件组成。磁极一般用 1～3 mm 的钢板叠压而成；磁轭可用铸钢，也可用冲片叠压；励磁绕组多数为同心式线圈套装结构；阻尼绕组由插入磁极极靴槽中的铜条和两端的端环焊成一个闭合绕组，在同步发电机中，起抑制转子机械振荡的作用，在同步电动机和补偿机中，主要作启动绕组用。图 8-5 所示为一台卧式凸极同步发电机转子。

(2) 立式凸极同步电机

以水轮发电机为例来说明立式凸极同步发电机的结构。图 8-6 所示为水轮发电机外形图。

图 8-5 卧式凸极同步发电机转子

图 8 6 水轮发电机外形图

立式水轮发电机按照推力轴承的位置，有悬式和伞式两种结构，如图 8-7 所示。悬式的推力轴承装在转子上面，整个转子悬吊着，机械稳定性好，但机组的轴向高度大，一般转速较高的电机(150 r/min 以上)采用。伞式的推力轴承装在转子下面，状如伞形，机械稳定性差，但机组的轴向高度小，一般转速较低的电机(125 r/min 以下)采用。

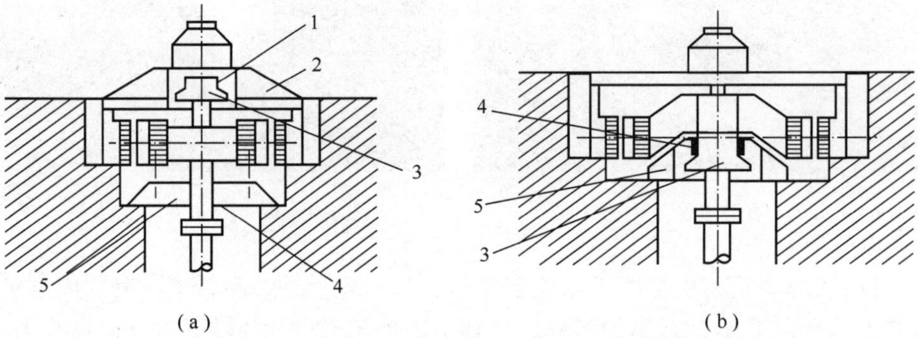

图 8-7 悬式和伞式水轮发电机的示意图

(a) 悬式；(b) 伞式

1—上导轴承；2—上机架；3—推力轴承；4—下导轴承；5—下机架

8.1.2 同步电机的工作原理

同步发电机是根据导体切割磁力线产生感应电动势这一基本原理工作的。因此，同步发电机应具有产生磁力线的磁场(即转子)和切割该磁场的导体(即定子或电枢)。定、转子之间有一定的气隙。

如图 8-8 所示，定子上有 AX、BY、CZ 三相定子绕组，在空间互差 120°电角度对称分布放置于定子铁芯槽中。转子上有一对磁极，上面装有直流励磁的转子绕组，当直流电流通过电刷和滑环流入转子绕组后，产生的磁通由 N 极出来，经过气隙、定子铁芯，再经气隙进入 S 极构成主磁路。

当同步发电机被原动机拖动以同步转速旋转时，定子三相绕组的导体依次切割磁力线，于是，定子三相绕组便感应出三相大小相等、相位彼此相差 120°的交流电动势。若定子绕组带有负载，发电机将输出电功率。

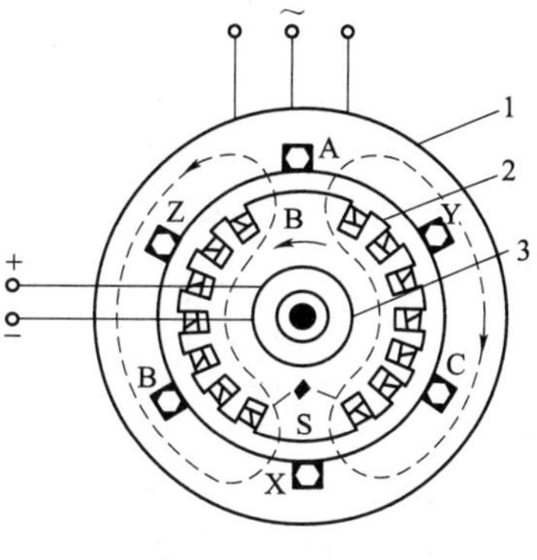

图 8-8　同步电机工作原理

1—定子；2—转子；3—滑环

8.1.3　同步电机的运行状态

同步电机有三种运行状态：发电机、电动机和补偿机。发电机把机械能转换为电能，电动机把电能转换成机械能，补偿机中没有有功功率的转换，专门发出或吸收无功功率、调节电网的功率因数。

同步电机运行于哪一种状态主要取决于定、转子磁场或定子合成磁场与转子主磁场的相对位置，定子合成磁场与主磁场之间的夹角 δ 称为功率角，它越大，则磁场所产生的切向力及电磁转矩和电磁功率也越大。n_s为同步转速。

如果转子主磁场超前于定子合成磁场，$\delta>0$，此时转子上将受到一个与其旋转方向相反的制动性质的电磁转矩 T_e，如图 8-9(a)所示。为使转子能以同步转速持续旋转，转子必须从原动机输入驱动转矩。此时转子输入机械功率，定子绕组向电网或负载输出电功率，电机做发电机运行。

如果转子主磁场与定子合成磁场的轴线重合，$\delta=0$，此时电磁转矩 T_e为零，如图 8-9(b)所示。此时电机内没有有功功率的转换，电机处于补偿机状态或空载状态。

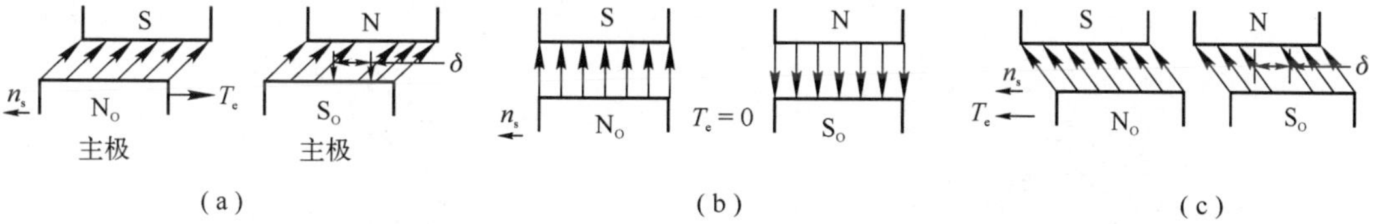

图 8-9　同步电机的三种运行状态

(a) 发电机；(b) 补偿机；(c) 电动机

如果转子主磁场滞后于定子合成磁场，$\delta<0$，此时转子上受到一个与其转向相同的驱动性质的电磁转矩 T_e，如图 8-9(c)所示。此时定子从电网吸收功率，转子可拖动负载而输出机械功率，电机作为电动机运行。

8.2 同步发电机的空载和负载运行

8.2.1 空载运行

同步发电机被原动机拖动以同步转速旋转，励磁绕组通入直流励磁电流而电枢绕组开路，这种运行状态称为同步发电机的空载运行。空载运行时，由于定子（电枢）电流为零，电枢气隙中只有转子励磁电流 I_f产生的励磁磁动势 F_f和主极磁场。

1. 空载运行时的电磁关系

图 8-10 为一台凸极同步发电机空载运行时主极磁场分布的示意图。主极磁通包括主磁通 Φ_0 和主极漏磁通 $\Phi_{f\sigma}$两部分。Φ_0通过气隙并与定子绕组相交链，能在定子绕组中感应三相交流电动势；$\Phi_{f\sigma}$不通过气隙，仅与励磁绕组相交链，不参与电机的机电能量转换过程。

当原动机拖动转子以同步转速旋转时，则主磁通 Φ_0将在气隙内形成一个旋转磁场。若定子绕组是对称的，则主磁通切割电枢绕组感应出频率为 f 的三相对称电动势。

$$\dot{E}_{0A} = E_0\angle 0^\circ \quad \dot{E}_{0B} = E_0\angle -120^\circ \quad \dot{E}_{0C} = E_0\angle -240^\circ \tag{8-1}$$

忽略高次谐波，励磁电动势的有效值 E_0为：

$$E_0 = 4.44fN_1k_{w1}\Phi_0 \tag{8-2}$$

其中，f——频率；N_1——每相串联匝数；k_{w1}——基波绕组因数；Φ_0——每极主磁通。

2. 空载特性曲线

在同步转速下，通过改变励磁电流 I_f，即可得到不同的主磁通 Φ_0和相应的激磁电动势 E_0，从而得到 E_0与 I_f之间的关系曲线 $E_0 = f(I_f)$，称为发电机的空载特性，如图 8-11 所示。

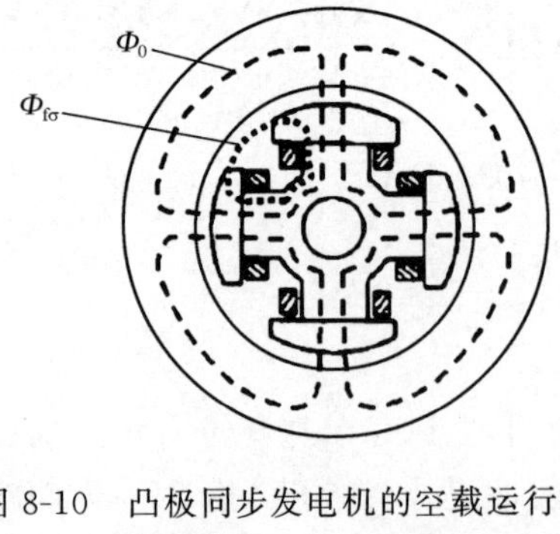

图 8-10 凸极同步发电机的空载运行时主极磁场分布示意图

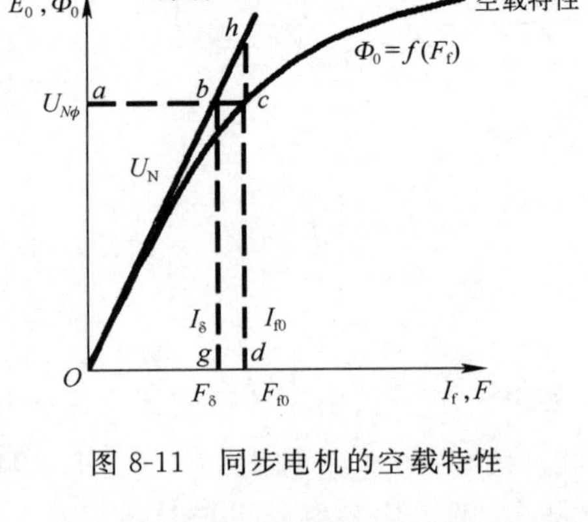

图 8-11 同步电机的空载特性

当 Φ_0较小时，整个磁路处于不饱和状态，绝大部分磁动势消耗于气隙，所以空载特性曲线的下部是一条直线。与空载曲线下部相切的直线称为气隙线。随着 Φ_0的增大，铁芯逐渐饱和，Φ_0的增加速度跟不上 I_f的增加速度，所以空载曲线逐渐弯曲。空载曲线实质上反映了电机的磁化曲线。线段 ab 表示消耗于铁芯部分的磁动势，线段 bc 表示消耗于气隙部分的磁动势。

电机磁路的饱和系数 k_μ 为：

$$k_\mu=\frac{I_{f0}}{I_\delta}=\frac{E_0}{U_{N\Phi}} \tag{8-3}$$

普通同步电机 k_μ 的取值范围约在 1.1～1.25。

8.2.2　负载运行

同步发电机带上对称负载后，由于电枢绕组有对称三相电流通过，于是产生了电枢磁动势。电枢磁动势的基波对主磁场基波的影响被称为电枢反应。电枢反应使气隙磁场发生畸变，从而直接关系到机电能量转换外，还有去磁或增磁作用，对同步发电机的运行性能产生重要影响。

电枢反应的性质（助磁、去磁或交磁）取决于电枢磁动势基波 F_a 与励磁磁动势基波 F_f 的空间相对位置。分析表明，此相对位置与励磁电动势 $\dot{E}_0$ 和负载电流 $\dot{I}$ 之间的相角差 Ψ_0（Ψ_0 称为内功率因数角）有关。下面根据不同的 Ψ_0 值，分两种情况讨论。

1. 电枢电流 $\dot{I}$ 与激磁电动势 $\dot{E}_0$ 同相时

设电枢电流 $\dot{I}$ 与激磁电动势 $\dot{E}_0$ 同相位，即 $\Psi_0=0°$。图 8-12(a)所示为一台两极凸极同步发电机，电枢绕组中电动势和电流的正方向规定为从尾端流入，首端流出。

由于主极轴线与电枢 A 相绕组的轴线正交，所以 A 相主磁通为零，B、C 相主磁通分别滞后于 A 相主磁通 120°和 240°。由于电动势滞后于产生它的磁通 90°，故 A 相励磁电动势 $\dot{E}_{0A}$的瞬时值达到正最大值，方向从 X 入，A 出，B、C 两相的激磁电动势 $\dot{E}_{0B}$和 $\dot{E}_{0C}$分别滞后于 A 相电动势 120°和 240°。由于 A 相电流达到正的最大值，所以 B 相和 C 相电流分别滞后于 A 相电流 120°和 240°，如图 8-12 (b)所示。

在图 8-12(c)中，F_f既代表主极基波磁动势的空间矢量，又表示时间相量 $\dot{\Phi}_0$的相位；$\dot{I}$ 既代表 A 相电流相量，又表示电枢磁动势 F_a的空间相位。

在对称三相绕组中通过对称三相电流时，若 A 相电流达到最大值，则在同一瞬间，基波电枢磁动势 F_a的轴线应与 A 相绕组轴线重合。由于电枢磁动势和主极均以同步转速旋转，它们之间的相对位置始终保持不变，所以在任意瞬间，电枢磁动势的轴线恒与转子交轴重合。因此，当 $\Psi_0=0°$时，电枢磁动势是一个交轴磁动势：$F_a=F_{aq}$，交轴电枢磁动势所产生的电枢反应称为交轴电枢反应。在发电机中，交轴电枢反应使主磁场 B_0超前于气隙合成磁场 B，主极上受到一个制动性质的电磁转矩，所以交轴电枢磁动势与电磁转矩的产生及能量转换直接相关；在旋转过程中，原动机的驱动转矩克服制动电磁转矩做功，并在电枢绕组内产生运动电动势，向电网输送有功电流，完成机械能转换成电能的发电任务。

2. 电枢电流 $\dot{I}$ 与激磁电动势 $\dot{E}_0$ 不同相时

图 8-13(a)所示，A 相绕组的励磁电动势 $\dot{E}_0$达到正的最大值。若电枢电流滞后于励磁电动势某一相角 Ψ_0（$0°<\Psi_0<90°$），则 A 相电流在 $t=\Psi_0/w_1$时间后才达到其正的最大值。

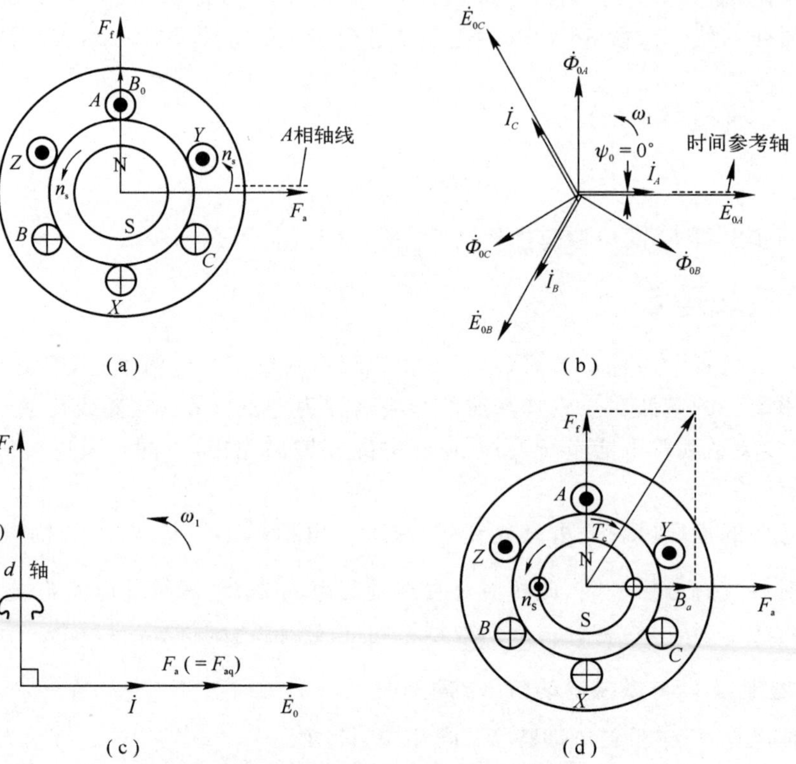

图 8-12　$\Psi_0=0°$时同步发电机的电枢反应

(a) 定子绕组内的电动势、电流和磁动势的空间矢量图；(b) 时间相量图；

(c) 时空相矢图；(d) 气隙合成磁场与主磁场的相对位置

所以在图 8-13(a)所示瞬间，电枢磁动势 F_a应在距离 A 相轴线 Ψ_0电角度处，即 F_a滞后于主极磁动势 F_f以 $90°+\Psi_0$电角度。图 8-13(c)所示为电枢电流超前励磁电动势 Ψ_0的空间矢量图。由于电枢磁动势与主极磁动势同向、同速旋转，所以它们之间的相对位置将一直保持不变。此时的电枢磁动势 F_a可以分成两个分量，一是直轴电枢磁动势 F_{ad}；另一是交轴电枢磁动势 F_{aq}，即：

$$F_a = F_{ad} + F_{aq} \tag{8-4}$$

其中：

$$F_{ad} = F_a\sin\Psi_0, F_{aq} = F_a\cos\Psi_0$$

如图 8-13(b)和 8-13(d)所示，对于同步发电机，若电枢电流滞后于励磁电动势 $\dot{E}_0$，则直轴电枢反应是去磁性；若电枢电流 $\dot{I}$ 超前于激磁电动势 $\dot{E}_0$，直轴反应将是增磁性。

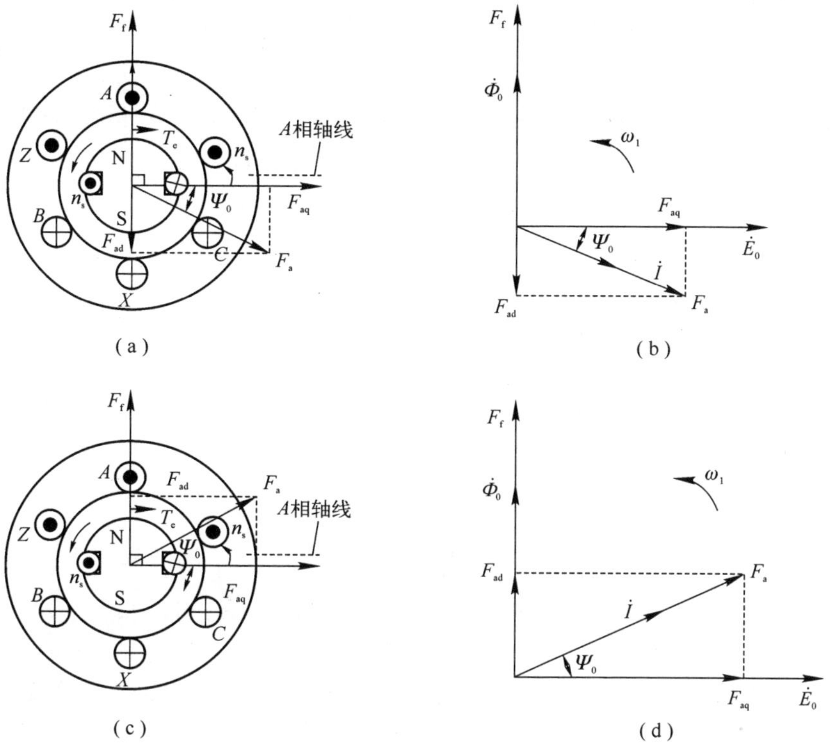

图 8-13　$\Psi_0 \neq 0°$时同步发电机的电枢反应

(a) $\dot{I}$ 滞后于 $\dot{E}_0$ 时的空间矢量图；(b) $\dot{I}$ 滞后于 $\dot{E}_0$ 时空相矢图；

(c) $\dot{I}$ 超前于 $\dot{E}_0$ 时的空间矢量图；(d) $\dot{I}$ 超前于 $\dot{E}_0$ 时空相矢图

8.3　隐极同步发电机的电压方程、相量图和等效电路

本节将针对隐极同步发电机不计磁饱和的负载运行和考虑磁饱和的负载运行来讨论。

8.3.1　不考虑磁饱和

不考虑磁饱和时，隐极发电机内各物理量之间的电磁关系如下：

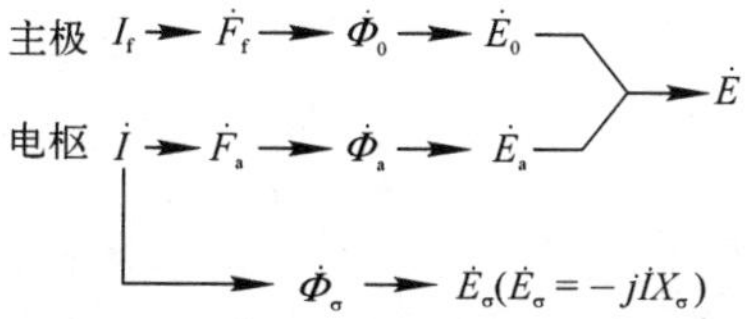

负载运行时，同步发电机内有两个磁动势：主极磁动势 F_f和电枢磁动势 F_a。如果不计磁饱和，则认为磁路为线性，可用叠加原理，把 F_f和 F_a的作用分别单独考虑，再把它们的效果叠加起来。

设 F_f产生主磁通 $\dot{\Phi}_0$，F_a产生电枢磁通 $\dot{\Phi}_a$，并在定子绕组内感应出相应的励磁电动势

$\dot{E}_0$ 和电枢反应电动势 $\dot{E}_a$，把 $\dot{E}_0$ 和 $\dot{E}_a$ 相量相加，可得电枢一相绕组的合成电动势 $\dot{E}$（也称为气隙电动势）。

采用发电机惯例，以输出电流作为电枢电流的正方向时，定子电动势平衡方程为：

$$\sum \dot{E} = \dot{E}_0 + \dot{E}_a + \dot{E}_\sigma = \dot{U} + \dot{I}R_a \tag{8-5}$$

其中，R_a——定子一相绕组电阻。

因为 $E_a \propto \Phi_a \propto F_a \propto I$，可将 $\dot{E}_a$ 写成负电抗压降的形式，即

$$\dot{E}_a = -j\dot{I}X_a \tag{8-6}$$

其中，X_a——电枢反应电抗。X_a的值为 $X_a = E_a/I$，即等于单位电枢电流所产生的电枢反应电动势。

因为漏磁路总是线性的，即恒成立：$E_\sigma \propto \Phi_\sigma \propto I$，同理：

$$\dot{E}_\sigma = -j\dot{I}X_\sigma \tag{8-7}$$

将式(8-6)、式(8-7)代入式(8-5)，整理可得：

$$\dot{E}_0 = \dot{U} + \dot{I}R_a + j\dot{I}X_\sigma + j\dot{I}X_a = \dot{U} + \dot{I}R_a + j\dot{I}X_t \tag{8-8}$$

其中，X_t——隐极同步电机的同步电抗。X_t的值为：$X_t = X_a + X_\sigma$，是表征对称稳态运行时电枢反应基波磁场和漏磁场综合效应的电磁参数。不计饱和时，它是一个常值。

图 8-14(a)(b)分别表示式(8-5)和式(8-8)的相量图，δ 表示励磁电动势 $\dot{E}_0$ 和端电压 $\dot{U}$ 之间的夹角，称为功率角；φ 表示负载功率因数角。图 8-14(c)表示式(8-8)相应的等效电路。隐极同步发电机的等效电路由激磁电动势 $\dot{E}_0$ 和同步阻抗 $R_a + jX_t$ 串联组成，其中 E_0 表示主磁场的作用，X_t表示电枢反应和电枢漏磁场的作用，R_a表示电枢绕组的电阻。

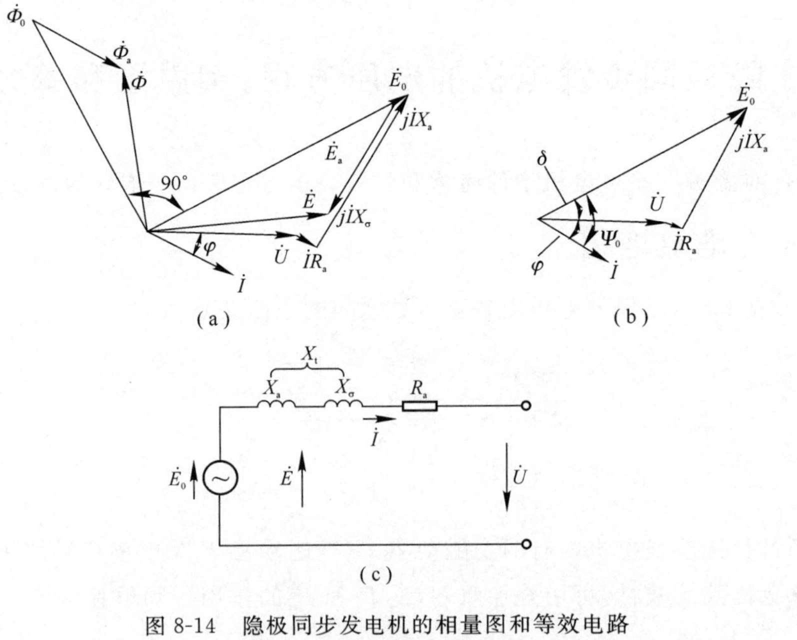

图 8-14 隐极同步发电机的相量图和等效电路

(a)、(b)相量图；(c) 等效电路

8.3.2　考虑磁饱和

大多数情况下，同步电机都在饱和区，即磁化曲线的膝部附近运行，这时叠加原理不再适用。应先求出合成磁动势 F，然后利用电机的空载特性曲线，求出负载时的气隙磁通 $\dot{\Phi}$ 及相应的气隙电动势 $\dot{E}$，电磁关系如下：

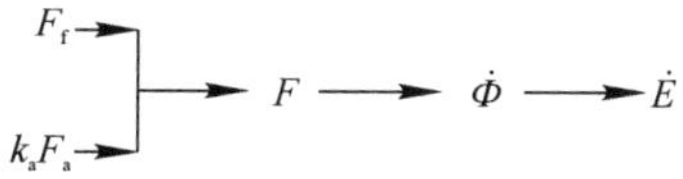

气隙电动势 $\dot{E}$ 减去电枢绕组的电阻和漏抗压降，即可得到电枢的端电压 $\dot{U}$，即

$$\dot{U} = \dot{E} - \dot{I}(R_a + jX_\sigma)$$

或

$$\dot{E} = \dot{U} + \dot{I}(R_a + jX_\sigma) \tag{8-9}$$

相应的矢量图、相量图，合成磁动势 F 与气隙电动势 E 间的关系如图 8-15 所示。图 8-15 中既有电动势相量，又有磁动势矢量，称为电动势-磁动势图。

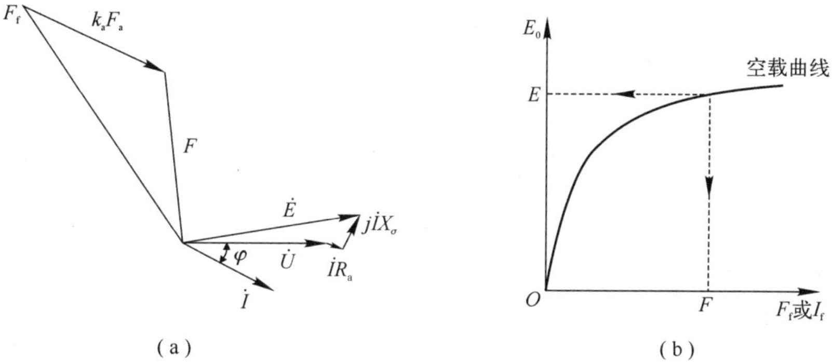

图 8-15　考虑磁饱和时隐极同步发电机的相量图

(a) 磁动势的矢量图和电动势的相量图；(b) 由合成磁动势 F 确定气隙电动势 E

对隐极电机，励磁磁动势为一梯形波，如图 8-16 所示，通常的磁化曲线（空载特性曲线）习惯上用励磁磁动势 F_f 的幅值或励磁电流值作为横坐标，而电枢磁动势 F_a 的幅值则是基波的幅值，这样在作电动势-磁动势图时，为了利用通常的磁化曲线，需要把基波电枢磁动势 F_a 换算为等效梯形波的作用，F_a 需乘以一个电枢磁动势的换算系数 k_a。k_a 的意义是：产生同样大小的基波气隙磁场时，一安匝的电枢磁动势相当于多少安匝的梯形波主极磁动势。通常的汽轮发电机，$k_a \approx 0.93 \sim 1.03$。

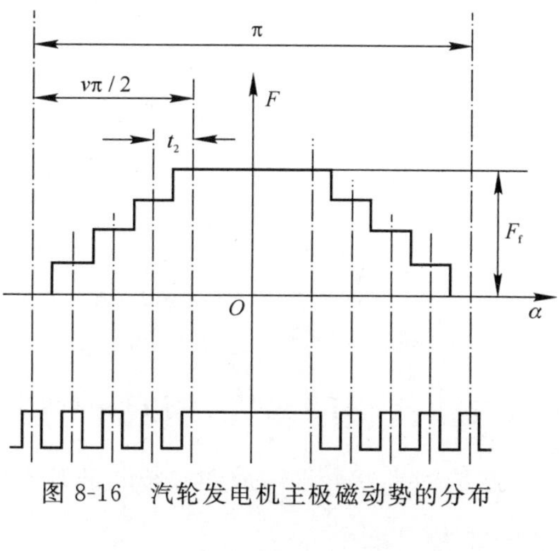

图 8-16　汽轮发电机主极磁动势的分布

8.4 凸极同步发电机的电压方程和相量图

本节将针对凸极同步发电机不计磁饱和的负载运行,和考虑磁饱和的负载运行来讨论。由于凸极同步电机的气隙沿电枢圆周是不均匀的,所以需要采用双反应理论来定量分析电枢反应的作用。

8.4.1 双反应理论

对于电枢磁动势既不在直轴,亦不在交轴的,而是作用在空间任意位置时,考虑到凸极同步电机的气隙不均匀,把电枢反应分成直轴和交轴的电枢反应来分别处理的方法,称为双反应理论。即将电枢磁动势 F_a 分解成沿直轴和交轴方向的两个分量,分别求它们的作用,最后将效果叠加。如图 8-17(a)所示。

凸极同步电机的气隙不均匀的,极面下气隙较小,两极之间气隙较大,故直轴下单位面积的气隙磁导 λ_d($\lambda_d=\mu_0/\lambda_d$)要比交轴下单位面积的气隙磁导 λ_q($\lambda_q=\mu_0/\lambda_q$)大,如图 8-17(b)所示。所以,同样大小的电枢磁动势作用在直轴和交轴上时,所产生的电枢磁场有明显差别。

当正弦分布的电枢磁动势作用在直轴上时,由于 λ_d 较大,所以在一定大小的磁动势下,基波磁场的幅值 B_{ad1} 比直轴电枢磁场的幅值 B_{ad} 减小不显著。当正弦分布的电枢磁动势作用在交轴上时,在极间区域,交轴电枢磁场将出现明显的下凹,基波幅值 B_{aq1} 将显著减少。如图 8-17(c)所示。

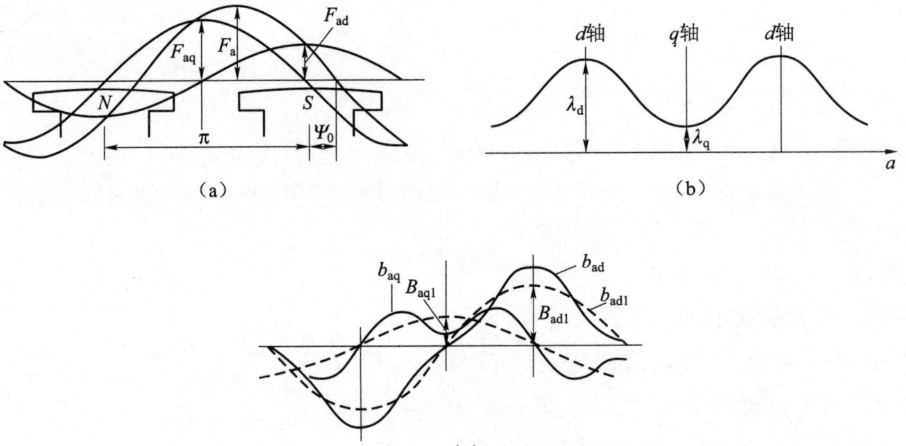

图 8-17 凸极同步电机的双反应理论

(a) 电枢磁动势分成直轴和交轴磁动势;(b) 气隙磁导分布;(c) 直轴和交轴的电枢反应

8.4.2 凸极同步发电机的电压方程和相量图

凸极同步发电机不饱和运行时的基本电磁关系为:

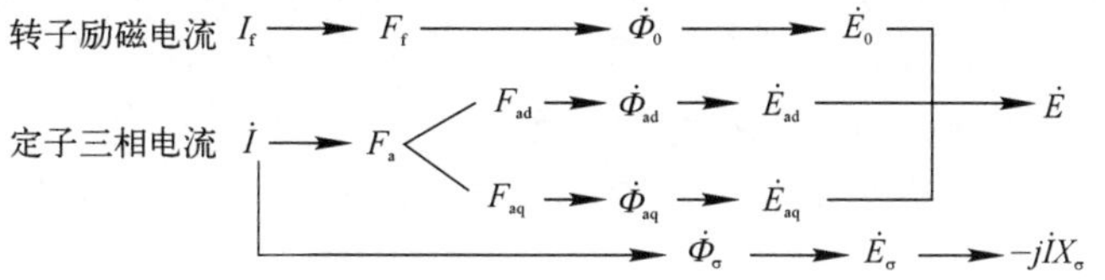

根据双反应理论，把电枢磁动势 F_a 分解成直轴和交轴磁动势 F_{ad}、F_{aq}，分别求出其所产生的直轴、交轴电枢磁通 $\dot{\Phi}_{ad}$、$\dot{\Phi}_{aq}$ 和在电枢绕组中相应的电动势 $\dot{E}_{ad}$、$\dot{E}_{aq}$，再与主磁通 $\dot{\Phi}_0$ 所产生的激磁电动势 $\dot{E}_0$ 相量相加，便得一相绕组的合成电动势 $\dot{E}$（通常称为气隙电动势）。

采用发电机惯例，定子电动势平衡方程为：

$$\sum \dot{E} = \dot{E}_0 + \dot{E}_{ad} + \dot{E}_{aq} + \dot{E}_\sigma = \dot{U} + \dot{I}R_a \tag{8-10}$$

不计饱和时，$E_{ad} \propto I_d$，$E_{aq} \propto I_q$，E_{ad} 和 E_{aq} 分别滞后于 I_d、I_q 90°电角度，所以 E_{ad} 和 E_{aq} 可用相应的负电抗压降来表示：

$$\dot{E}_{ad} = -j\dot{I}_d X_{ad} \quad \dot{E}_{aq} = -j\dot{I}_q X_{aq} \tag{8-11}$$

其中，X_{ad}——直轴电枢反应电抗；X_{aq}——交轴电枢反应电抗；$\dot{I}_d$——电枢电流直轴分量；$\dot{I}_q$——电枢电流交轴分量。

将式(8-11)代入式(8-10)，整理，可得：

$$\begin{aligned}\dot{E}_0 &= \dot{U} + \dot{I}R_a + j\dot{I}X_\sigma + j\dot{I}_d X_{ad} + j\dot{I}_q X_{aq} \\ &= \dot{U} + \dot{I}R_a + j\dot{I}_d(X_\sigma + X_{ad}) + j\dot{I}_q(X_\sigma + X_{aq}) \\ &= \dot{U} + \dot{I}R_a + j\dot{I}_d X_d + j\dot{I}_q X_q \end{aligned} \tag{8-12}$$

其中，X_d——直轴同步电抗；X_q——交轴同步电抗。

图 8-18 表示凸极同步发电机不饱和的相量图。

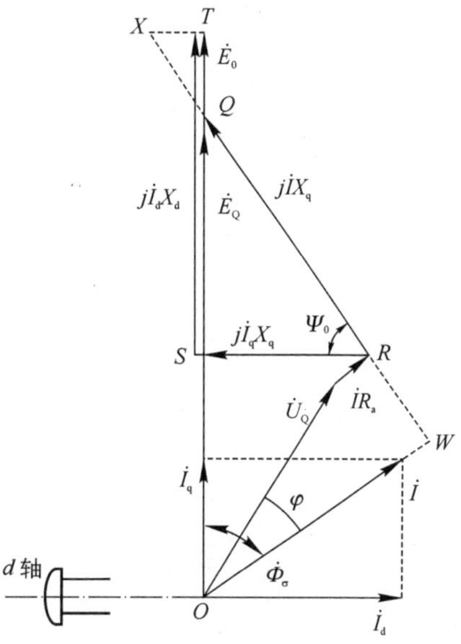

图 8-18　凸极同步发电机不饱和空间相量图

8.5　同步发电机的功率和转矩方程

8.5.1　功率方程和电磁功率

1. 同步发电机的功率方程

如图 8-19 所示，若转子励磁损耗由直流电源供给，则发电机转轴上输入的机械功率 P_1 减去机械损耗 p_Ω 和定子铁耗 p_{Fe} 后，余下的功率将通过旋转磁场和电磁感应的作用，转换成定子的电功率，所以转换功率就是电磁功率 P_e，即

$$P_1 = p_\Omega + p_{Fe} + P_e \tag{8-13}$$

再从电磁功率 P_e 中减去电枢铜耗 p_{Cua} 可得电枢端点输出的电功率 P_2；即

$$P_e = p_{Cua} + P_2 \tag{8-14}$$

其中，$p_{Cua}=mI^2R_a$，$P_2=mUI\cos\varphi$，m 为定子相数。

式(8-13) 和式(8-14) 即为同步发电机的功率方程。

2. 电磁功率

由功率方程可推导出 P_e 为：

$$P_e = mUI\cos\varphi + mI^2R_a = mI(U\cos\varphi + IR_a) \tag{8-15}$$

由图 8-20 可知，$U\cos\varphi+IR_a=E\cos\Psi=E_Q\cos\Psi_0$，$\Psi$ 为 $\dot{E}$ 和 $\dot{I}$ 间的夹角。所以：

$$P_e = mEI\cos\Psi = mE_QI\cos\Psi_0 \tag{8-16}$$

对于隐极同步电机而言，$X_d=X_q$，$E_Q=E_0$，所以：$P_e=mE_QI\cos\Psi_0=mE_QI_q$。

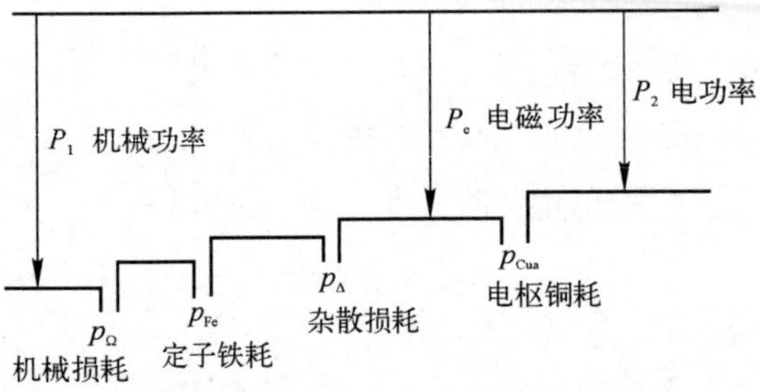

图 8-19 同步发电机的功率转换流程图

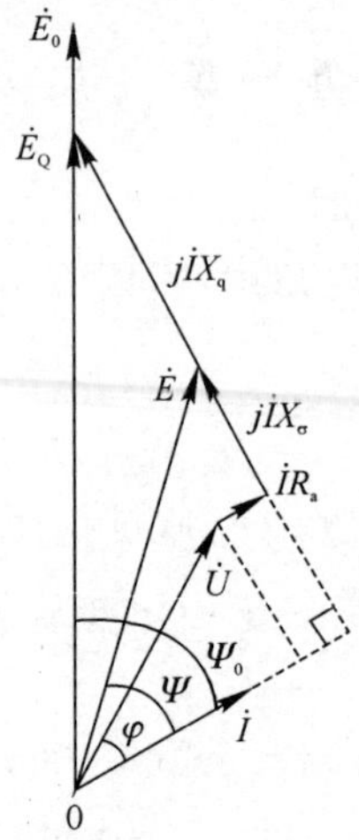

图 8-20 同步发电机的相量图

对于 E_Q 来说，电枢电流中必须要有交轴分量 I_q，才能进行能量交换。在发电机中，I_q 越大，交轴电枢反应越强，功率角 δ 就越大；δ 越大，在一定的范围内，电磁转矩和电磁功率也越大。

8.5.2 转矩方程

将功率方程 (8-13)左右两边同时除以角速度 Ω_s，即可得到同步发电机的转矩方程：

$$P_1 = P_e + (p_\Omega + p_{Fe} + p_\Delta)$$

$$\frac{P_1}{\Omega_s} = \frac{P_e}{\Omega_s} + \frac{(p_\Omega + p_{Fe} + p_\Delta)}{\Omega_s}$$

$$T_1 = T_e + T_0 \tag{8-17}$$

其中，T_1——原动机的驱动转矩；T_e——电磁转矩；T_0——发电机空载转矩。

8.6　同步电机参数的测定

8.6.1　直轴同步电抗 X_d 的测定

可以用空载特性和短路特性确定 X_d，简介试验方法如下：

1. 空载特性

将电枢绕组开路(空载)，在同步转速下，改变励磁电流 I_f，记录相应的电枢端电压 U_0(空载时 $U_0=E_0$)，当 $U_0\approx1.25\,U_N$(U_N为额定电压)时，可得到空载特性曲线 $E_0=f(I_f)$，即 $n=n_s$，$I=0$ 时，$E_0=f(I_f)$曲线，如图 8-21 所示。

2. 短路特性

将电枢绕组三相端头短接，在同步转速下，调节励磁电流 I_f，使测得电枢稳态短路电流 I，从零增加到 $1.2\,I_N$(I_N为额定电流)，可得到短路特性曲线 $I=f(I_f)$，即 $n=n_s$，$U=0$ 时，$I=f(I_f)$曲线，如图 8-22 所示。

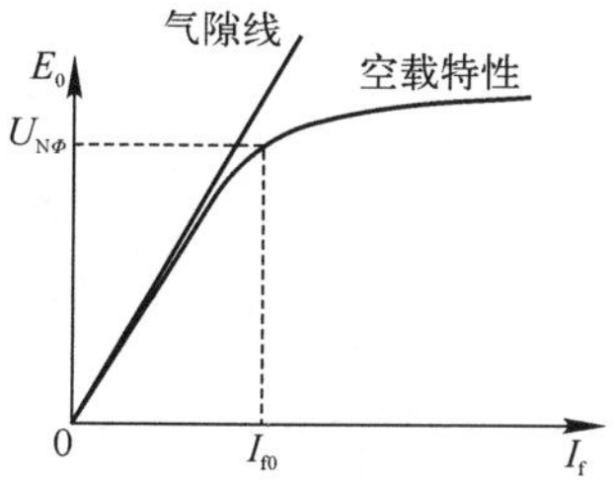

图 8-21　空载特性曲线

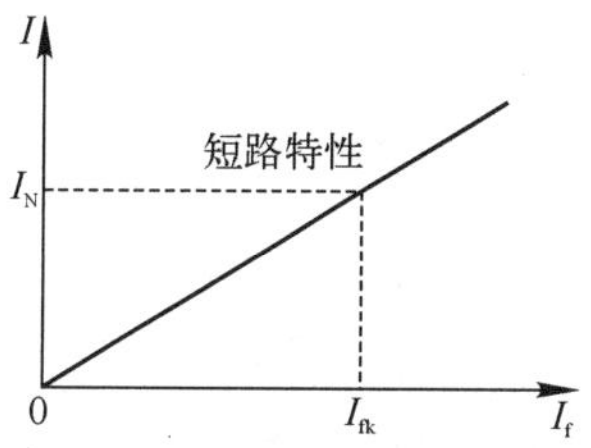

图 8-22　短路特性曲线

短路时，端电压 $U=0$，短路电流仅受电机本身阻抗的限制，一般电枢电阻远小于同步电抗，因此短路电流可认为是纯感性的，即 $\Psi_0\approx90°$，电枢磁动势基本上是纯去磁的直轴磁动势，因此 $\dot{I}_q=0$，$\dot{I}=\dot{I}_d$，于是 $\dot{E}_0=\dot{U}+\dot{I}R_a+j\dot{I}_dX_d+j\dot{I}_qX_q\approx j\dot{I}X_d$，即得 $I\propto E_0$。

气隙电动势 $\dot{E}_0=\dot{U}+\dot{I}R_a+j\dot{I}X_\sigma\approx j\dot{I}X_\sigma$，可见气隙电动势很小，仅等于电枢漏抗压降，因此其对应的气隙合成磁通很小，电机磁路处于不饱和状态，于是 $E_0\propto I_f$，而短路电流 $I\propto E_0$,因此 $I\propto I_f$，短路特性为一条直线。

3. 直轴同步电抗 X_d 的测定

由公式 $\dot{E}_0=\dot{U}+\dot{I}R_a+j\dot{I}_dX_d+j\dot{I}_qX_q\approx j\dot{I}X_d$ 可知，同步电抗为某一励磁电流 I_f下励磁电动势与相应的短路电流之比，即：

$$X_d=\frac{E_0}{I} \tag{8-18}$$

其中，E_0 从图 8-23 上查出，因为短路试验时磁路不饱和，求出的 X_d 也为不饱和值。

正常运行时，同步电机的端电压变化不大，所以常用对应于额定电压时的 X_d 值作为其饱和值。从空载曲线上查出对应额定端电压的励磁电流 I_{f0}，再从图 8-24 上查出与该励磁电流相对应的短路电流 I'，即可得到：

$$X_{d(饱和)} \approx \frac{U_{N\phi}}{I'} \tag{8-19}$$

其中，$U_{N\phi}$——额定相电压。隐极同步电机的 X_d 就是同步电抗 X_t。

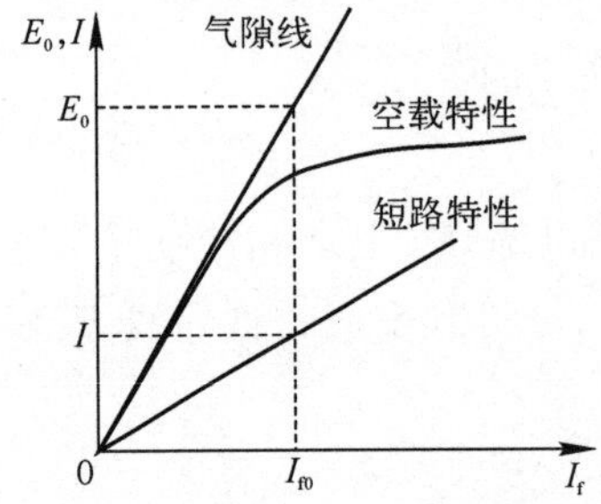

图 8-23　用空载和短路特性确定 X_d

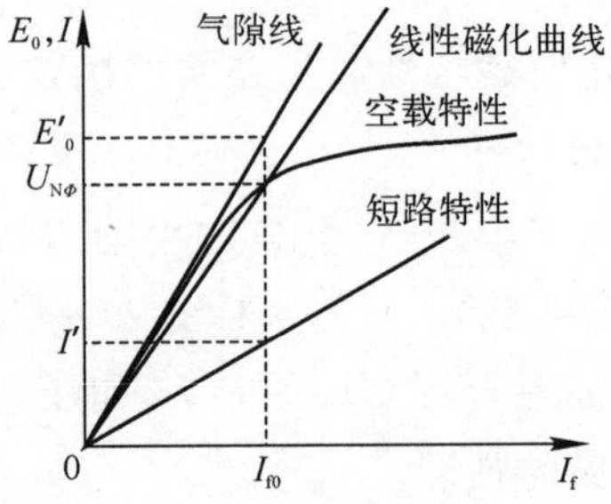

图 8-24　$X_{d(饱和)}$和短路比的确定

短路比 K_c 是指，产生空载额定电压时所需励磁电流 I_f 与产生短路额定电流所需励磁电流 I_{f0} 之比，即为：

$$K_c = \frac{I_{f0(U=U_{N\phi})}}{I_{fk(I=I_N)}} \tag{8-20}$$

由图 8-24 可知，$\frac{I_{f0}}{I_{fk}}=\frac{I'}{I_N}$，所以：

$$K_c = \frac{I'}{I_N} = \frac{I'}{U_{N\phi}} \cdot \frac{U_{N\phi}}{I_N} \approx \frac{Z_b}{X_{d(饱和)}} = \frac{1}{X^*_{d(饱和)}} \tag{8-21}$$

其中，Z_b——阻抗基值；$X_{d(饱和)}$——额定电压处直轴同步电抗的饱和值。

由式(8-21)可知，短路比大，则 $X^*_{d(饱和)}$ 小，负载变化时发电机的电压变化较小，并联运行时发电机的稳定度高，但电机气隙较大，转子的额定励磁安匝和用铜量增加，成本较高，反之亦然。

8.6.2　转差法测定 X_d 和 X_q

转差法能同时测定 X_d 和 X_q。用示波器拍摄定子电压、电流和转子励磁绕组端电压波形如图 8-25 所示。

(1) 测量原理：把同步电机的励磁绕组开路，用原动机把电机拖动到接近同步转速，在电枢绕组上施加 2%～5% 的额定电压，测电枢电压和电枢电流的最大值和最小值。

(2) 测量步骤：

1) 将被试同步电机用原动机拖动到接近同步转速(转差率＜0.01)；

2) 励磁绕组开路；

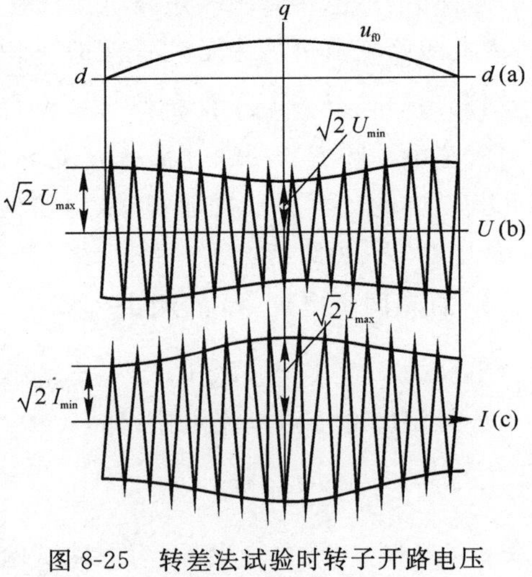

图 8-25　转差法试验时转子开路电压及定子电压和电流波形

3）在定子侧加三相对称低电压（0.02～0.15）U_N；

4）检查定子旋转磁场是否和转子转向一致；

5）测量电枢电压和电枢电流的最大值和最小值。

由于励磁绕组开路，则 $\dot{E}_0$ 为零，转速为同步转速时的电动势平衡方程为：

$$\dot{U}=-j(\dot{I}_d X_d+\dot{I}_q X_q) \tag{8-22}$$

当定子旋转磁场与转子直轴重合时，定子的电抗为 X_d，此时电抗最大，定子电流最小，线路压降最小，端电压为最大值。即：

$$X_d=\frac{U_{max}}{I_{min}} \tag{8-23}$$

当定子旋转磁场与转子交轴重合时，定子的电抗为 X_q，此时电抗最小，定子电流最大，线路压降最大，端电压为最小值。即：

$$X_q=\frac{U_{min}}{I_{max}} \tag{8-24}$$

8.6.3　由零功率因数和空载特性确定定子漏抗和电枢反应磁动势

1. 零功率因数负载特性

将电枢接到一个可调的三相对称纯感性负载上，使 $\cos\varphi=0$，在同步转速下，保持电枢电流为常值（例如 $I=I_N$），测得同步电机端电压 U 随励磁电流 I_f 变化的关系曲线 $U=f(I_f)$，称为同步电机的零功率因数负载特性（即 $n=n_s$，$I=$常值，$\cos\varphi\approx 0$ 时，$U=f(I_f)$ 曲线）。

2. 零功率因数负载特性分析

图 8-26(a)为零功率因数负载时发电机的相量图，忽略电枢绕组，气隙电动势 $\dot{E}$、电枢漏抗压降 $j\dot{I}X_\sigma$ 和端电压 $\dot{U}$ 之间的关系为：

$$\begin{aligned} F_f &\approx F'+k_{ad}F_a \\ E &\approx U+IX_\sigma \end{aligned} \tag{8-25}$$

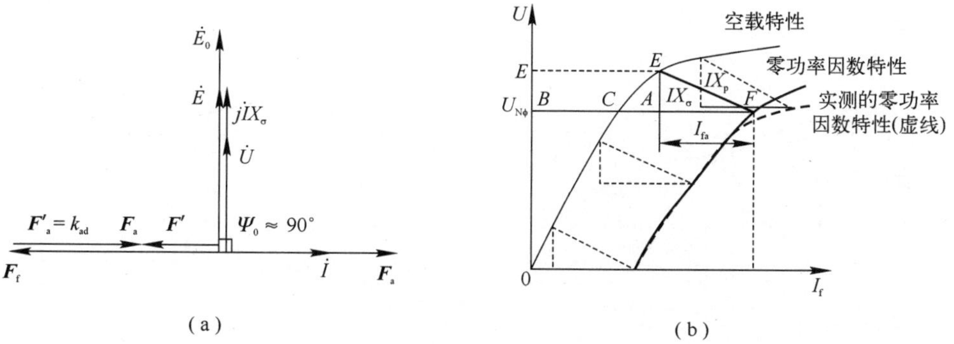

图 8-26　零功率因数负载特性分析

（a）零功率因数负载时的相量图；（b）零功率因数负载特性与空载特性曲线之间的关系

在图 8-26(b)中，$\overline{0B}$表示$U_{N\phi}$，$\overline{BC}$表示I_{f0}。零功率因数负载时，要保持端电压$U_{N\phi}$不变，$I_f(\overline{BF})$必须大于$I_{f0}(\overline{BC})$，以克服漏抗压降和电枢反应的去磁影响。延长$\overline{BC}$交零功率因数特性于F，从空载特性作$\overline{EA}$垂直于$\overline{BF}$，使$\overline{EA}=IX_\sigma$，则$\overline{CA}$为克服漏抗压降所增加的励磁电流，而$\overline{AF}$就是为抵消电枢等效磁动势$k_{ad}F_{ad}$所需增加的励磁电流。三角形EAF是电机的特性三角形，即空载特性与零功率因数特性之间存在一个特性三角形。

由于在测定零功率因数特性时I保持不变，所以三角形的大小不变。若X_σ已知，而对应于电枢电流I(设为额定电流I_N)的去磁作用的等效励磁电流为I_{fa}(设可通过短路试验求取)，则该三角形可唯一确定，其左上角顶点沿空载曲线移动时，其右下角顶点的轨迹即为所求的零功率因数负载特性曲线。

8.7 同步发电机的运行特性

同步发电机稳态运行特性包括外特性、调整特性和效率特性。

8.7.1 外特性

外特性是发电机的转速为同步转速，励磁电流和负载功率因数不变时，发电机的端电压与电枢电流之间的关系，即$n=n_s$，$I_f=$常值，$\cos\varphi$为常值时，$U=f(I)$。

图 8-27 表示不同功率因数情况下，同步发电机的外特性。

在感性负载或纯电阻负载($\cos\varphi=1$)时，由于电枢反应去磁作用和定子漏抗压降影响，外特性是下降的。

在容性负载且$\Psi_0<0$时，由于电枢反应起增磁作用和容性电流的漏抗压降使端电压上升，所以外特性是上升的。

从外特性可以求出发电机的电压调整率Δu，见图 8-28。调节发电机的励磁电流，使电枢电流为额定电流、功率因数为额定功率因数、端电压为额定电压，此励磁电流I_{fN}称为发电机的额定励磁电流。然后保持励磁电流为I_{fN}，转速为同步转速，卸掉负载($I=0$)，此时端电压升高的百分值即为同步发电机的电压调整率，用Δu表示，即

$$\Delta u=\frac{E_0-U_{N\phi}}{U_{N\phi}}\times 100\% \tag{8-26}$$

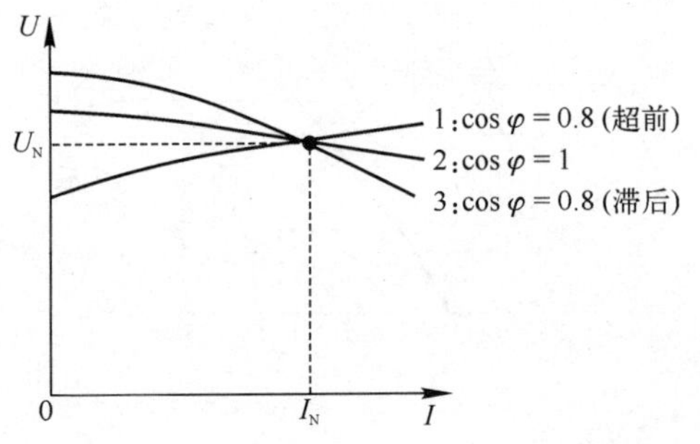

图 8-27 同步发电机的外特性

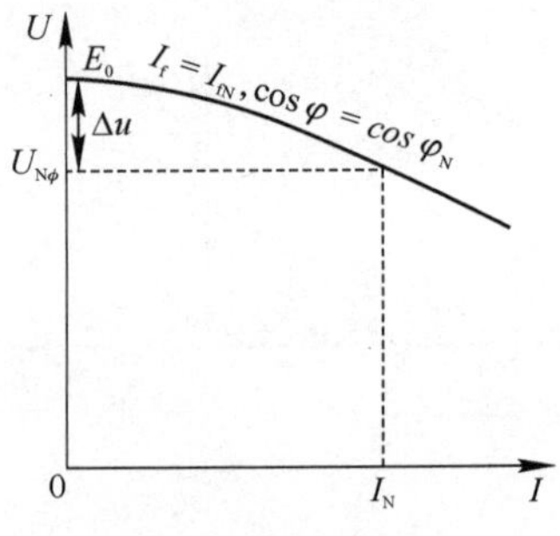

图 8-28 电压调整率

凸极同步发电机的 Δu 通常在 18%～30%；隐极同步发电机由于电枢反应较强，Δu 通常在 30%～48%。

8.7.2　调整特性

当发电机负载电流变化时，为保持端电压不变，必须调节发电机的励磁电流。调整特性是当 $n=n_s$、$U=U_N$、$\cos\varphi=$常数时，发电机励磁电流与电枢电流的关系曲线 $I_f=f(I)$。

与外特性相反，对于感性和电阻性负载，转子电流随负载增加而增加，调整特性是上升的；而对容性负载，因负载电流的增磁作用，调整特性是下降的，见图 8-29。

8.7.3　效率特性

在同步转速下，保持端电压为额定电压，功率因数为额定功率因数时，同步发电机的效率 η 与输出功率 P_2 的关系曲线 $\eta=f(P_2)$，称为同步发电机的效率特性，如图 8-30 所示。

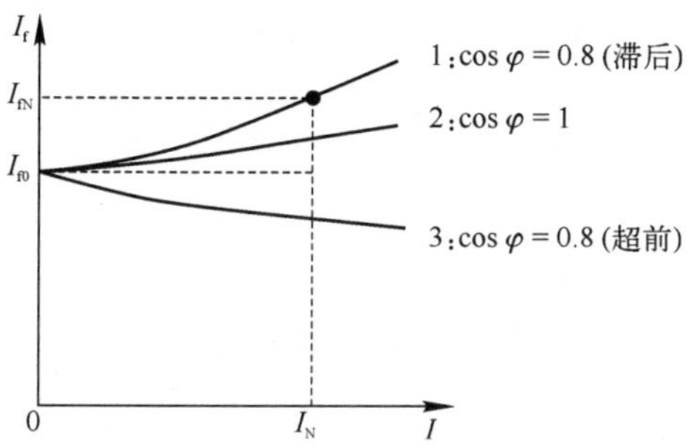

图 8-29　调整特性

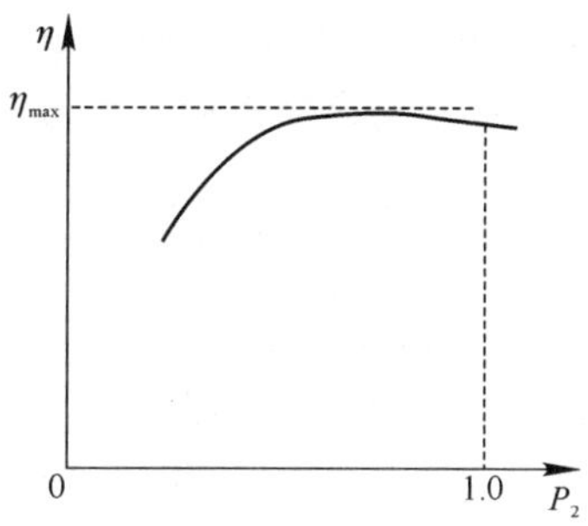

图 8-30　效率特性

1. 损耗分析法

同步电机的基本损耗包括电枢铁损 P_{Fe}、电枢铜损 P_{Cu}、励磁损耗 P_{Cuf} 和机械损耗 P_Ω。电枢铁损是指主磁通在电枢铁芯齿部和轭部中交变所引起的损耗。电枢铜损是换算到基准工作温度时，电枢绕组的直流电阻损耗。励磁损耗包括励磁绕组的铜损、变阻器内的损耗、电刷的电损耗以及励磁设备的全部损耗。机械损耗包括轴承、电刷的摩擦损耗和通风损耗。杂散损耗包括电枢漏磁通在电枢绕组和其他金属结构部件中所引起的涡流损耗，高次谐波磁场掠过主极表面所引起的表面损耗等。总损耗 Σp 为

$$\Sigma p = p_{Fe} + p_{Cua} + p_{Cuf} + p_\Omega + p_\Delta \tag{8-27}$$

总损耗 Σp 求出后，效率即为：

$$\eta = \left(1 - \frac{\Sigma p}{P_2 + \Sigma p}\right) \times 100\% \tag{8-28}$$

同步发电机效率最大值 η_{max} 一般发生在 0.7 P_N～1.1 P_N（同步发电机的额定功率）。现代空冷大型水轮发电机，额定效率大致在 96%～98.5%；空冷汽轮发电机的额定效率大致在 94%～97.8%；氢冷时，额定效率约可增高 0.8%。

2. 直接负载法

电机效率比变压器效率低，可用直接负载法，利用公式：

$$\eta = \frac{P_2}{P_1} \times 100\% \tag{8-29}$$

通过测量 P_1、P_2 来计算效率。同轴励磁机的励磁损耗 P_{Cuf} 由 P_1 供给；单独拖动的电动机-励磁机组的励磁损耗 P_{Cuf} 由励磁机组供给，而与 P_1 无关。

8.8 同步发电机与电网的并联运行

现代电力系统通常由许多发电厂并联组成，而每个发电厂又由多台发电机并联运行。同步发电机与电网并联运行的优点是：

(1) 电能的供应可以统一调度，相互调剂，经济合理地运行；

(2) 供电的可靠性得到增强；

(3) 供电质量得到提高；

(4) 联成大电力系统，还可使发电厂的布局更加合理。系统愈大，负载就愈趋均匀，不同性质的负载，互相起补偿作用。

8.8.1 投入并联的条件

同步发电机并联投入电网时，为避免发生电磁冲击和机械冲击，要求发电机端各相电动势的瞬时值与电网端对应相电压的瞬时值完全一致。具体条件如下：

(1) 同步发电机与电网的相序必须一致；

(2) 同步发电机与电网的频率应相同；

(3) 同步发电机的励磁电动势 E_0 与电网电压 U 的幅值、相位、波形应相同。

相序一致是多相系统相容的基本要求；波形、频率、幅值、相位相同是交流电磁量相等的基本条件。而相序取决于接线，一般大型同步发电机的转向和相序都在出厂前进行了标定；频率取决于转速，由公式 $f=pn/60$ 可知，通过调节原动机的转速即可使发电机的频率与电网相同；幅值取决于励磁，由公式 $E_0=4.44fN_1k_{w1}\Phi_0$ 可知，通过调节发电机的励磁电流，即可改变 Φ_0 的大小，从而使发电机的励磁电动势与电网电压幅值相同；发电机的励磁电动势相位可通过发电机的瞬时速度来调整，而波形取决于设计。

8.8.2 投入并联的方法

投入并联运行所进行的调节和操作方法，即称为整步方法。整步方法分为准确整步法和自整步法。两种整步法的比较见表 8-1 所示。

表 8-1 准确整步法与自整步法比较

方法	定义	优点	缺点
准确整步法	调节发电机直到完全满足并网条件	冲击电流小	并网操作复杂、费时
自整步法	自动整步，把发电机牵入同步运行	并网操作简单、迅速	冲击电流大

1. 准确整步法

将发电机调整到完全符合并联条件后才进行并网操作的整步方法，称为准确整步法。调整过程中，常用同步指示器来判断条件的满足情况。最简单的同步指示器由三组同步指示灯组成，并有直接接法（见图 8-31）和交叉接法（见图 8-32）两种接法。

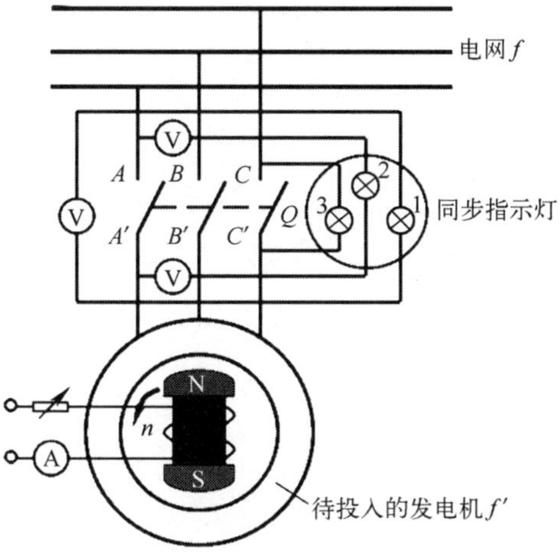

图 8-31 直接接法的接线图

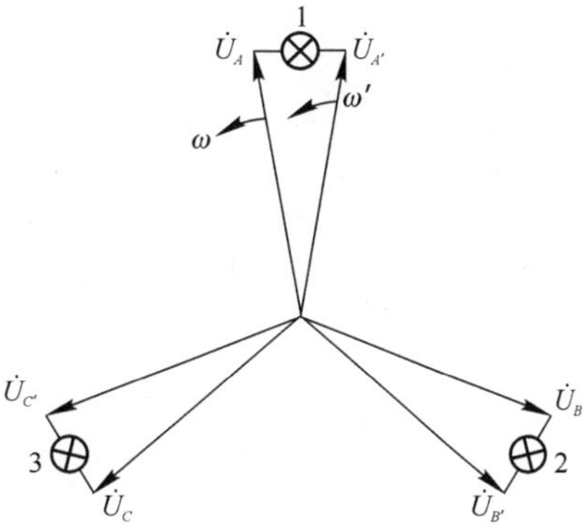

图 8-32 直接接法的相量图

（1）直接接法（灯光熄灭法）

三个同步指示灯分别跨接在电网和发电机的对应相之间，如图 8-31 所示。图 8-32 所示为发电机与电网相序一致时，发电机和电网电压的相量图。

图中 $\dot{U}_A$、$\dot{U}_B$、$\dot{U}_C$ 表示电网的三相电压；$\dot{U}_A$、$\dot{U}_B$、$\dot{U}_C$ 表示发电机三相电压。ω 表示电网侧相量角频率，$\omega=2\pi f$；ω'表示发电机侧相量角频率，$\omega'=2\pi f'$。

1）若 $f'\neq f$，发电机与电网相序不一致，三组灯轮流亮暗，灯光旋转，需改变发电机的相序。

2）若 $f'\neq f$，发电机与电网相序一致，则发电机和电网的电压相量之间有相对运动，三组 灯同时忽亮忽暗，灯光闪烁；调节发电机的转速，直到三组灯的亮度不再闪烁，则 $f'=f$。

3）若 $f'=f$，发电机电压与电网电压大小不等或相位不等，则三组灯长亮不闪，通过调节发电机的励磁电流来调节电压大小，调节发电机的瞬时速度来调整相位。

三组灯同时熄灭，且 A' 与 A 之间的电压表指示为零时，即表示发电机满足并联条件。此时可以合闸投入并联。

（2）交叉接法（灯光旋转法）

图 8-33 表示交叉接法的接线图。即一组灯同相端联结，另两组灯交叉相端联结。此时发电机和电网电压的相量图如图 8-34 所示。图 8-35 表示交叉接法的并联过程。

1）若 $f'\neq f$，发电机与电网相序不同时，三组灯同时忽亮忽暗，灯光闪烁。

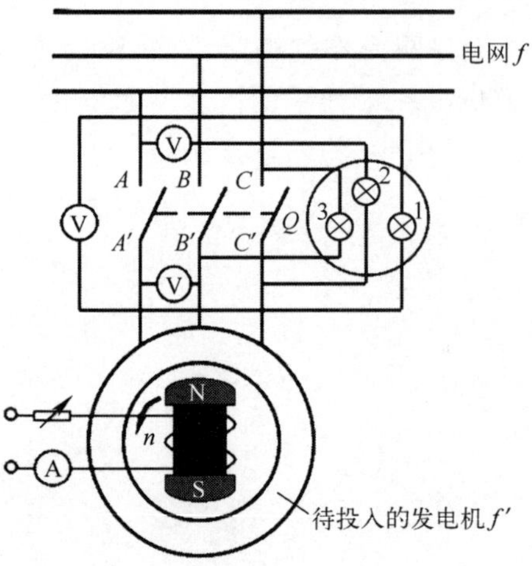

图 8-33 交叉接法的接线图

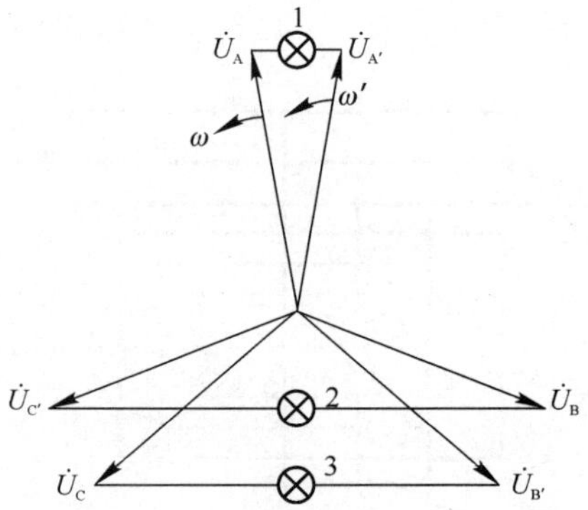

图 8-34 交叉接法相量图

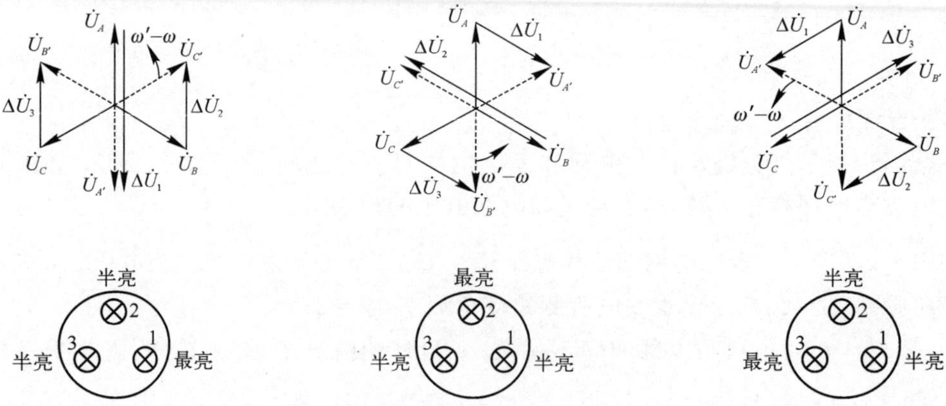

图 8-35 交叉接法的并联过程

2）若 $f'\neq f$，发电机与电网相序相同，三组灯轮流亮暗，灯光旋转；

$f'>f$，灯光按逆时针方向旋转；

$f'<f$，灯光按顺时针方向旋转。

3）若 $f'=f$，发电机与电网电压大小或相位不等时，三组灯长亮不闪。

若灯 1 熄灭，灯 2 和灯 3 亮度相同，且 A' 与 A 之间的电压表指示为零时，即表示发电机满足并联条件，此时可以合闸投入并联。

2. 自整步法

接线图如图 8-36 所示。自整步法的步骤是：首先校验发电机相序，然后将励磁绕组经限流电阻短路，用原动机将发电机拖动到接近同步转速（差值小于 5%）时，将发电机投入电网，再立即加上直流励磁，利用定、转子磁场间形成的电磁转矩的“自整步作用”，迅速将发电机牵入同步。

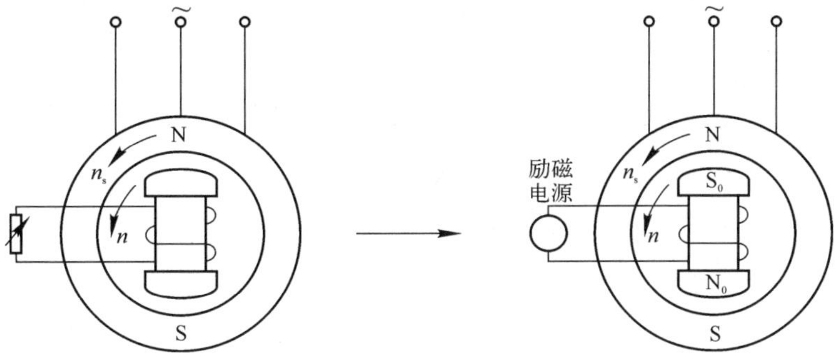

图 8-36　自整步法接线图

8.8.3　功角特性

同步发电机接在电网上稳态对称运行时，在恒定励磁和恒定电网电压下（即 E_0＝常值，U＝常值），发电机发出的电磁功率 P_e 与功率角 δ 之间的关系曲线 $P_e=f(\delta)$，称为同步发电机的功角特性。

通过功角特性，可以研究同步电机接在电网运行时发出的有功功率，并说明机组的稳定性，还可以阐明发电机与电动机之间的联系和转化。

1. 凸极同步电机的功角特性

忽略电枢绕组的铜耗，电磁功率为：

$$P_e \approx mUI\cos\varphi = mUI\cos(\Psi-\delta) \tag{8-30}$$

其中，m——相数；φ——功率因数角；Ψ——内功率因数角；δ——功率角。

经过推导可得：

$$P_e=\frac{mE_0U}{X_d}\sin\delta+\frac{mU^2}{2}\left(\frac{1}{X_q}-\frac{1}{X_d}\right)\sin2\delta \tag{8-31}$$

当 $\delta\approx70°$ 电角度时，电磁功率达到最大。

2. 隐极同步电机的功角特性

由式(8-31)，$X_d=X_q=X_t$ 经过推导可得：

$$P_e=\frac{mE_0U}{X_t}\sin\delta \tag{8-32}$$

当 $\delta=90°$ 电角度，电磁功率达到最大。

当同步电机并联在大电网上运行时，在稳定运行的范围内，同步电机的电磁功率的大小与功率角的大小正相关。

8.8.4　有功功率的调节和静态稳定

1. 有功功率的调节

设发电机为隐极同步电机，不计磁路饱和，忽略电枢电阻，电网为“无穷大电网”（即 U＝常值，f ＝常值，保持 I_f ＝常值）。$\boldsymbol{B}_0$ 为主磁场，超前 $\dot{E}_0$ 90°；$\boldsymbol{B}_u$ 为电枢合成磁场，超前 $\dot{U}$ 90°。图 8-37 所示为功率角 $\delta=0$ 和功率角为 δ 时的相量图。

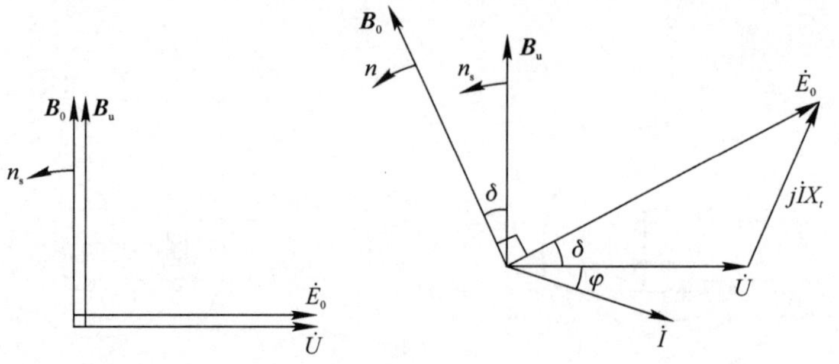

图 8-37 相量图

(a) 功率角 $\delta=0$ 时的相量图；(b) 功率角为 δ 时的相量图

要增加发电机输出的有功功率，必须增加原动机的输入功率，使功率角增大，电磁功率和输出功率便会相应增加，当 $\delta=90°$时，电磁功率达到最大值 P_{emax}，即：

$$P_{emax}=m\frac{E_0U}{X_t} \tag{8-33}$$

2. 静态稳定

当电网或原动机偶然发生微小扰动时，若在扰动消失后发电机能自行回复到原运行状态稳定运行，则称发电机是静态稳定的；反之，就是不稳定的。

为了判断同步发电机是否稳定并衡量稳定程度，引入整步功率系数$\frac{dP_e}{d\delta}$。对于隐极发电机，$0°<\delta<90°$ 时，$\frac{dP_e}{d\delta}>0$，发电机是静态稳定的；$\delta=90°$时，$\frac{dP_e}{d\delta}=0$，发电机为静态稳定极限；$90°<\delta<180°$ 时，$\frac{dP_e}{d\delta}<0$，发电机不是静态稳定的，如图 8-38 所示。

发电机的最大电磁功率与额定功率之比，称为过载能力，用 k_p 表示：

$$k_P=\frac{P_{emax}}{P_N}\approx\frac{m\frac{E_0U}{X_t}}{m\frac{E_0U}{X_t}\sin\delta_N}=\frac{1}{\sin\delta_N} \tag{8-34}$$

对于汽轮发电机，额定工况下的功率角 δ_N 约为 $30°\sim40°$，则 $k_P\approx1.6\sim2.0$。

增加励磁电流，减小同步电抗（增大短路比），可以增大整步功率系数，即可提高同步电机的功率极限和静态稳定度。

8.8.5 无功功率的调节

当发电机带感性负载时，电枢反应呈去磁作用，这时为了维持发电机端电压恒定，就必须增大励磁电流，以补偿电枢反应的影响。由此可见，调节发电机的励磁，即可调节其无功功率。

有功功率 $P=mUI\cos\varphi$，无功功率 $Q=mUI\sin\varphi$，假定有功功率不变，调节励磁电流，看无功功率如何变化，如图 8-39 所示。设发电机为隐极机，不计磁路饱和，忽略电枢电阻，电网为“无穷大电网”(即 $U=$常值，$f=$常值)。

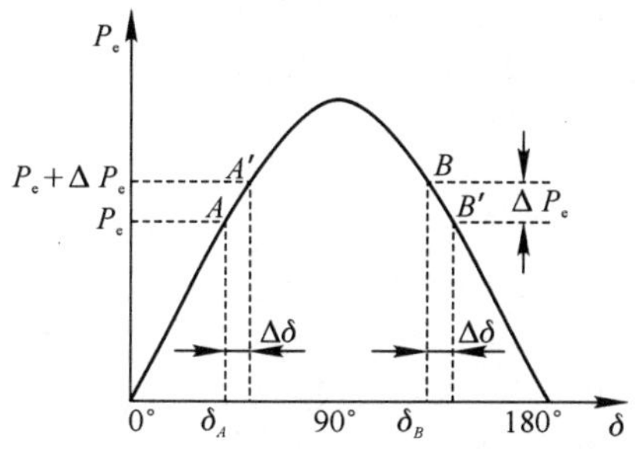

图 8-38　与电网并联时同步发电机的静态稳定性

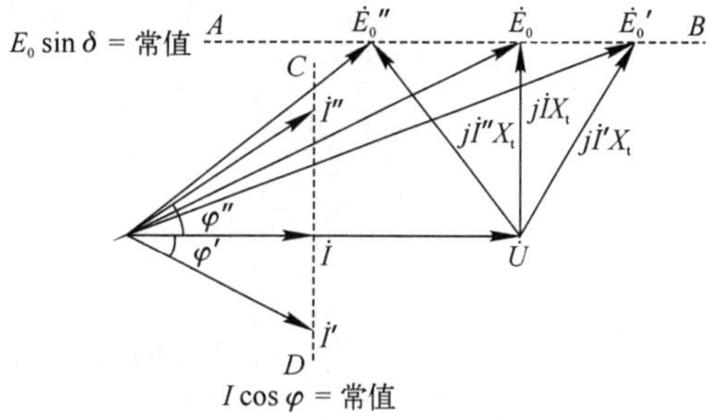

图 8-39　与电网并联运行时无功功率的调节

$$P_2 \approx P_e = m\frac{E_0U}{X_t}\sin\delta = 常值$$

$$P_2 = mUI\cos\varphi = 常值 \tag{8-35}$$

由式(8-35)可知：

$$E_0\sin\delta = 常值$$

$$I\cos\varphi = 常值 \tag{8-36}$$

$\cos\varphi=1$ 时的励磁电流 I_f 称为正常励磁电流。

(1) I_f 是正常励磁状态：$Q=0$，功率因数$=1$，发电机只输出有功功率；

(2) $I'_f>I_f$，过励状态：$Q>0$，功率因数<1(滞后)，发电机输出有功和感性无功功率；

(3) $I''_f<I_f$，欠励状态：$Q<0$，功率因数<1(超前)，发电机输出有功和容性无功功率。

三种状态相比，欠励状态下功率角 δ 较大，同步电机稳定性差，$\delta>90°$ 时为不稳定区，欠励区域靠近不稳定区，因此同步电机一般不宜在欠励状态下运行。并网运行时，发电机的功率因数的性质和大小由励磁电流决定。

8.9　大亚湾核电站同步发电机介绍

8.9.1　发电机简介

大亚湾核电站的汽轮发电机 GEC ALSTHOM 公司生产的两台 900 MW 全速(3 000 r/min) 同步发电机。图 8-40 所示为发电机外形图。

技术参数见表 8-2。

图 8-40 发电机外形图

表 8-2 大亚湾发电机技术参数

序号	参数名称	参数值	序号	参数名称	参数值
1	设备功能标识		8	转速	3 000 r/min
2	发电机额定容量	1 158 MVA	9	相数	3
3	额定功率	900 MW	10	极数	2
4	最大连续输出功率	983.8 MW	11	额定定子电流	23 512 A
5	功率因数	0.85 滞后	12	最大定子电流	25 701 A
6	输出电压(端电压)	26 kV	13	额定励磁电流	5 340 A
7	频率	50 Hz	14	最大功率工况下励磁电流	5 765 A

8.9.2 发电机结构

发电机主要由定子、转子、大端盖等组成。另外还有安装在前后端大端盖与转子之间的氢气密封组件、安装在后大端盖上的发电机后轴承(10 号轴承)、安装在外定子四个角上的氢气冷却器等(见图 8-41)。

1. 发电机定子

发电机的定子分为外定子和内定子两部分。外定子由外定子框架、冷却器、轴承、氢密封装置、发电机出线端子等构成。内定子由定子铁芯和定子绕组组成,组装在外定子框架中。

定子铁芯由冷轧的无定向晶粒的电工薄钢片,加工成两面均涂清漆绝缘的开槽叠片组合而成。定子绕组为两层旋卷式绕组,每相有两个并联线路,用除盐水冷却。

外定子框架两侧端板上的法兰是托架,转子轴穿过托架孔。在前端托架上装有密封组件,在后端托架上装有密封组件和轴承。在框架前端装有定子绕组冷却水进出口总管,由聚四氟乙烯软管与绕组连接。在后端顶板上是三个中线接线端子,三相出线端在底板上。机壳内充氢气在机座四角设有四个氢气冷却器。

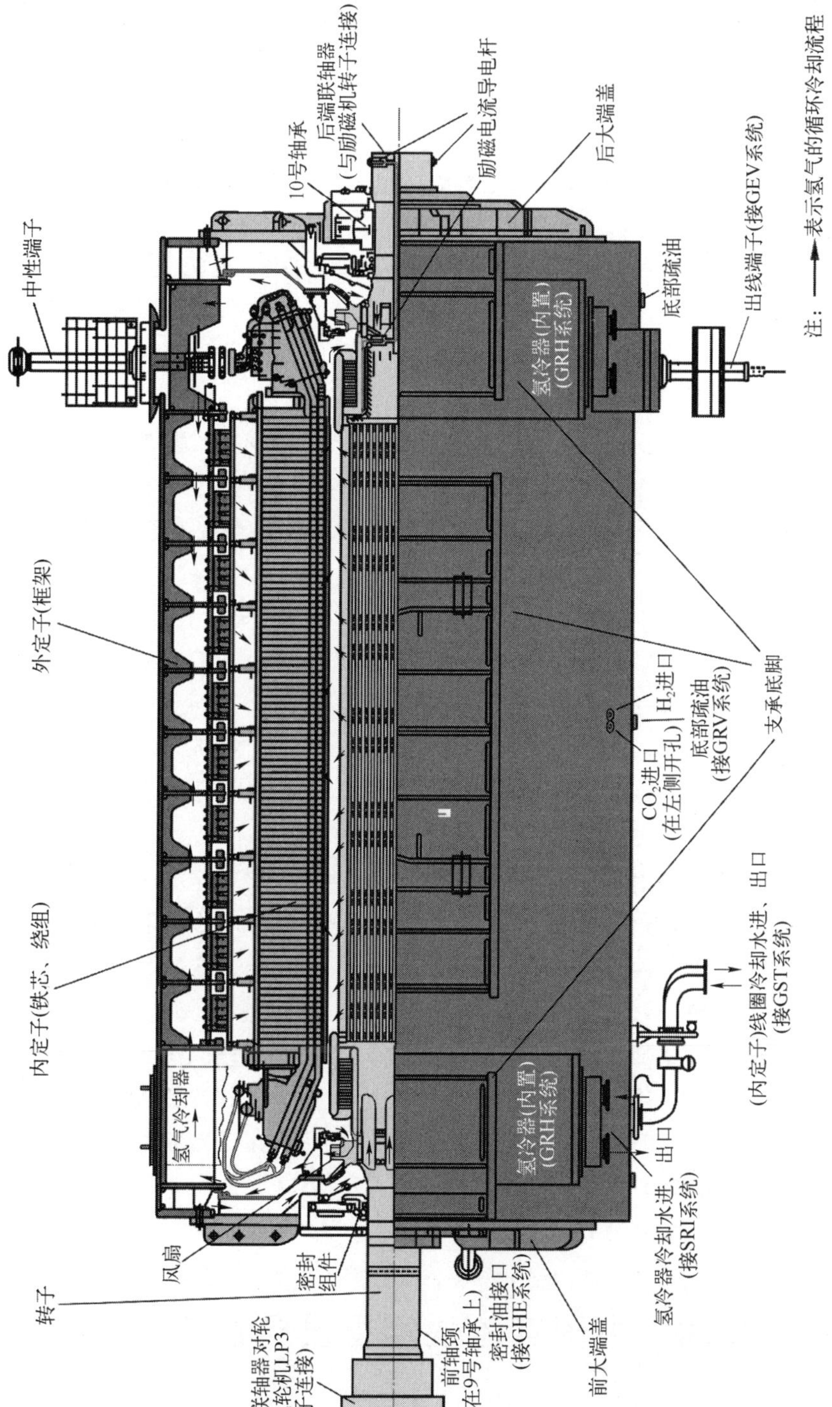

图 8-41　发电机基本结构剖面图

2. 发电机转子

发电机转子由合金钢整体锻造而成。在转子槽内装有励磁绕组，与空槽配重，形成了一对 N—S 磁极。在转子轴的两端各装有一台离心风扇，使氢气循环将励磁绕组、转子铁芯和定子铁芯产生的热量带出，通过氢气冷却器进行冷却。

8.9.3 发电机的辅助系统

大亚湾核电站的发电机的冷却方式是“水－氢－氢”，即定子线圈“水”内冷、转子线圈“氢”内冷、铁芯“氢”外冷的方式。

发电机的辅助系统包括发电机氢气供应系统(GRV)、发电机氢气冷却系统(GRH)、发电机定子冷却水系统(GST)、发电机密封油系统(GHE)、励磁系统和继电保护系统。励磁和继电保护系统详见第 9 章和第 11 章。

1. 发电机氢气供应系统(GRV)

发电机氢气供应系统主要由氢气、二氧化碳、压缩空气供应管道和一些手动阀门组成。其功能是：在发电机启动时，通过中间介质 CO_2 排出发电机内空气而充入氢气；在发电机停机检修时，通过 CO_2 排出氢气而充入空气。选择 CO_2 的目的是避免在充氢或排氢过程中，导致空气与氢气之间的混合而产生爆炸的危险。

2. 发电机氢气冷却系统(GRH)

发电机氢气冷却系统由发电机氢气冷却器、励磁机空气冷却器及有关的管道和设备组成，分为发电机内氢气冷却系统和励磁机内空气冷却系统两个子系统。其功能是利用常规岛闭路冷却水系统的水，冷却发电机内循环的氢气及励磁机内循环的空气，还利用设置在发电机及励磁机内的热电偶，对发电机和励磁机的温度进行连续地监测。

3. 发电机定子冷却水系统(GST)

发电机定子冷却水系统由高位水箱、电动定子水泵、冷却器、电加热器、过滤器、离子交换器、氢气卸放罐以及阀门与管道组成。其功能是通过一个闭式的低电导率水的循环回路，带走发电机定子绕组在带负荷运行时产生的热量。

4. 发电机密封油系统(GHE)

发电机密封油系统由储油箱、油位控制箱、油泵、冷油器、过滤器和调节阀门、聚结器以及回油箱等设备组成，构成了密封系统。发电机密封油系统是依靠密封装置来实现发电机轴端处的密封，它分为空气侧及氢气侧的油路。其功能是防止发电机内冷却用氢气向外泄漏，同时防止氢气受到密封油所带空气的污染，保证了氢气的纯度，此外还能带走运行时密封瓦产生的热量。

8.10 中国实验快堆主发电机介绍

8.10.1 主发电机简介

中国实验快堆的主发电机是哈尔滨电机厂生产的 QF-25-2 型空内冷汽轮发电机。主发电机由汽轮机直接拖动，采用座式轴承，采用自并励静止励磁系统。图 8-42 所示为主发电机外形图。

图 8-42　主发电机外形图

主发电机的技术参数包括额定参数、冷却介质基本参数、发电机各部件允许温升和发电机其他技术参数。

(1) 额定参数：发电机在其冷却介质处于额定温度及流量下的额定技术参数。详见表 8-3。

表 8-3　主发电机额定参数

序号	参数名称	参数值	序号	参数名称	参数值
1	发电机额定容量	31.25 MVA	7	相数	3
2	额定功率	25 MW	8	极数	2
3	额定定子电流	1 718 A	9	功率因数	0.85 滞后
4	额定定子电压	10.5 kV	10	效率	97.8%
5	额定励磁电流	1 372 A	11	频率	50 Hz
6	额定励磁电压	97 V	12	转速	3 000 r/min

(2) 冷却介质基本参数：详见表 8-4。

表 8-4　冷却介质参数

序号	参数名称	参数值	序号	参数名称	参数值
1	总风量	14 m^3/s	5	冷却器水流量	37 m^3/h(台)
2	进风温度	20～40 ℃	6	轴承润滑油量	69 L/min
3	冷却器进水温度	20～33 ℃	7	轴承进油压力	50～80 kPa
4	冷却器数量	4 台	8	轴承进油温度	(45±2)℃

(3) 发电机各部件允许温升:详见表 8-5。

表 8-5 发电机各部件允许温升

序号	参数名称	参数值	序号	参数名称	参数值
1	定子绕组	120 ℃	4	集电环	120 ℃
2	转子绕组平均	110 ℃	5	轴瓦	90 ℃
3	定子铁芯	120 ℃	6	轴承回油	70 ℃

(4) 发电机其他技术参数:详见表 8-6。

表 8-6 发电机其他技术参数

序号	参数名称	参数值	序号	参数名称	参数值
1	总重量	69 t	7	定子绕组出线端子数目	6
2	定子槽数	60	8	短路比	0.59
3	每槽有效导体数	2	9	静过载能力	≥1.7
4	定子绕组接线方式	Y-Y	10	最大扭矩倍数	6.5
5	定子重量	41.3 t	11	转子一阶临界转速	垂直 1 491 r/min 水平 1 691 r/min
6	转子重量	15.1 t	12	转子二阶临界转速	垂直 3 781 r/min 水平 3 316 r/min

8.10.2 主发电机结构

主发电机由静止部件和旋转部件两部分组成。静止部件包括定子、轴承、隔音罩刷架、冷却器、端盖和下罩、座板和测温系统等;旋转部件包括转子。

1. 定子

主发电机定子由定子铁芯、定子绕组和定子机座等组成。

(1) 定子铁芯

定子铁芯由优质硅钢扇形片经绝缘后叠压而成,用定位筋固定在定子机座上,按径向通风要求选用型钢将铁芯沿轴向分成多段,构成沿轴向分布的径向通风道。为了减少涡流和附加损耗,边段铁芯齿部采用阶梯结构,铁芯两端用非磁性钢压指和压圈夹紧,在铁芯出风段适当位置的齿部和轭部装了 Pt100 型电阻测温元件用于监测铁芯温度。

(2) 定子绕组

定子绕组为三相、短距迭绕组,由上、下层线棒和端部弧形引线组成。线棒采用不完全换位新技术,端部线棒的固定采用绑绳与径向支架和多道绑环绑扎结构,槽部线棒采用对打槽楔的固定结构,绕组绝缘采用先进的薄绝缘系统和 VPI 真空浸漆技术,绕组振动极小,并在指定槽内的上、下层线棒之间装有 Pt100 型电阻测温元件用于监测三相绕组温度。

（3）定子机座

定子机座采用优质钢板焊接而成，根据定子多路通风的要求，机座沿轴向隔成5个风区，三出两进，风区隔板之间装焊有通风管道和支撑管，机座下部开有三个出风口与冷却器联通。机座两侧装有与基础把合底脚，底脚螺栓在机座内与基础把合，在机座两侧对应的位置开有操作人口。

2. 轴承

轴承选用座式圆柱瓦轴承，由钢板焊成的轴承座和铸钢浇轴承合金水平分半的轴瓦组成，轴瓦可自动调心，并在下半轴瓦上装有高压顶轴装置和测温装置，轴承的高压油和润滑油均有汽轮机强制循环油系统供给。

3. 隔音罩刷架

隔音罩由玻璃钢材料压制而成，为封闭型箱体式结构，内壁喷涂吸音和阻燃材料，罩两侧装有两个密封式门，门上有视察窗，罩顶有四个采光用的窗子。

刷架由底架和导电板组成，导电板上装配有组合式刷盒，一握四刷，恒压式。可将刷握与导电板分离更换电刷，安全可靠，维护操作方便。

隔音罩内有独立的通风系统，以热套在轴端上的桨式风扇为动力源，净化空气为冷却介质，将带有碳粉的空气排到室外。

4. 冷却器

冷却器能通过水和空气的热交换，带走发电机内损耗。本发电机共四组冷却器，横放于发电机底部的封闭小间内。

5. 大、小端盖和下罩

大、小端盖和下罩均采用高强度玻璃钢材料压制而成，有阻燃和抗电腐蚀能力。大、小端盖垂直左右分半，与机座端面把合后，护住露出基础面上的大半部分的绕组端部，基础面以下的部分由把合到机座上的下罩保护。大端盖上有视察窗，并装备有灭火水管和铸铝的带静风叶的上下分半的导风环，小端盖上装有高压气封环，下罩上开有人孔供安装和检修用。

发电机的出线共6根，采用矩形铜排包绝缘热压成型，上端与弓形引线铜排把合连接，并通过绝缘夹板和出线板固定在励端下罩上。

6. 座板

座板是用来将发电机底脚与基础连接，保证发电机对准中心的重要部件。二次灌浆时，调整好位置与基础浇灌在一起。

7. 转子

主发电机的转子为两极、隐极式结构，由励磁绕组、转轴、护环、集电环、风扇和导电杆等部件组成。

励磁绕组由冷拉含银铜排制成，其槽内部分冲有两排径向椭圆孔，端部铣有凹形槽，凹形槽与槽内径向孔联通。槽衬和匝间垫条及槽底垫条，与线圈对应冲有通风孔，与加工有径向圆形通风孔的不锈钢槽楔，与加工有特殊形状径向通风孔的楔下垫条，一起构成了槽部的副通风系统。端部绕组利用两股铣有凹形槽的铜排组合成矩形通道，进行通风冷却，从端部绕组极心处导风孔进风，从槽部的径向通风孔出风。绕组端部由高强度非磁性钢护环支撑，护环一端热套在转子本体端部且用环键固定，防止轴向位移。护环的另一端与悬挂式中心环热套配合，以控制转子绕组轴向位移和径向变形。

转轴由高强度、高磁导合金钢锻制而成。转轴两端分别加工有轴颈作为轴承的支撑部分，两轴颈之间的主体部分即为转子铁芯。转子铁芯上有对称的两个大齿和两组小齿，大齿作为转子磁极，小齿之间的轴向阶梯槽供嵌放转子绕组和副槽通风用。

转子本体两端分别装有单级桨式风扇，以对机内空气进行强迫循环，其风扇叶由高强度铝合金模锻而成。

两只集电环用于转子绕组馈电，热套在转轴励端端头，以布置在轴中心孔内的导电杆，和径向导电螺钉，以及引线槽内的软铜排及其径向引线螺钉，实现与转子绕组的电路联结。集电环上沿轴向开有斜向通风孔，而且还在励端轴头热套一桨式风扇强迫通风。

8. 冷却器

快堆主发电机采用闭路循环的空气冷却，用空气冷却器冷却闭路循环的空气。空气冷却器使用来自冷却塔的水循环冷却，保证冷却水进口温度不超过 33 ℃，冷却水出口温度不超过 40 ℃，冷却器工作压力不低于 0.17 MPa。

8.10.3 发电机组的运行

1. 发电机组启动条件

(1) 机组相关的土建工程已完工，照明正常；

(2) 发电机组的主辅设备、电气及仪表设备已完成安装工作；

(3) 发电机组的监测、信号及保护装置已完成调试并能投入工作；

(4) 轴承润滑油系统和高压顶轴油系统的冲洗工作已完成；

(5) 空气冷却器通水，冷空气温度在允许范围内；

(6)安全及消防设施完备并可用。

2. 发电机组的启动

(1) 发电机的高压顶轴油系统先投入工作，油腔压力为 11 MPa 时顶起量大于 0.04 mm，转速超过 200 r/min 时，停止顶轴。转子电动盘车冲转升速及定速过程中，必须密切监视轴承振动情况，并用听针听机组内部有无摩擦、碰撞或其他异音，如有异常必须停机检查，排除异常现象。

(2) 发电机组转子转速增长率由汽轮机的启动条件决定，升速时要快速通过临界转速区(临界转速为 1 828 r/min)。

(3) 转子转速达到额定转速后，需测量轴承振动、轴承回油温度及轴瓦温度等相关参数；需检查发电机、变压器与电网相序是否一致，检查空气冷却器循环水情况等。

3. 发电机组的试验

发电机组达到额定转速后，需要进行电气测试工作，内容包括：测量励磁绕组的绝缘电阻值；在转子绕组励磁状态下检查轴承座的对地绝缘；测定空载特性和短路特性曲线；保护装置完成整定并投入运行。

4. 发电机组并网

发电机组达到额定转速，并完成相关的试验后，在保证同步发电机与电网的相序一致，频率相同，励磁电动势与电网电压的幅值、相位、波形相同的前提下，使用自动同步装置将机组并入电网。

5. 发电机组的试运行

发电机组并网带上负荷后，发电机的主、辅设备需进行 168 h 的综合试运行。

8.11　中国实验快堆柴油发电机介绍

8.11.1　柴油发电机简介

中国实验快堆采用的柴油发电机组是上海科泰电源股份有限公司生产的，型号为 KM1000E 的四台柴油发电机，两台为应急柴油发电机，由应急电源供电，另两台为可靠柴油发电机，由可靠电源供电。柴油发电机如图 8-43 所示。

图 8-43　柴油发电机外观图

柴油发电机组的技术参数见表 8-7。

表 8-7　柴油发电机组技术参数

序号	参数名称	参数值	序号	参数名称	参数值
1	额定功率	728 kW	5	额定电压	400/230 V
2	备用功率	800 kW	6	额定电流	1 443 A
3	功率因数	0.8 滞后	7	额定频率	50 Hz
4	额定转速	1 500 r/min			

每台发电机组由四部分构成：柴油机、发电机、机组底座和控制系统。柴油机是发电机组的动力来源，是用来将燃料的热能转变为机械能的机器。发电机选用史丹福同步无刷发

电机，采用 AVR 电子自动电压调节器，电压稳定，维护简单。机组底座采用一体化机底燃油箱，安装使用方便。控制系统采用 8800 控制模块。

8.11.2 柴油发电机结构及工作原理

1. 柴油机的结构及工作原理

柴油机的结构主要包括机体和曲轴连杆机构。机体由汽缸盖、汽缸体、曲轴箱组成。

柴油机是内燃机的一种，将柴油喷射到汽缸内与空气混合，燃烧得到热能转变为机械能的热力发动机。即依靠燃料燃烧时的燃气膨胀推动活塞作直线运动，通过曲柄连杆机构使曲轴旋转，从而输出机械功。

柴油机是四冲程的工作循环，即进气冲程、压缩冲程、膨胀冲程和排气冲程。活塞在汽缸中移动时，活塞在汽缸中的最高位置称为上止点；活塞在汽缸中的最低位置称为下止点。

(1) 进气冲程：活塞从上止点向下止点移动，目的是吸入新鲜空气为燃烧做好准备，此时进气门打开，排气门关闭。活塞到达下止点时进气门关闭，进气冲程结束。

(2) 压缩冲程：活塞从下止点向上止点移动，此时上下气门关闭，气缸内空气受压缩，温度、压力提高，为燃烧提供了条件，活塞到达上止点时压缩冲程结束。

(3) 膨胀冲程：在压缩冲程结束前，喷油器将燃油喷入气缸与空气混合，形成可燃气体并自燃，产生高温、高压气体，推动活塞向下止点运动并带动曲轴旋转做功，活塞到达下止点时，气缸内压力下降，直至排气门打开。

(4) 排气冲程：做功结束后，气缸内的气体已成为废气，活塞从下止点向上止点运动，排气门打开，进气门关闭，活塞将废气排出气缸，到达上止点时，排气冲程结束。

排气冲程结束后，排气门关闭，进气门又打开，重复进行下一个循环，周而复始不断对外做功。

2. 发电机的结构及工作原理

发电机的主要结构包括定子和转子。其中，定子绕组的节距为 2/3，可使机组达到最佳运行性能。发电机的工作原理详见 8.1 节。

发电机定子通过 AVR(电压调节器)，为励磁机磁场提供励磁电源。

AVR 是调节励磁机磁场励磁电流的控制装置，AVR 根据来自主机定子的电压感应信号作出反馈，通过控制小功率的励磁机磁场，调节励磁机电枢的整流输出功率，从而达到控制主机磁场电流的目的。

提供励磁机磁场的励磁源由 PMG(永磁发电机)系统提供。PMG 系统提供一个与定子负载无关的恒定励磁电源，使发电机可提供较高的启动电动机能力，并不受由非线性负载产生的主机定子输出电压的波形畸变的干扰(例如可控硅直流电动机负载)。

8.11.3 柴油发电机的辅助系统

1. 燃油系统

燃油系统由油箱、输油泵、机油滤清器、喷油泵、喷油器组成。其作用是按照柴油机工作过程的需要，将一定数量的柴油，在一定的时间内以一定的压力使柴油雾化喷入汽缸，与压缩空气形成均匀的可燃混合气而燃烧。

2. 润滑系统

润滑系统由滑油泵、滑油滤清装置、滑油冷却装置、滑油管路组成。其作用是将润滑油供给运动件的摩擦表面以减少摩擦阻力，减轻机件的磨损，并部分地冷却摩擦零件；清洁和冷却摩擦表面；提高活塞环和汽缸壁间的密封性能；防止所有运动件锈蚀。

3. 冷却系统

冷却系统由水泵、散热器(水箱)、风扇、分水管、机体、缸盖内的水套、恒温阀组成。其作用是将承受高热机件的热量散到大气中去。

4. 调速系统

调速系统由电子调速机构或机械调速组成。其作用是启动马达时，电磁阀将调速器油门拉到适当位置，向气缸供油燃烧，使气缸着火转动。

8.11.4　柴油发电机的运行

1. 柴油发电机组的启动条件

(1) 确认油箱油位、润滑油量正常，冷却水量正常，电池电压正常。

(2) 打开进回油管阀门，闭合电池开关，打开水套加热器进回水管阀门，确认手动输油泵回位。

(3) 检查风扇、飞轮内是否有异物，检查机组上有无异物，机房内有无易被风刮飞的东西。

2. 柴油发电机组的启动

确认柴油发电机组具备启动条件后，进行相关操作，使停机电磁阀吸合，电子调速器、马达得电转动。接到启动命令即可就地启机。

3. 柴油发电机组的运行

柴油发电机组启动后，在运行过程中，应观察转速、电压、油压、水温是否正常；有无漏柴油、漏机油、漏防冻液、漏气、漏烟现象；有无异常声响，异常味道；机组排烟是否正常(稳定运行 3 min 后应为无色)。

第9章 同步发电机的励磁系统

9.1 发电机励磁系统的作用和要求

9.1.1 励磁系统的主要作用

励磁机向同步发电机的励磁绕组提供直流电流。为了改善稳定性，由发电机端部引出一个反馈回路，用以控制励磁电流。包括励磁机和反馈控制器在内的系统通常被称为励磁系统。

励磁系统的主要作用有：

(1) 根据发电机负荷变化相应地调节励磁电流，以维持机端电压为给定值；

(2) 控制并列运行各发电机间的无功功率分配；

(3) 当系统发生扰动和故障时，提高发电机并列运行的静态稳定和暂态稳定；

(4) 在发电机内部出现故障时，快速灭磁以减小故障损失程度。

9.1.2 励磁系统的暂态性能指标

评价励磁系统对严重的暂态过程(涉及电力系统暂态稳定的暂态过程)所表现的性能，常用的重要技术指标有：强行励磁顶值电压倍数、励磁电压上升速度(电压响应比)、励磁电压上升响应时间。

1. 强行励磁顶值电压倍数

强行励磁顶值电压倍数，用于衡量励磁系统的强励能力，指在强励作用下励磁功率单元输出的最大励磁电压倍数(顶值电压 U_{Fmax} 与额定励磁电压 U_{FN} 的比值)。可用下式表示：

$$K_u = \frac{U_{Fmax}}{U_{FN}} \tag{9-1}$$

其中，K_u——稳态顶值电压倍数，又称强励倍数，一般为 1.5～2 倍，倍数越高，越有利于电力系统的稳定运行。

2. 励磁电压上升速度——电压响应比

励磁电压上升速度是励磁系统重要性能指标之一。目前一般采用励磁机等效时间常数来确定励磁电压上升速度。

3. 励磁电压上升响应时间

励磁电压上升响应时间是一个反映响应速度快慢的指标。其定义为：励磁电压从额定值 U_{FN} 上升到 95% 顶值励磁电压 U_{Fmax} 的时间。响应时间 $\leqslant 0.1$ s 的励磁系统，通常称为高起始响应励磁系统。

9.1.3 励磁系统的基本要求

(1) 励磁单元应有足够的容量，以满足发电机正常或故障各种工况下的需要。

(2) 保证发电机运行可靠性和稳定性。

(3) 应能维持发电机端电压恒定并保证一定的精度和并联机组间稳定分担无功。

(4) 具有一定的强励容量。

(5) 在欠励区域保证发电机稳定运行。

(6) 对于机组过电压、过磁通具有保护作用。

(7) 对于机组振荡能提供正阻尼,改善机组动态稳定性。

9.2　发电机励磁系统的构成和基本原理

9.2.1　发电机励磁系统的构成

励磁系统是同步发电机的重要组成部分,它是供给同步发电机励磁电源的一套系统。励磁系统一般由两部分组成,如图 9-1 所示。

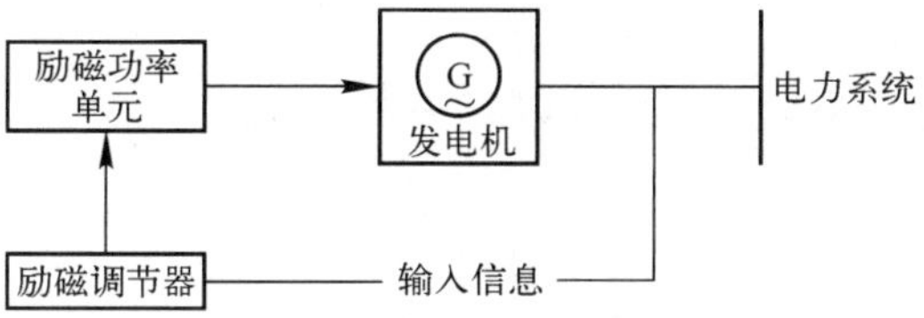

图 9-1　励磁系统构成框图

一部分用于向发电机的转子绕组提供直流励磁电流的励磁电源部分,通常称作励磁功率输出部分(或称励磁功率单元)。

另一部分根据控制要求的输入信号和给定的调节准则控制励磁功率单元输出,在正常运行或发生故障时调节励磁电流,以满足安全运行的需要,通常称作励磁控制部分(或称励磁控制单元或励磁调节器)。

由励磁调节器、励磁功率单元和发电机本身一起组成的整个系统称为励磁控制系统。

9.2.2　发电机励磁系统的基本原理

正常运行情况下,发电机的励磁调节是通过励磁调节器进行的。接在发电机端的电压互感器和电流互感器将发电机的电压、电流信号作为输入信息引至自动励磁调节器。当发电机端电压和无功功率发生变化时,调节器测量出这些电压和功率的变化,通过调节器的控制回路从而使励磁功率单元输出的电流发生改变,从而改变发电机的励磁电流,起到自动调节发电机端电压和无功输出的作用。

当发电机无功输出增加,引起发电机电压下降时,调节器控制回路发出信号给励磁功率单元,使发电机励磁电流增大,发电机电压回升,最后稳定在给定水平。发电机端电压升高时,调解器作用相反。

当电力系统发生突然短路或突增负荷时,发电机端电压突然下降和定子电流突然增加。调节器控制回路发出相应信号给励磁功率单元,使发电机进行强行励磁。发电机甩负荷时,端电压突然升高,调节器相应控制励磁功率单元,使发电机进行强行减磁,从而有效地抑制发电机的电压升高。

9.3 发电机的调压特性和机组间无功功率分配

电力系统的电压调节和无功功率分配密切相关。调整发电机母线电压水平是电力系统调压的一个重要手段。当系统调度给定了发电厂母线电压曲线或无功负载曲线后，保证维持给定的母线电压水平和稳定合理地分配机组间的无功功率，就是各个机组自动励磁调节装置的任务。机组间能否合理稳定地分配无功功率，与发电机的调压特性直接有关。

9.3.1 发电机的调压特性

发电机正常运行时，由于在同步电抗 X_d 上产生压降，若保证系统电压的质量，同步发电机都装有自动励磁调节器，它能根据端电压的变化，自动调节励磁电流，使发电机电压保持给定水平或基本不变。

发电机负荷变化时，端电压的变化主要是由定子电流无功分量 I_Q 变化引起，所以通常以发电机端电压 U_G 随无功电流 I_Q 的变化，即 $U_G=f(I_Q)$ 特性曲线，来分析带自动励磁调节器的发电机电压调节问题，并称 $U_G=f(I_Q)$ 特性曲线为发电机的电压调节特性(亦称调压特性)，如图 9-2 所示。

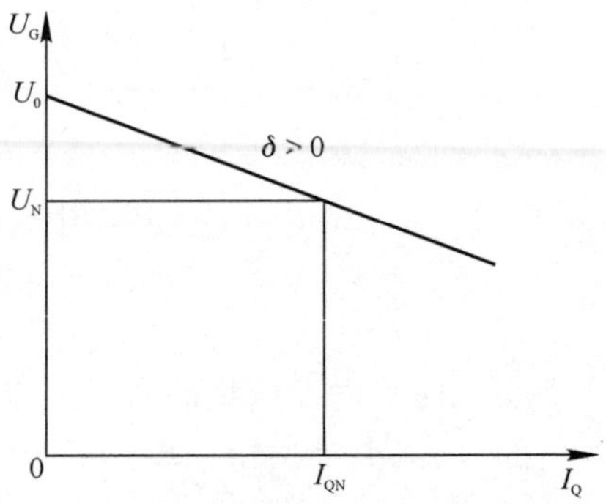

图 9-2 发电机电压调节特性曲线

图 9-2 为具有下倾直线的发电机电压调节特性。特性曲线 $U_G=f(I_Q)$ 的倾斜度通常用调差系数 δ 表示。调差系数 δ 定义为：当负荷电流的无功分量 I_Q 从零增加到额定值 $I_{QN}=I_G\sin\phi_N$ 时，发电机电压的相对变化值，即

$$\delta=\frac{U_0-U_N}{U_N}\times 100\% \tag{9-2}$$

其中，U_N——发电机额定电压(与 I_{QN} 相对应)；

U_0——发电机空载电压。

发电机的调压特性分为三种类型，发电机端电压随无功电流增大而降低的，$\delta>0$ 称正调差特性；发电机端电压随无功电流增大而升高的，$\delta<0$ 称为负调差特性；发电机端电压不随无功电流变化，而一直保持不变的，$\delta=0$ 称为无差特性。前两种统称为有差特性。

9.3.2 机端并联运行机组间无功功率的分配

1. 正调差特性的发电机并联运行

当机端母线负荷无功电流变化时，各台发电机无功电流变化量与各台发电机的调差系数 δ 成反比。由于机端母线上总无功负荷按机组容量大小成比例地分配给各台发电机，因此要求并联运行的发电机有相同的调差系数。

2. 无差调节与有差调节机组并联运行

无差调节特性的发电机将承担全部无功功率变化量，使机组间的无功功率分配不合理，

故一般不采用这种运行方式。

3. 两台无差调节特性的机组不能并联运行

母线总无功负荷在两台发电机之间不能稳定地分配，并可能导致一台发电机迟相运行，另一台发电机进相运行。

4. 负调差特性机组在机端并联运行

两台发电机间有确定的负荷分配，若负调差系数相同，机组间的无功功率分配也能合理分配。

负调差系数机组并联运行与正调差系数机组并联运行比较，两者不同之处是：当机端总无功负荷增大时，前者使母线电压升高，而后者使母线电压降低。

当系统总无功负荷变化时，为了在并联运行的各台发电机之间合理地分配无功负荷，各台发电机的调差系数应相同；为了既合理又稳定地分配并联运行的各台发电机所带的无功负荷，各台发电机的调差系数不应为零或接近于零。

9.3.3 发电机经升压变压器后并联工作时的无功功率分配

图 9-3 表示两台发电机 G_1 及 G_2 分别经双绕组升压变压器 T_1 及 T_2 在高压侧母线上并联运行。假定两台发电机的调差系数均为零，同时忽略发电机和升压变压器的电阻，只考虑电抗，因此，从母线侧看，每一发电机-变压器组电源接线等值机具有正调差特性。

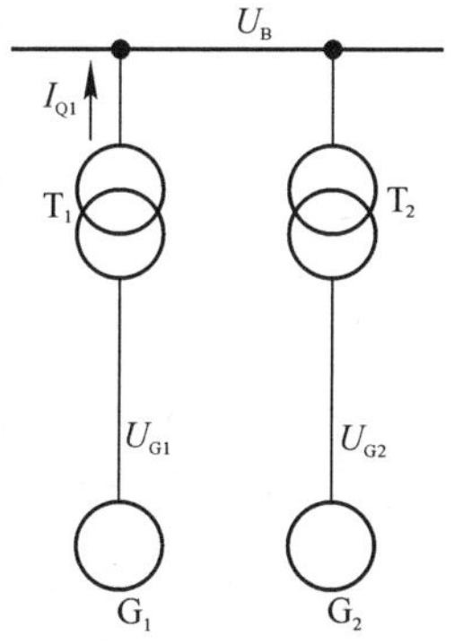

图 9-3 发电机经升压变压器后并联工作时无功功率分配

发电机经升压变压器在高压母线上并联运行时，即使发电机是无差特性，也能保证各发电机间无功负荷分配的稳定性，但系统总无功改变时，高压侧母线电压 U_B 仍随无功负荷的变化较大，因此，为了保证高压母线电压维持在所希望的水平上，即补偿负荷电流 I_Q 在变压器电抗 X_T 上的压降，要求发电机具有适当的负调差系数。发电机负调差系数的取值与变压器的漏抗压降有关，要使发电机-变压器组单元的调差特性，即变压器高压侧母线上的调差特性 $U_B=f(I_Q)$ 适当向下倾斜，具有一定的正调差系数，以保证机组间无功分配的稳定性。

为使并联运行于高压母线上的发电机-变压器组单元合理地分配无功负荷，则它们（各单元等值机）应具有相同的调差系数。所要求的调差系数值需通过各发电机本身的自动励磁调节装置中的调差单元的调整特性来达到。

9.4 大亚湾核电站同步发电机励磁系统介绍

9.4.1 励磁系统的构成和运行特点

1. 励磁系统的构成

发电机采用了无刷励磁系统，其原理如图 9-4 所示。励磁系统的主要设备包括主励磁机，副励磁机，旋转整流器，自动励磁调节器和灭磁装置。从图中可以看出，主励磁机的电枢、二极管整流器和副励磁机转子都是旋转部件（安放在励磁机转轴上），运行时随发电机转子一起旋转。整流器的输出直接接到发电机励磁绕组上，不需经过碳刷和滑环，运行可靠性高，维护工作量小，但旋转整流器在线故障检测需要通过特殊的方法来实现。发电机转子回路运行参数（电流、电压、温度等）不能直接测量，需采用特殊方法测量和监视。

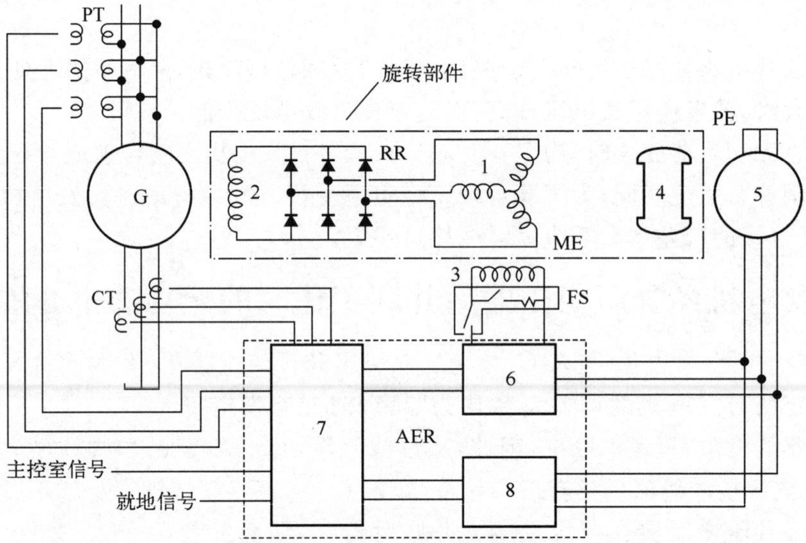

图 9-4 无刷励磁系统原理图

G—主发电机；ME—主励磁机；PE—副励磁机；RR—旋转整流器；PT—电压互感器；CT—电流互感器；AER—自动励磁调节器；FS—灭磁装置；1—主励磁机电枢；2—发电机励磁绕组；3—主励磁机励磁绕组；4—副励磁机转子；5—副励磁机定子；6—可控硅整流器；7—控制回路；8—电源装置

2. 无刷励磁系统的运行特点

（1）无刷励磁系统的主要优点是发电机励磁回路中取消了发电机的大电流的滑环和碳刷，运行可靠性高，维护工作量小。

（2）发电机转子回路运行参数（电流、电压、温度等）不能直接测量，需采用特殊方法测量和监视。

（3）旋转整流器在线的故障检测也要通过特殊的方法来实现。

9.4.2 励磁系统的主要部件简述

无刷励磁系统是由交流励磁机，旋转整流器，副励磁机、可控硅整流器以及励磁调节器组成。励磁系统各部件的连接关系如图 9-5 所示。

1. 主励磁机

主励磁机为一 200 Hz 交流发电机，电枢绕组接成星形，其出线通过安装在轴上的交流引线接到旋转整流器上。主励磁机定子铁芯上共有 8 个磁极，并沿水平中心线可分成上下两部分，便于安装和拆卸。

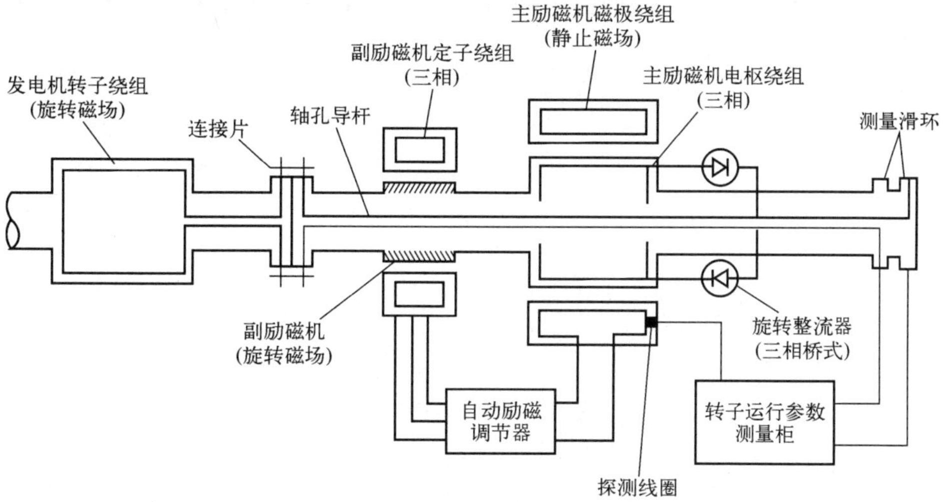

图 9-5　励磁系统各部件之间电气连接示意图

2. 副励磁机

副励磁机为一 400 Hz 永磁发电机，其转子上装有 16 个永磁磁极，定子绕组接成星形。为便于拆卸，定子水平中心线部位可以分半。副励磁机不仅做为主励磁机的电源，同时也兼作自动励磁调节器的电源，转子与发电机转子同轴旋转，在其转子上装有永久磁铁。

3. 旋转整流器

旋转整流器由两个整流环组成，即正极整流环和负极整流环，热套在励磁机转轴上，两个整流环之间相互绝缘并与转轴绝缘，正极整流环上所有二极管都是阳极型，而负极整流环上所有二极管都是阴极型。每个整流环上都装有 3 个二极管底座，每个底座装有 5 个二极管组建，它们并联构成一个整流桥臂。两个整流环共有 6 个底座组成三相桥式接线。

4. 励磁调节器

大亚湾核电站 900 MW 全速发电机，配置了快速励磁的 ZVA 型双通道自动励磁调节器。该调节器具有完全相同的调节通道（通道 A 和 B），在正常情况下两个通道为并联运行，共同分担主励磁机的励磁电流。两个通道的输出电流由电流均衡电路保持一致。当其中一个通道退出运行时，另一通道可以单独运行并提供主励磁机的全部励磁电流。

调节器设有手控励磁回路，供调试、启动和两个通道的自动控制回路发生故障时使用。

调节器的控制（自动、手控切换等），保护和指示由继电逻辑线路实现。

9.5　实验快堆同步发电机励磁系统介绍

9.5.1　励磁系统的构成和基本原理

1. 励磁系统的构成

发电机采用了自并励式可控硅整流器静止励磁系统，其原理如图 9-6 所示。励磁系统的主要设备包括励磁变压器ET、微机励磁调节器、可控硅整流器BR1和BR2、灭磁及转子过压保护装置。

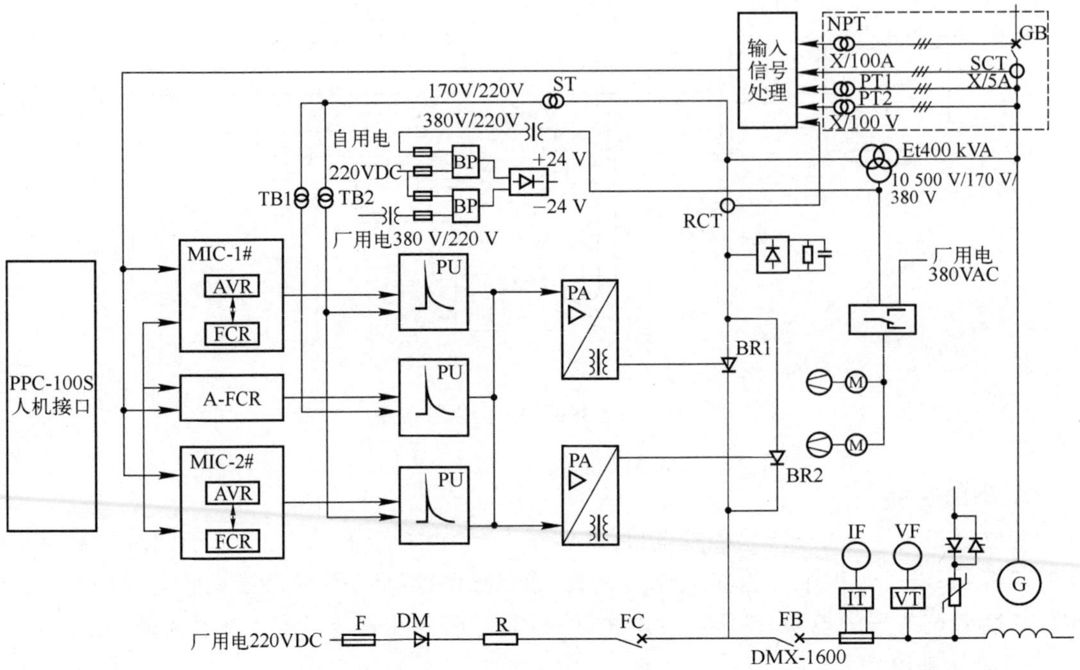

图 9-6　励磁系统原理图

CEFR励磁系统由励磁调节屏(EP1)、整流屏(EP2、EP3)、灭磁及过压保护屏(EP4)组成，安装在03子项发电机平台上。励磁变压器安装在03子项发电机出线小室中。

2. 励磁系统的基本原理

正常运行情况下，发电机的励磁调节是通过HWLT-4型微机励磁调节器来完成的。接在发电机端的电压互感器和电流互感器将发电机的电压和电流信号输入到励磁调节器。当发电机的端电压和功率发生变化时，励磁调节器能够测量出这些变化，通过调节器的控制回路改变整流器的可控硅导通角，从而改变整流器可控硅的输出电流，即改变了发电机励磁绕组的励磁电流，起到了改变发电机端电压和功率输出的作用。

当电力系统发生突然短路突增负荷时，发电机端电压突然下降和定子电流突然增加，调节器控制回路使可控硅的控制角迅速减小，可控硅处于全开放状态，对发电机进行强行励磁。发电机甩负荷时，端电压突然升高，控制回路使可控硅控制角迅速增大，可控硅处于逆变状态对发电机进行强行减磁，从而有效地抑制发电机的电压升高。

当发电机内部出现短路时，由继电保护动作，通过控制回路使可控硅处于逆变状态，发电机的励磁电流迅速下降，随后灭磁装置动作，将可控硅输出回路切断，并将发电机的励磁绕组短接在灭磁电阻上，励磁电流最后逐渐下降至零。

9.5.2 励磁系统的主要部件

1. 励磁变压器

采用干式三相变压器作为发电机转子绕组的励磁电源，其相应参数如下所示：

型号：SCR400 干式三相变压器；

频率：50 Hz；

额定容量：400 kVA；

电压等级：10 kV；

绝缘等级：F 级；

接线方式：Y/d-11y0；

阻抗压降：6%；

原副边电压：10 500 V/170 V/380 V。

2. 可控硅整流器

三相全控桥式整流电路的每一支臂上元件串、并联数均为 1，可控硅元件型号为 KP2 000 A/1 600 V。

采用双整流桥并联运行，其中一桥退出运行后，仍能保证机组包括强励在内的一切工况。

整流器冷却风机由双路电源供电，正常情况下风机运行于厂用电，事故状态下自动由厂用电切至自用电。

3. 灭磁及转子过压保护

氧化锌非线性电阻器与可控硅组成的跨接器给发电机转子提供过电压放电通路。转子过电压动作整定值为 1 050 V(峰值)。

正常停机时采用可控硅逆变灭磁。事故停机时保护动作灭磁开关，由 DMX-1600/2 型灭磁开关加非线性电阻器释放转子储存的能量。灭磁时间为 3 s。

4. HWLT-4 型微机励磁调节器

(1) 基本工作原理

HWLT-4 型微机励磁调节器是以 PC 总线工控机为核心的一种新型微机励磁调节器，由两套独立的微机控制通道和一套独立的模拟控制通道组成。每个微机通道分为两个环：电压环和电流环。模拟通道为电流环。电压环是取自发电机端电压信号进行闭环的，电流环则取转子电流信号进行闭环。

工控机根据采入信号进行判断，如果条件具备即进入调节程序。为保证调节的快速性，系统连续采样，在一个工频周期内完成各种运算。对于电压环来说，对发电机端电压与给定值的差值进行 P、PI 或 PID 运算；对于电流环来说，对转子电流与给定值的差值进行 P、PI 运算。在正常调节的同时进行各种限制、保护的判断并完成各种功能，其中包括对操作回路的控制。操作回路的各种动作由工控机与继电器共同控制完成。

两套微机通道和模拟通道，在正常情况下同时运行，但只有一套能发出控制信号，其他通道则处于热备用状态，其给定及在线参数处于跟踪工作状态。在线通道一旦发生故障，经 60 ms 延时后热备用者立即自动投入，这时热备用者发出控制信号，而原通道发出的控制信号被闭锁。当两套微机自动通道都发生故障时，模拟通道就自动投入，该通道完全独立于自动通道，是一个能够独立工作的备励。

(2) 调节器的硬件组成和特点

1) 采用基于 PC 总线 MIC-2000 工控机

该工控机是面向工业过程实时控制的优选主流机型，具有 INTEL32 微处理器作信息处理，实时快速。开放式的模块化结构，维护简单，升级方便。

2) 采用 PPC-100S 平板电脑作为人机接口单元，它具有以下特点：

· 高分辨率彩色液晶显示；

· 触摸屏输入；

· 实时提供系统信息；

· 在线调整系统参数；

· 过程数据信息记忆。

3) 先进的冗余容错结构

HWLT-4 型微机励磁调节器综合了静态冗余容错系统和动态冗余容错系统的特点，采用了混合冗余容错技术，在硬件上可灵活构成双通道混合冗余容错系统和三通道混合冗余容错系统。构成的方法是：

· 通道输入并联；

· 通道输出并联；

· 冗余通道间信息通讯接口对接；

· 输出开关互锁信号对接。

软件会自动识别冗余通道，进行信息交流和容错运行。三通道混合冗余容错系统有三个并行的功能模块组成，每个模块都具有独立完成系统功能的能力。模块 1 和模块 2 具有相同的功能结构，为微机通道，通过通讯连接。模块 3 为模拟通道，通过跟踪与模块 1 和模块 2 连接。每个模块的输出经独立控制的输出开关连接到系统的输出端，输出开关由该模块的硬件监控器控制，输出开关之间设有互锁逻辑，可以保证在任意的一个瞬间只能有一个输出开关闭合。

硬件监控器监视自己模块的运行情况，它完成以下任务：

· 掉电退出；

· 死机退出；

· 故障退出。

这种方式将其他的模块作为提醒，执行对故障的智能诊断，避免由于“盲从”带来的系统故障；在故障情况下，在线模块自动退出，而不是自动切换，冗余模块根据情况判断是否能够接替工作，转为在线模块。它能够有效地避免由于切换带来的不可靠因素，并对故障进行快速处理。

4) 高可靠性电源

为使工作电源可靠，HWLT-4 型微机励磁调节器采用了专用集成一体化电源 4NIC-FD240 为调节器供电，每个电源由交流和直流两路输入，它们分别来自三种独立的电源：

· 厂用电 220V AC；

· 自用电 220V AC；

· 厂用电 220V DC。

5）输出多级闭锁

为了防止模块之间的输出信号互相干扰，除了使用硬件监控器逻辑闭锁以外，输出级还具有更可靠的隔离措施。

6）具体配置

- MIC-2000/11 工控机箱，平均无故障率为 25 000 h 以上；
- MIC2340 中央处理单元，CPU80486DX4-100 MHz，32 M 内存，2 个串行口和 1 个并行口；
- MIC-2718 模拟量输入（AI），12 位 A/D 转换精度；
- MIC-2728 模拟量输入（AO），12 位 D/A 转换精度；
- MIC-2730 开关量输入（DI），输入电压 0～30 V DC；
- MIC-2750 开关量输入（DO），输出电压 5～40 V DC；
- PCM-3820 电子盘；
- HEC-01 计数定时及监控；
- 外围模块：输入信号调理，模拟手动通道及同步、移相和脉冲发生，脉冲放大器及隔离。

7）接口信息

- 输入信息

模拟量：发电机端电压、发电机端电流、A/FCR 控制电压、励磁电流、励磁电压、磁场电流、磁场电压、系统电压、机组频率、功率因数。

开关量：磁场开关状态、发电机开关状态、各控制通道运行状态（多路）、整流装置运行状态（多路）、远方控制信号（多路）、故障复位。

- 输出信息

模拟量：控制电压。

开关量：起励控制信号、磁场开关操作信号、整流装置工作信号（多路）、限制动作、故障报警信号、运行状态远方指示信号（多路）。

- 数字通讯信息

微机通道间信息交换、微机通道与智能监控系统信息交换、调节器与手提电脑信息交换、调节器与遥控系统信息交换、维护整定信息。

（3）励磁调节器的控制系统（软件）

HWLT-4 型微机励磁调节器采用了高可靠智能控制策略，它主要包括控制器、跟随器和监控器三部分。

1）控制器

控制器包括了发电机现代励磁系统的各种控制功能，励磁调节器含有四种控制方式：自动电压调节方式 AVR、磁场电流调节方式 FCR、恒无功调节方式和恒功率因数调节方式。

自动电压调节方式 AVR：AVR 控制方式为常规调节模式，它以发电机端电压作为反馈量进行闭环调节（采用 PI 控制算法）。在 AVR 控制方式下励磁调节器具有以下功能：

- 为了加快同期并网速度，可选择系统电压跟踪功能；
- 为了保证并网机组之间的合理的无功分配，具备无功补偿功能；
- 为了提高电力系统的稳定性具备电力系统稳定器校正控制功能；

- 为了保证励磁系统和机组的安全，设有欠励限制、伏特赫兹限制、转子电流限制、定子电流限制功能；
- 为了保证调节器可靠工作，设有PT断线、脉冲丢失等保护功能。

磁场电流调节FCR：FCR控制方式以转子电流作为反馈量进行闭环调解，采用PI控制算法。在电压反馈量测量发生故障时，调节器由AVR控制方式自动切换至FCR控制方式。在正常情况下，可由AVR控制方式手动切换至FCR控制方式。

恒无功调节：恒无功控制方式设定为只能在AVR方式下投入，它是通过修改AVR的电压给定而使无功功率保持为给定常数值来实现。

恒功率因数调节：恒功率因数控制方式设定为只能在AVR方式下投入，它是通过修改AVR的电压给定而使功率因数保持为给定常数值来实现。

2）限制器

本调节器提供四种限制功能：定子电流限制、磁场电流限制、欠励限制和伏特赫兹限制。

定子电流限制：定子电流限制是一种延时限。它通过限制定子电流来防止发电机过载。无论发电机处于迟相运行还是进相运行的状态，都要进行限制。它可提供定时限和反时限两种限制判断。

- 定时限：它根据定子电流连续过载的时间来判断限制器是否动作，启动电流1.05 I_{gn}（I_{gn}：额定定子电流）。
- 反时限：它根据定子电流过载的时间、大小加以累加的值来判断限制器是否动作，启动电流1.05I_{gn}（I_{gn}：额定定子电流）。
- 恢复时间：当定子电流限制动作后，调节器处于限制工作状态，此时启动恢复时间定时器，在规定的时间内，禁止定子电流再次越限，恢复时间设定：180 s。

磁场电流限制：磁场电流限制分为瞬时限和延时限两种。

① 瞬时限：它对磁场的电流的顶值加以限制。通过限制磁场的电流来阻止发电机的转子过载。限定值整定：空载——1.105I_{fo}（I_{fo}：气隙线上空载额定磁场电流），负载—2.0 I_{fn}（I_{fn}：负载额定磁场电流）。

② 延时限：延时限是通过限制磁场电流来阻止发电机转子过载，它可以提供定时限和反时限两种限制判断：

- 定时限：它根据磁场电流连续过载的时间来判断限制器是否动作。启动电流：1.105I_{fn}，定时时间：20 s。
- 反时限：它根据磁场电流过载的时间、大小加以累计的值进行判断限制器是否动作，启动电流：1.1I_{fn}，计时时间：根据反时限特性曲线累加计算。
- 恢复时间：当磁场电流限制动作后，调节器处于限制工作状态，此时启动恢复时间定时器，在规定的时间之内，禁止磁场电流再次越限，定时时间：180 s。

欠励限制：当发电机进相运行时，将从系统吸收感性无功功率。为了防止发电机励磁电流降低到破坏静态稳定运行的程度，必须对励磁电流的下限值，相应的发电机的最大进相无功功率或无功电流加以限制。限定值是根据同步发电机静稳态条件下的功率曲线图来整定的。

伏特赫兹限制：当发电机频率下降或机端电压陡升时，为了避免发电机以及与之连接的变压器铁芯饱和，造成永久性损坏，装设伏特赫兹限制器是必要的。当V/Hz下降至整定值时，它就开始动作，将励磁电流减少到允许值。

3）调差

正调差：用于完成在发电机母线上并联运行的发电机组之间合理稳定的无功功率分配。整定范围：0%～15%，最小挡距：1%。

负调差：在升压变压器的高压母线上有并联运行的发电机组，为了保证其在高压母线上机组之间应能合理稳定地分配无功功率，要求发电机具有负的调差系数，调差系数的选择与变压器的漏抗压降有关。负调差可以部分补偿无功电流在变压器的漏抗中的压降，所以又叫做电流补偿环节。整定范围：－15%～0%，最小挡距：1%。

9.5.3　励磁系统的主要技术参数

CEFR 励磁系统的主要技术参数如表 9-1 所示。

表 9-1　CEFR 励磁系统的主要技术参数表

参数	参数值	参数	参数值
额定有功功率	25 MW	定子电压	10.5 kV
定子电流	1 718 A	额定励磁电压	97 V
额定励磁电流	1 372 A	空载励磁电压	31.1 V
空载励磁电流	492 A	转子空载时间常数	8.38 s
变压器容量	400 kVA	整流变压器二次电压	170 V
强励电流倍数	2	频率	50 Hz
功率因数	0.8	转子直流电阻	0.059 Ω
短路励磁电流	832.54 A	短路比	0.56
转子 CT 变比	1 500/5 A	定子 CT 变比	3 000/5
定子 PT 变比	10 000/100 V	最大连续输出电流	1 509 A
最大连续输出电压	106.7 V	强励顶值电压倍数	2
强励时的顶值电流	2 744 A	强励持续时间	不小于 10 s
电压调节精度优于	0.5%	自动电压调整范围	80%～110%
手动控制调节范围	20%～110%		

第10章 电动机

10.1 直流电动机的用途、基本结构

10.1.1 直流电动机的用途

把机械能转变为直流电能的电机是直流发电机;反之,把直流电能转变为机械能的电机是直流电动机。

直流电动机在许多传动性能要求高的场合占有重要地位,如电车、电气铁道牵引等方面,在快堆换料设备上也有使用,如:换料机、装卸料提升机等。采用直流电动机主要是基于其具有以下突出的优点:

(1) 调速范围广,易于平滑调速;

(2) 启动、制动和过载转矩大;

(3) 易于控制,可靠性较高。

直流电动机多用于对调速要求较高的生产机械上,如轧钢机、电车、电气铁道牵引、挖掘机械、纺织机械等。在快堆换料设备上也有使用,如:换料机、装卸料提升机等。

直流电动机的主要缺点是换向问题,它限制了直流电机的极限容量,又增加了维护的工作量。为了克服这个缺点,许多人在研究交流电动机的调速,在某些调速场合可以替代直流电动机。

10.1.2 直流电动机的基本结构

直流电机主要由定子(固定部分)和转子(转动部分)两大部分组成。定子用来安置磁极和作电机的机械支撑,它包括主磁极、换向极、机座、端盖、轴承等,静止的电刷装置也固定在定子上。转子上用来感应电动势而实现能量转换的部分称为电枢,它包括电枢铁芯和电枢绕组,还有换向器、轴、通风冷却用的风扇等。直流电机的剖面图见图10-1。

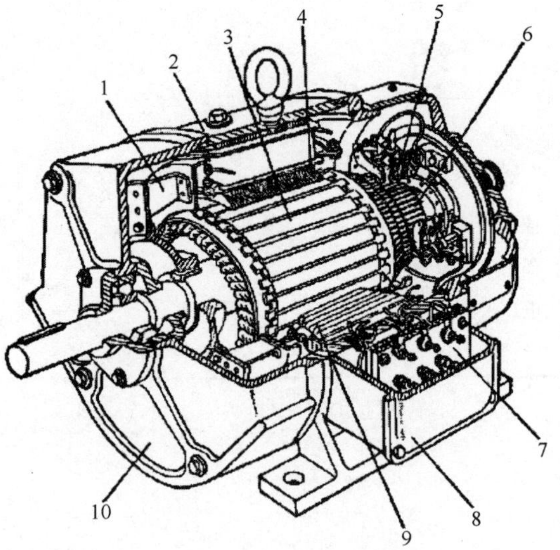

图10-1 直流电动机结构图

1—风扇;2—机座;3—电枢;4—主磁极;5—刷架;6—换向器;7—接线板;8—出线盒;9—换向极;10—端盖

10.2　直流电动机的分类、技术参数

10.2.1　直流电机的分类

国产的直流电机种类很多，下面列出一些常见的产品系列。

Z_2 系列：一般用途的中、小型直流电机；

Z 和 ZF 系列：一般用途的大、中型直流电机；

ZZJ 系列：冶金起重直流电机；

ZQ 系列：直流牵引电机；

ZA 系列：防爆安全型直流电机。

10.2.2　技术参数

根据国家标准，直流电机的额定数据有：

(1) 额定功率（容量）P_N(kW)；

(2) 额定电压 U_N(V)；

(3) 额定电流 I_N(A)；

(4) 额定转速 n_N(r/min)；

(5) 励磁方式和额定励磁电流 I_{f_N}(A)。

额定功率对直流发电机来说，是指电刷端的输出电功率；对直流电动机来说，是指它的转轴上输出的机械功率。

额定值是电机运行的基本依据，一般希望电机按额定值运行。当电机运行于额定功率时称为满载，若运行时出力超过额定容量，称为过载，过载会使电机过热，降低电机的使用寿命，甚至损坏电机，因此过载的程度及时间都应严格控制。若出力比额定功率小得多，称为轻载。轻载运行浪费设备容量和降低电机效率，因此应尽量避免。

10.3　直流电机的工作原理

直流电机的工作原理见图 10-2。其中，N、S 是主磁极，它是固定不动的，*abcd* 是装在可以转动的圆柱体上的一个线圈，把线圈的两端分别接到两个圆环上（滑环）。这个可以转动的转子称电枢。在每个滑环上放上固定不动的电刷 A 和 B。通过电刷 A、B 把旋转着的电路（线圈 *abcd*）与外面静止的电路连接。

当原动机拖动电枢以恒定转速 n 逆时针方向旋转时，根据电磁感应定律可知，在线圈 *abcd* 中有感应电动势。感应电动势的方向，用右手定则确定。在图 10-2 所示瞬间，导体 *ab*、*cd* 的感应电动势方向分别由 b 指向 a 和由 d 指向 c。这时电刷 A 呈高电位，电刷 B 呈低电位。当图 10-2 中电枢逆时针方向转过 180°时，导体 *ab* 与 *cd* 互换了位置。用感应电动势的右手定则判断，在这个瞬间，导体 *ab*、*cd* 的感应电动势方向都与刚才的相反。这时电刷 B

呈高电位，电刷 A 呈低电位。如果电枢继续逆时针方向旋转 180°，导体 *ab*、*cd* 又转到图 10-2 所示位置，显然电刷 A 又呈高电位，电刷 B 呈低电位。由此可见，电枢每转一周，线圈 *abcd* 中感应电动势方向交变一次。

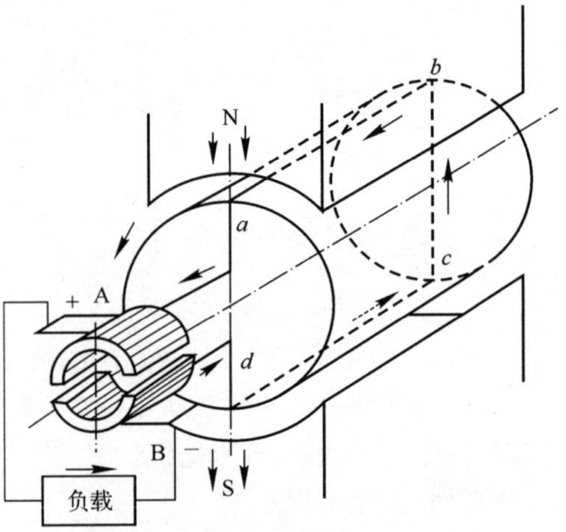

图 10-2 直流电机的工作原理

必须把上述线圈 *abcd* 感应的交变电动势进行整流才能得到直流电动势，在直流发电机中，采用的是机械式整流装置，称之为换向器。

图 10-3 用换向片代替图 10-2 中的滑环。换向片之间用绝缘材料隔开并分别接到线圈 *abcd* 的一端，电刷放在换向片上并固定不动。在图 10-3 所示瞬间，线圈 *abcd* 中感应电动势的方向如图所示，这时电刷 A 呈正极性，电刷 B 呈负极性；当线圈逆时针方向旋转了 180°时，导体 *cd* 位于 N 极下，*ab* 位于 S 极下，各导体中电动势均改变了方向。由于换向片随着线圈一起旋转，电刷 A 仍呈正极性，电刷 B 呈负极性。和电刷 A 接触的导体永远位于 N 极下，呈正极性，和电刷 B 接触的导体永远位于 S 极下，呈负极性。这就是直流发电机的基本原理。

实际的直流发电机电枢上有许多个线圈分布在电枢铁芯上，按照一定的规律把它们连接起来，构成电枢绕组。

将电刷 A、B 接到直流电源上，线圈 *abcd* 中有电流流过，电流的方向如图 10-4 所示。根据安培定律，载流导体 *ab*、*cd* 上受到的电磁力的作用，用左手定则确定导体的受力方向，导体 *ab* 的受力方向是从右向左，导体 *cd* 的受力方向是从左向右，在合力矩的作用下使线圈逆时针方向旋转。当线圈旋转了 180°后，导体 *cd* 转到 N 极下，*ab* 转到 S 极下时，电流流向为 *dcba*，导体 *cd* 受力方向变为从右向左，导体 *ab* 受力方向是从左向右，合力矩的方向不变，线圈仍逆时针方向旋转。这就是直流电动机的基本原理。对直流电动机而言，电枢线圈里的电流方向是交变的，但产生的电磁转矩却是单方向的。

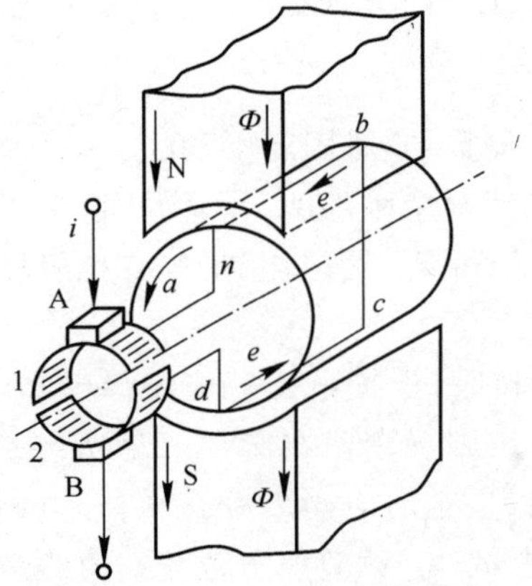

图 10-3 直流发电机物理模型

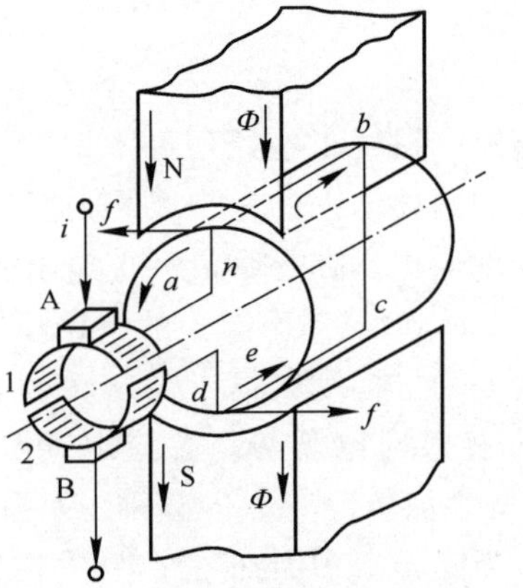

图 10-4 直流电动机物理模型

10.4　直流电机的励磁方式

直流电机的励磁方式是指供给励磁绕组电流的方式。根据励磁方式的不同，主要分为他励和自励两大类，自励方式又分为并励、串励和复励三种方式。

10.4.1　他励直流电机

励磁绕组与电枢绕组无连接关系，而由其他直流电源对励磁绕组供电的直流电机称为他励直流电机，接线图如图 10-5(a)所示。图中 M 表示电动机，若为发电机，则用 G 表示。永磁直流电机也可看作他励直流电机。

10.4.2　并励直流电机

并励直流电机的励磁绕组与电枢绕组相并联，接线图如图 10-5(b)所示。作为并励发电机来说，发电机自身发出的电能为励磁绕组提供电流；作为并励电动机来说，励磁绕组与电枢共用同一电源。

10.4.3　串励直流电机

串励直流电机的励磁绕组与电枢绕组串联后，再接于直流电源，接线图如图 10-5(c)所示。这种直流电机的励磁电流就是电枢电流。

10.4.4　复励直流电机

复励直流电机有并励和串励两个励磁绕组，接线图如图 10-5(d)所示。若串励绕组产生的磁通势与并励绕组产生的磁通势方向相同称为积复励。若两个磁通势方向相反，则称为差复励。

不同励磁方式的直流电机有着不同的特性。一般情况直流电动机的主要励磁方式是并励式、串励式和复励式，直流发电机的主要励磁方式是他励式、并励式和复励式。

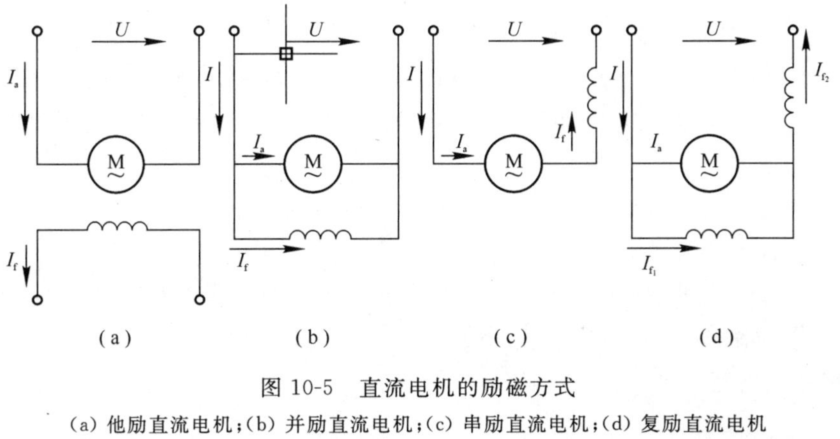

图 10-5　直流电机的励磁方式

(a) 他励直流电机；(b) 并励直流电机；(c) 串励直流电机；(d) 复励直流电机

10.5 直流电机的基本理论

电机中存在着机、电、磁耦合关系，为了便于分析电机稳态运行的平衡关系，采用基本方程对电机内部的物理过程进行数学描述。电机的基本方程包括电动势平衡方程、功率平衡方程和转矩平衡方程等。

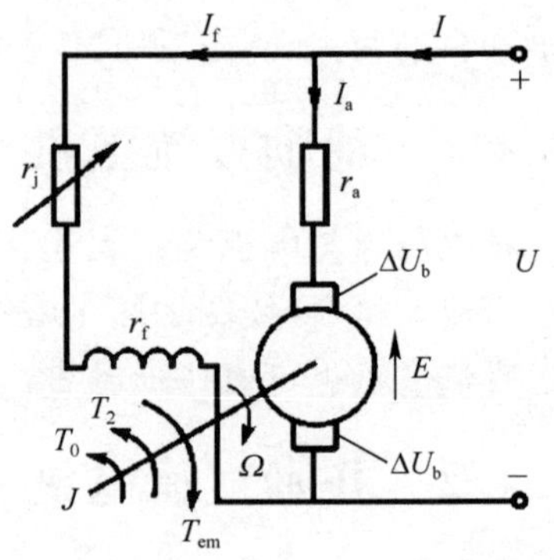

图 10-6　并励直流电动机等效电路（带转轴）

以并励直流电机为例，其稳态运行时的等效电路如图 10-6 所示。电机作电动机运行，假定正方向按电动机惯例，电磁转矩为驱动性质（与 Ω 同方向），负载转矩为 T_2，电机转动惯量为 J，电机转速为 n（角速度为 Ω），电磁转矩和空载（机械摩擦）转矩分别为 T_{em} 和 T_0，电枢绕组电势为 E，电枢绕组电阻为 r_a，一组电刷接触电阻压降为 ΔU_b，励磁绕组电阻为 r_f，励磁回路调节电阻为 r_j，电机端电压为 U，电流为 I，电枢电流为 I_a，励磁电流为 I_f。

1. 电动势平衡方程

稳态运行时，电枢回路有 $U = E + I_a R_a$

其中

$$R_a = r_a + \frac{2\Delta U_b}{I_a}$$

2. 励磁回路电压方程式

$$U = I_f(r_f + r_j) = I_f R_f$$

3. 电流方程

$$I = I_a + I_f$$

4. 功率平衡方程

$$P_1 = U(I_a + I_f) = \frac{E + I_a R_a}{I_a} + UI_f = P_{em} + p_{Cua} + p_{Cuf} = P_{em} + p_{Cu}$$

电磁功率 P_{em} 产生电磁转矩 T_{em}，使电机转动并拖动机械负载，实现电能到机械能的转换。在此过程中，要克服因转动而引起的各种损耗，最终在电机转轴上输出的机械功率为 P_2，即

$$P_{em} = P_2 + p_{mec} + p_{Fe} + p_{ad} = P_2 + p_0$$

综合以上两式，有

$$P_1 = P_2 + p_{Cua} + p_{Cuf} + p_{mec} + p_{Fe} + p_{ad} = P_2 + p_{Cu} + P_0 = P_2 + \Sigma p$$

在电动机中，P_1 为输入电功率，P_2 为输出机械功率。

5. 转矩平衡方程

$$T_{em} = T_2 + T_0$$

10.6　直流电动机的调速

在机械负荷不变的条件下改变电动机的转速，称为调速。直流电动机具有优良的调速性能，可在宽广范围内平滑调速，广泛地应用于调速性能要求较高的场合。

影响电动机转速高低的是电枢回路电阻、气隙磁通、电源电压三个因素，所以调速方法有三种。

1. 改变励磁电流调速

电源电压不变时，减小励磁电流使主磁通减小，电动机的转速上升。

以并励电动机的恒转矩调速为例。减小励磁电流时可使电动机的转速升高，在负载转矩不变情况下，电枢电流将增加，则输入、输出功率将同时增加，电动机的效率则几乎不变。这种调速方法效率高、设备简单、调节方便，但缺点是转速和电枢电流的增加，电抗电动势将增加，使换向条件恶化。

2. 改变电枢端电压调速

改变电枢端电压，在一定负载转矩下，电动机的转速可以升高也可以降低，并可配合调节励磁，使电动机在极宽广的范围内平滑地调速。变压调速的缺点是需要专用电源，价格较高，如：发电机-电动机组，整流器-电动机组。

3. 改变串入电枢回路电阻调速

在一定端电压下，改变电枢回路电阻可使电动机转速改变。改变串入电枢回路电阻，对并励电动机恒转矩调速时，电动机效率随转速正比下降，使机械特性变软，转速调整率变大，经济性变差。

10.7　直流电动机的制动

电动机带负载运行时，有时需要快速停车或转入低速运行，因此需要对电动机制动，制动是在电动机转轴上施加一个与旋转方向相反的力矩。根据施加力矩的性质，制动分为机械制动和电磁制动。

1. 能耗制动

如图10-7所示，制动时，开关K由“电动”切换至“制动”，电枢回路经制动电阻形成闭合回路，励磁回路不变。电枢因转子惯性继续旋转，电动机变成他励发电机，所产生的电磁转矩的方向与转子转向相反，产生制动作用。转子的动能转换成电能，消耗在制动电阻及机组本身上，机组停止转动。

能耗制动操作简便，利用机组动能来取得制动转矩，但低速时制动转矩变得很小，停转较慢。为加快停止，可加上机械制动闸。

2. 反接制动

在保持励磁电流不变的条件下。利用反向开关把电枢两端反接到电网上，称为反接制动。电网电压反向后与原来作为电动机运行时的反电动势同方向叠加，产生很大的电枢电流，从而产生与电枢旋转方向相反的制动电磁转矩，其接线见图 10-8。

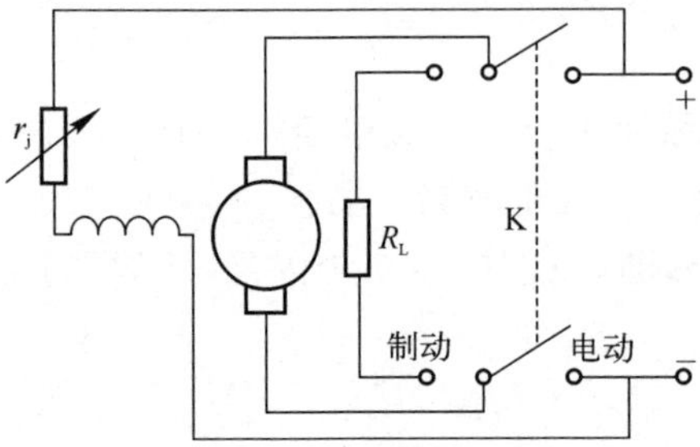

图 10-7　并励电动机能耗制动接线图

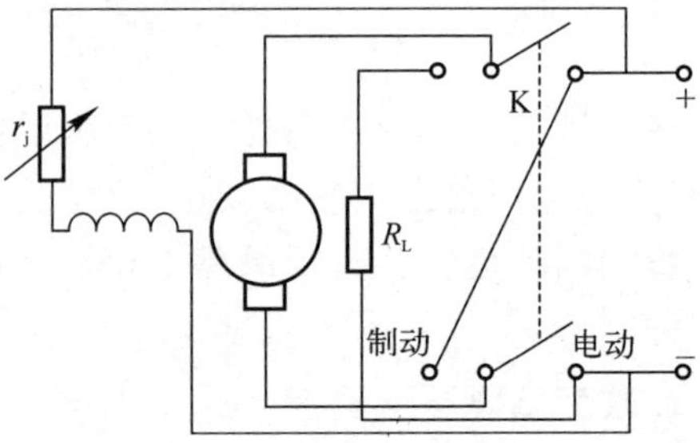

图 10-8　并励电动机反接制动接线图

反接制动的优点是能很快地使机组停转。缺点是电枢电流非常大，对电机产生冲击，引起电网电压降低，为此反接时必须串入足够的电阻。这样，制动时电网所提供的功率与机组的动能全部消耗在电枢回路电阻及后串入电阻上，很不经济。应注意的问题是，当转速达到零值时，应及时把电源开关断开，否则电动机将反转。

3. 回馈制动

当串励电动机拖动的电车或电力机车下坡时，如果不加以制动，则机车速度会越来越高而达到危险数值。如果在这时候，把串励改为并励或他励，以保证有适度的励磁电流，仍让电枢接在电网上，则当转速高到某一数值时，电动机的反电动势将大于电源电压，电枢电流反向，电机进入发电机运行状态，产生制动转矩，限制转速继续上升，把下坡时机车的位能转换为电能而回馈给电网，故称回馈制动。

10.8　直流电动机的换向

直流电机电枢绕组中的电动势和电流是交变的，只是借助于旋转着的换向器和静止的电刷配合工作，才在电刷间获得直流电压和电流。旋转的电枢绕组元件从一条支路经过电刷进入另一条支路时，该元件中的电流发生改变，这种元件电流方向的变换称为换向。

图 10-9 所示为一单叠绕组元件中电流的换向过程。设换向元件编号为 1，电刷宽度为 b_S，换向片宽度为 b_K，$b_S=b_K$，电刷固定，换向器以线速度 v_K 按图示方向运动。

当电刷仅与换向片 1 接触时，见图 10-9(a)，元件 1 属于电刷右边的支路，其中电流为 i_a；换向器向左运动，使电刷同时与换向片 1 和 2 接触，见图 10-9(b)，元件 1 被电刷短路，换向过程进行，电流从 i_a 开始衰减。到电刷与换向片 2 完全接触，见图 10-9(c)，元件 1 改属于电刷左边的支路，电流值仍为 i_a，但电流方向相反。图 10-9(d)为元件 1 的理想化的换流曲线。换流过程自 t_a 开始，t_C 结束，换向周期用 T_K 表示($T_K=t_C-t_a$)。通常，T_K 的大小只有几个毫秒，也就是说，换向过程一般是很短暂的。

换向不良会在电刷与换向片之间产生火花。当火花大到一定程度时，有可能损坏电刷和换向器表面，使电机无法正常工作。近代生产的直流电机，已经成功解决了换向问题。

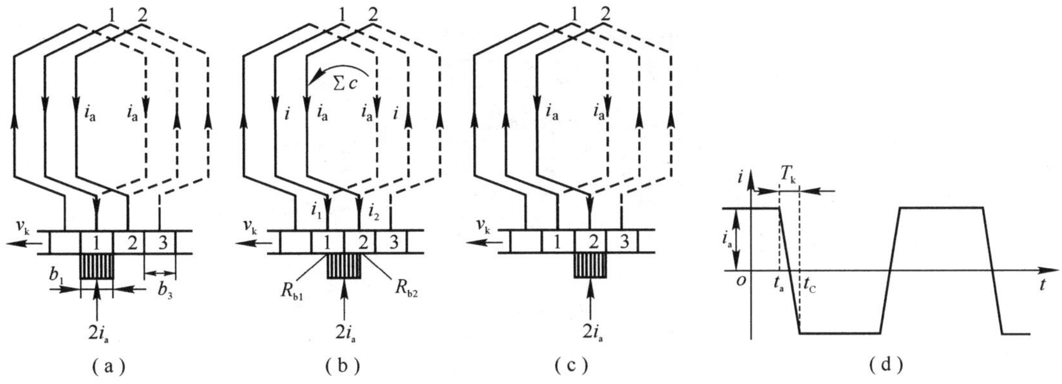

图 10-9　单叠绕组元件中电流的换向过程

(a) 换向开始；(b) 正在换向；(c) 换向结束；(d) 理想换向过程

10.9　异步电动机的用途、工作原理和结构

10.9.1　异步电动机的用途

异步电动机是一种交流旋转电机，主要用来拖动各种生产机械，应用广泛，在核电厂中主要用于如水泵、油泵、风机等设备的拖动。

10.9.2　异步电动机的工作原理

三相异步电动机定子接三相电源，电机内部形成旋转磁动势，产生旋转磁通，设其方向为逆时针旋转，如图 10-10 所示。启动瞬间，转子静止不动，转子鼠笼导条与旋转磁通有相对运动，产生感应电动势 e，方向由右手定则确定。由于转子导条彼此在端部短路，导条中有电流 i 流过，电流方向同电动势方向。通电导条在磁场中要受到力 f 的作用，力的方向由左手定则确定；在力的作用下，产生电磁转矩 T，转子开始旋转，转速加速上升，直到电磁转矩和负载转矩平衡，即 $T=T_L$，转速达到稳定，电动机稳定运行。

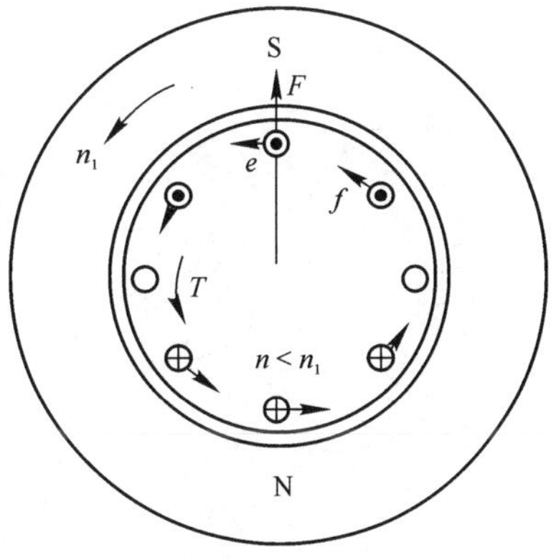

图 10-10　异步电动机工作原理图

由于转子转速 n 小于同步转速 n_1，所以称为异步电机。

10.9.3　异步电动机的结构

三相异步电动机转子结构有笼形和绕线式两种。异步电动机主要由固定不动的定子和旋转的转子两部分组成，定、转子之间有气隙，在定子两端有端盖支撑转子。图 10-11 是绕线式异步电动机的结构图。

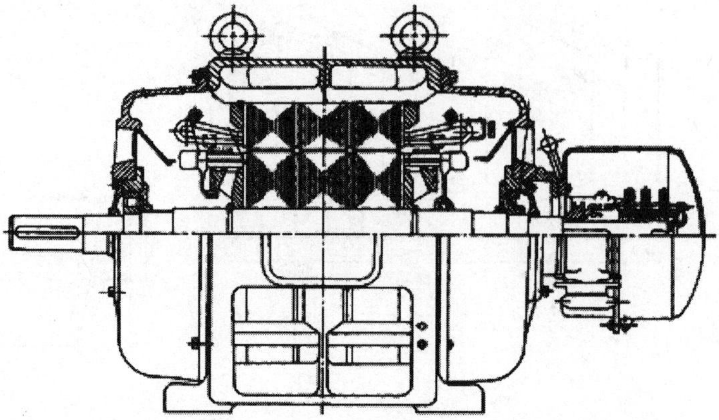

图 10-11 绕线式异步电动机结构图

1. 定子

异步电动机的定子由定子铁芯、定子绕组和机座构成。定子铁芯是电机磁路的一部分。为了减少交变磁场在铁芯中引起的损耗，铁芯一般采用导磁性能良好、损耗小的 0.5 mm 或 0.35 mm 厚硅钢片叠成，如图 10-12 所示。图 10-13 所示为空子槽的槽形，(a)半闭口槽，(b)半开口槽，(c)开口槽。不同容量的电机采用不同形式的定子槽。

图 10-12 定子铁芯

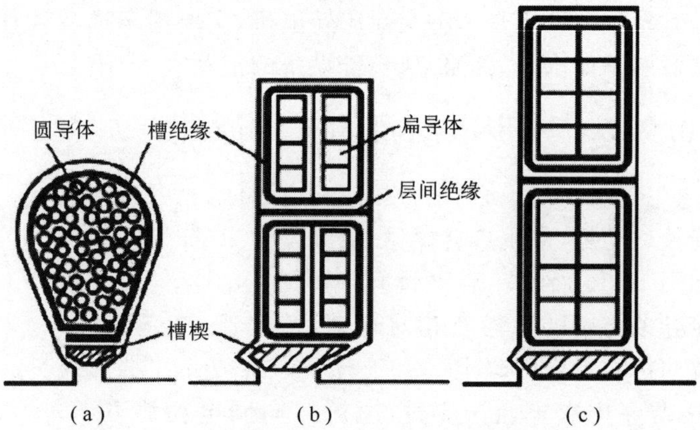

图 10-13 异步电机的定子槽形

(a) 半闭口槽；(b) 半开口槽；(c) 开口槽

定子绕组的主要作用是通过三相交流电流产生旋转磁场，实现机电能量转换。机座的主要用途是支撑定子铁芯，固定端盖。

2. 转子

异步电机的转子由转子铁芯、转子绕组和转轴构成。转子铁芯是电机磁路的一部分，一般由 0.5 mm 或 0.35 mm 厚硅钢片冲制叠压而成。铁芯固定在转轴或转子支架上，转子绕组分为鼠笼型和绕线型两类。

(1) 笼型绕组。在转子铁芯均匀分布的每个槽内各放置一根导体，在铁芯两端放置两个端环，分别把所有的导体伸出槽外部分与端环连接起来。如果去掉铁芯，则剩下来的绕组的形状就像一个松鼠笼子。这种笼型绕组可以用铜条焊接而成，如图 10-14 所示，也可以用铝浇铸而成，如图 10-15 所示。

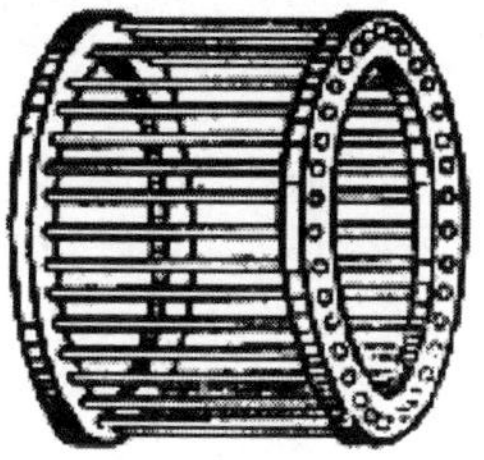
图 10-14　笼型转子绕组

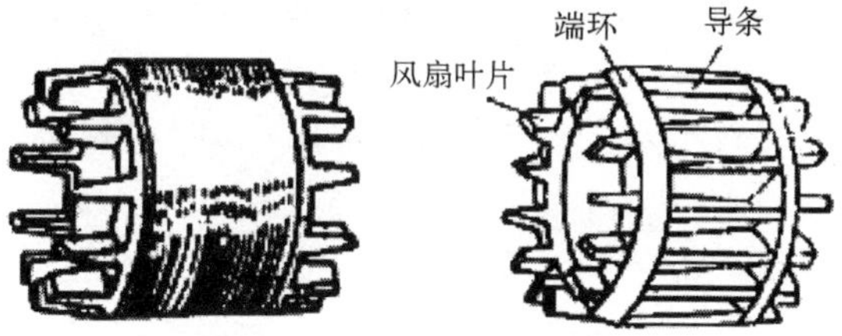

图 10-15　笼型铸铝转子

(2) 绕线式绕组。绕线式绕组是嵌放在转子槽内的用绝缘导线组成的三相绕组，一般接成星形。三相绕组的三个出线端分别接到三个滑环上，用一套电刷装置引出。可以在转子回路中外接串联电阻，以改善电动机的启动性能。调节其转速，其接线示意图如图 10-16 所示。

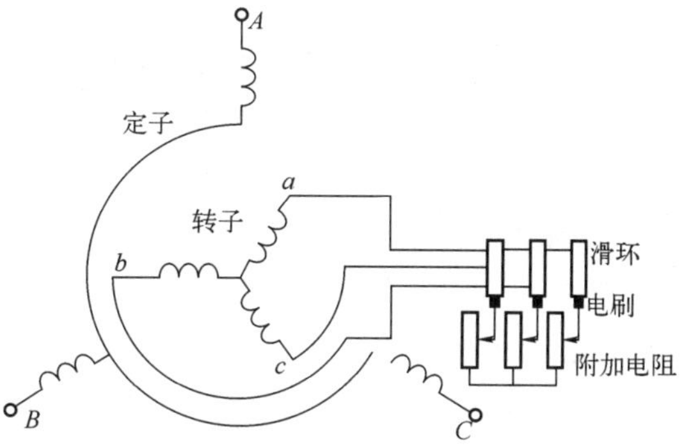

图 10-16　绕线转子异步电动机接线示意图

3. 气隙

异步电动机定、转子之间气隙很小，对于中小型异步电动机，气隙一般为 0.2～1.5 mm。气隙大小对异步电动机的性能影响很大。为了降低电机的空载电流和提高电机的功率，气隙长度应为定、转子在运行中不发生机械摩擦所允许的最小值。

10.10　异步电动机的型号、额定数据和计算

10.10.1　异步电动机的型号

电机产品的型号一般采用大写印刷体的汉语拼音字母和阿拉伯数字组成。其中汉语拼音字母是根据电机的全名称选择有代表意义的汉字，再用该汉字的第一个拼音字母组成。例如，Y 系列三相异步电动机表示如下：

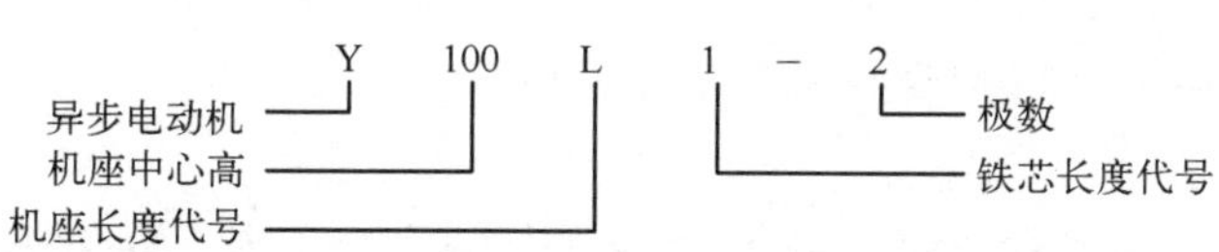

10.10.2　异步电动机的额定数据

额定功率 P_N：电动机在额定情况下运行时由轴端输出的机械功率，单位为 W、kW。

额定电压 U_N：电动机在额定情况下运行时施加在定子绕组上的线电压，单位为 V。

额定频率 f：我国电网频率为 50 Hz。

额定电流 I_N：电动机在额定电压、额定频率下，轴端输出额定功率时，定子绕组的线电流，单位为 A。

额定转速 n_N：电动机在额定电压、额定频率、轴端输出额定功率时转子的转速，单位为 r/min。

对于三相异步电动机，额定功率

$$P_N=\sqrt{3}U_N I_N \eta_N \cos\varphi_N$$

式中，η_N——额定运行时效率，$\cos\varphi_N$——额定运行时的功率因数。

10.11 三相异步电动机的运行分析

同步转速 n_1 与转子转速 n 之差 (n_1-n) 对同步转速 n_1 之比值，称为转差率，以 s 表示，$s=\frac{n_1-n}{n_1}$，其中 $n_1=\frac{60f_1}{p}$。

异步电机的负载改变引起转差率变化，根据转差率的正负、大小，异步电机可分为电动机、发电机、电磁制动三种运行状态，如图 10-17 所示。图中 n_1 表示旋转磁场的同步转速。

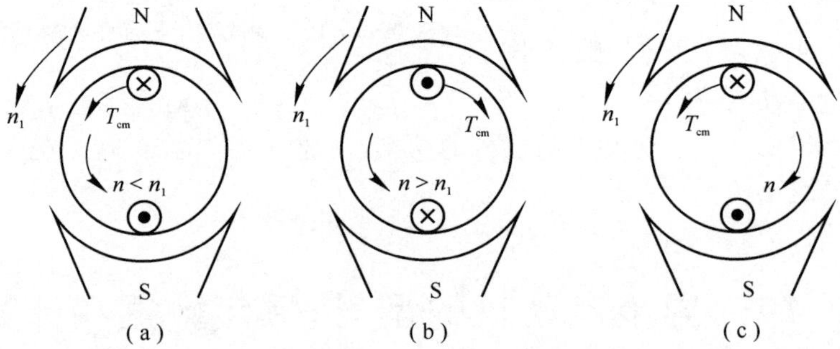

图 10-17 异步电机的三种运行状态

(a) 电动机状态；(b) 发电机状态；(c) 电磁制动状态

1. 电动机状态

当 $0<n<n_1$，即 $0<s<1$ 时，如图 10-17(a)所示，转子导体与定子旋转磁场之间有相对运动，转子导体切割旋转磁场，产生感应电流。通电导体在旋转磁场中受到力的作用，产生具有驱动性质的电磁转矩，该力矩克服制动性质的负载转矩做功，从轴上输出机械功率，根据能量守恒，该电机需要从电网吸收有功功率。

2. 发电机状态

用原动机拖动异步电机，使其转速高于旋转磁场的同步转速，即 $n>n_1$、$s<0$，如图 10-17(b)所示。转子导体与定子旋转磁场之间有相对运动，转子导体切割旋转磁场，产生感应电流，感应电流方向与电动机状态所产生的电流方向相反。通电导体在旋转磁场中受到力的作用，产生具有制动性质的电磁转矩，从轴上输入机械转矩做功，根据能量守恒，需

向电网输出电功率，电机处于发电机状态。

3. 电磁制动状态

由于机械负载或其他外因，转子旋转方向和旋转磁场的旋转方向相反，即 $n<0$、$s>1$，如图 10-17(c)所示。与前两种情况分析类似，转子导体中感应电流方向与在电动机状态下感应电流的方向的相同，但由于转子转向与旋转磁场方向相反，电磁转矩为制动转矩，此时电机运行于电磁制动状态，即从原动机输入机械功率的同时又从电网吸收电功率。

综上所述，转速(转差率)与电机运行状态可用图 10-18 表示。

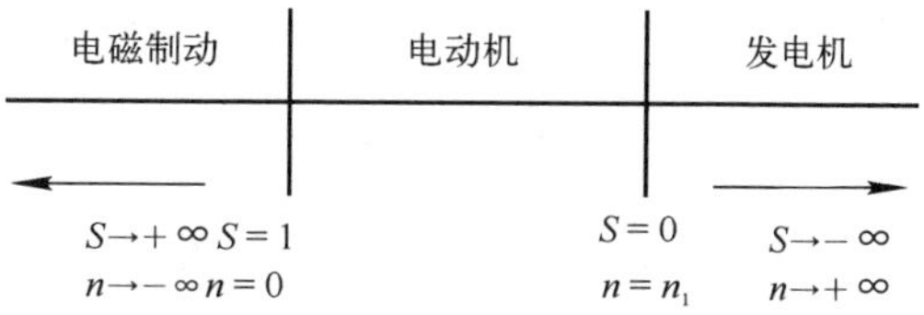

图 10-18　异步电机的三种运行状态

10.12　三相异步电动机的磁动势和磁场及基本方程式

10.12.1　异步电动机的磁动势及磁场

当定子三相绕组接到三相对称电源时，定子绕组中通过三相对称电流，建立定子旋转磁动势 F_1，产生以同步转速 n_0 旋转的旋转磁场。该旋转磁场切割定、转子绕组，分别在定、转子绕组内感应出定子电动势 E_1 和转子电动势 E_2；若转子绕组闭合，转子回路产生三相对称电流 I_2，建立转子旋转磁动势 F_2，产生转子旋转磁场。定子旋转磁场与转子旋转磁场共同作用，形成气隙磁场 Φ_m，转子电流切割气隙磁场，产生电磁转矩，转子和旋转磁场同方向转动。

在空载情况下，异步电动机所受阻转矩很小，则其转速接近同步转速，即 $n\approx n_0$，在这种情况下，可以认为旋转磁场不切割转子绕组，则 $E_{2s}\approx 0$(下标 s 表示转子电动势的频率与定子电动势的频率不同)，$I_2\approx 0$。

带负载后，转子的转速降低，即 $n<n_0$，I_2 增大并产生了磁动势 F_2。F_2 的性质对异步电动机运行有重要影响。

1. 转子磁动势的分析

(1) F_2 的旋转方向：与定子磁动势 F_1 旋转方向相同；

(2) F_2 转速的大小：转子不转时，转子中的感应电势和转子电流频率与定子电流频率相同；当转子转动时，转子转速为 n，气隙中旋转磁场的转速为 n_0，方向相同，转速差为 $\Delta n=n_0-n$，旋转磁场以 Δn 的相对转速切割转子绕组。转子磁动势 F_2 相对于转子本身的转速为 Δn，转子磁动势 F_2 相对于定子的转速为 $N_2=\Delta n+n=n_0-n+n=n_0$。$F_2$ 与 F_1 同步旋转，在空间上保持相对静止，无相对运动。

2. 磁动势平衡

气隙中合成磁势为：$F_1+F_2=F_m\approx F_{m0}\rightarrow\Phi_m$　$F_1=F_m+(-F_2)$

3. 电磁关系

主磁通分别与定、转子绕组交链，产生以下值：

(1) 定子绕组每相基波感应电势的有效值：$E_1=-j4.44f_1N_1k_{w1}\Phi_m$，式中 N_1、k_{w1} 分别为定子每相绕组的串联匝数和基波绕组系数。

(2) 转子绕组每相基波感应电势的有效值为：

$E_{2s}=-j4.44f_2N_2k_{w2}\Phi_m=-j4.44f_1N_2k_{w2}\Phi_{ms}$，式中 N_2、k_{w2} 分别为转子每相绕组的串联匝数和基波绕组系数。此外，定子、转子电流分别产生漏电动势。

$E_{1б}=-j4.44f_1N_1k_{w1}\Phi_{1б}$

$E_{2бs}=-j4.44f_2N_2k_{w2}\Phi_{2бs}=-j4.44f_1N_2k_{w2}\Phi_{2бs}S$

10.12.2 异步电动机的基本方程式

对于转子不转且转子绕组短路的异步电机，将转子侧的量折算到定子侧，得到如下平衡方程式组：

$$\left.\begin{aligned}\dot{U}_1&=-\dot{E}_1+\dot{I}_1Z_1\\ \dot{E}'_2&=\dot{I}'_2(\dot{R}'_2+j\dot{X}'_{2\sigma})\\ \dot{I}_0&=\dot{I}_1+\dot{I}'_2\\ \dot{E}_1&=\dot{E}'_2\\ \dot{E}_1&=-\dot{I}_0Z_m\end{aligned}\right\}$$

转子旋转时的异步电机的平衡方程式组：

$$\left.\begin{aligned}\dot{U}_1&=-\dot{E}_1+\dot{I}_1Z_1\\ \dot{E}'_2&=\dot{I}'_2\left(\frac{R'_2}{s}+jX'_{2\sigma}\right)\\ \dot{I}_1&=\dot{I}_0-\dot{I}'_2\\ \dot{E}_1&=\dot{E}'_2\\ \dot{E}_1&=-\dot{I}_0Z_m\end{aligned}\right\}$$

10.13 三相异步电动机的工作特性

异步电动机的工作特性是指在额定电压、额定频率下异步电动机的转速 n、效率 η、功率因数 $\cos\varphi 1$ 、输出转矩 T_2、定子电流 I_1 与输出功率 P_2 的关系曲线。应用这些特性曲线可判断异步电动机运行性能的好坏。

1. 转差率特性 $s=f(P_2)$

P_2 增加，负载转矩增大，s 随之增大，转速 n 下降，转差率特性曲线是一条随 P_2 增加稍微向上弯曲的曲线，如图 10-19 所示。

2. 效率特性 $\eta=f(P_2)$

电动机的效率为：

$$\eta=\frac{P_2}{P_1}=1-\frac{\Sigma p}{P_1}$$

式中，Σp 为电动机总损耗，$\Sigma p=p_{Cu1}+p_{Cu2}+p_{ad}+p_{Fe}+p_{mec}$

电机总损耗中的前三项（定子铜耗、转子铜耗和附加损耗）为可变损耗，后两项（铁耗和机械损耗）为不变损耗。

当 P_2 从零开始增加时，总损耗 Σp 增加较慢，效率上升，在可变损耗与不变损耗相等时（$p_{Cu1}+p_{Cu2}+p_{ad}=p_{Fe}+p_{mec}$），$\eta$ 达到最大值；当 P_2 继续增大，由于定、转子铜耗增加很快，效率下降，如图 10-19 所示。

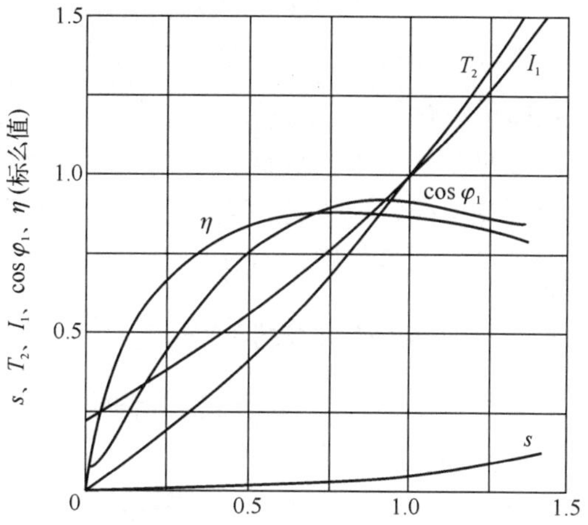

图 10-19 异步电机的工作特性

3. 功率因数特性 $\cos\varphi_1=f(P_2)$

空载运行时，定子电流基本上是励磁电流 I_m，其主要分量是无功的磁化电流，功率因数很低，约为 0.2。

负载运行时，随着 P_2 增加，定子电流的有功分量增加，$\cos\varphi_1$ 上升，在额定负载附近，$\cos\varphi_1$ 达到最大值；当 P_2 继续增加，转差 s 变大，致使转子额定频率增大，转子无功分量增加，使 $\cos\varphi_1$ 下降，如图 10-19 所示。

4. 转矩特性 $T_2=f(P_2)$

异步电动机的轴端输出转矩 $T_2=\dfrac{P_2}{\Omega}$，其中 $\Omega=\dfrac{2\pi n}{60}$ 为机械角速度。从空载到额定负载，转速 n 变化很小，所以 $T_2=f(P_2)$ 可以近似地认为是一条过零点的斜线，该曲线还通过点 $P_2=1$、$T_2=1$，如图 10-19 所示。

5. 定子电流特性 $I_1=f(P_2)$

随着负载 P_2 增大，转子转速下降，转子电流 I_2 增大，为了补偿转子电流的去磁作用，定子电流也相应增大，所以定子电流几乎随负载 P_2 成正比增加，如图 10-19 所示。

10.14 三相异步电动机的机械特性

三相异步电动机的机械特性是指在定子电压、频率和参数固定的条件下，电磁转矩 T 与转速 n（或转差率 s）之间的函数关系。

10.14.1 固有机械特性

1. 固有机械特性曲线

三相异步电动机在电压、频率均为额定值不变，定、转子回路不串入任何电路元件条件下的机械特性称为固有机械特性，其 T-s 曲线如图 10-20 所示。

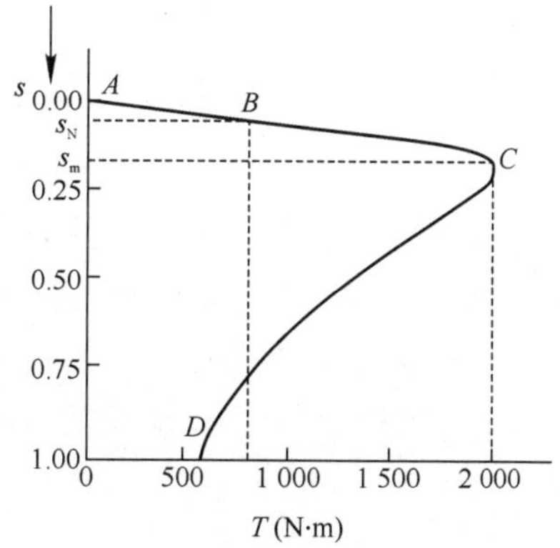

图 10-20 三相异步电动机固有机械特性

在第一象限电动状态的特性上，B 点为额定运行点，其电磁转矩与转速均为额定值。A 点 $n=n_1$，$T=0$，为理想空载运行点。C 点是电磁转矩最大点。D 点 $n=0$，转矩为 T_s，是启动点。电动机启动时，启动转矩 T_s 大于 1.1～1.2 倍的负载转矩就可顺利启动。

2. 稳定运行

从三相异步电动机机械特性上看，当 $0<s<s_m$，机械特性下斜，拖动恒转矩负载和泵类负载运行时均能稳定运行。当 $s_m<s<1$，机械特性上翘，拖动恒转矩负载不能稳定运行。因此三相异步电动机稳定运行在 $0<s<s_m$ 范围内，长期稳定运行在 $0<s<s_N$ 范围内。

10.14.2 人为机械特性

1. 降低定子端电压的人为机械特性

特点(见图 10-21)：

不同定子端电压 U 的人为机械特性，都通过 n_1 点；

最大转矩 T_m、启动转矩 T_s 都随 U 的降低而减小；

U 降低，电机的转速略微降低；

如果 U 降低过多，拖动额定负载的异步电动机长期处于低电压下运行，由于铜损耗增大很多，有可能烧坏电机。

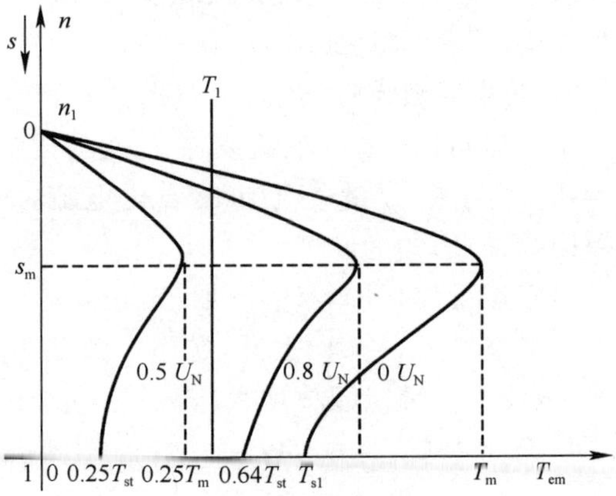

图 10-21 降低定子端电压的人为机械特性

2. 定子回路串接三相对称电阻的人为机械特性

在其他量不变条件下，仅改变异步电机定子回路电阻，最大电磁转矩、启动转矩都随着定子回路电阻值增大而减小。

3. 定子回路串接三相对称电抗的人为机械特性

定子回路串接三相对称电抗的人为机械特性与串电阻的相似，n_1 不变，最大转矩、启动转矩均减小。

4. 转子回路串接三相对称电阻的人为机械特性

绕线式三相异步电动机通过滑环，可以把三相对称电阻串入转子回路而后三相再短路。转子串入电阻后，最大转矩不变；不改变同步转速 n_1，可以增大启动转矩。

10.15 三相异步电动机的运行状态

改变异步电动机电源电压的大小，相序及频率，或者改变绕线式异步电动机转子回路所串电阻等参数，三相异步电动机运行状态就会发生改变，各种不同的状态分布于 $T-n$ 坐标平面的四个象限。若电磁转矩与转速的方向一致时，电动机运行于电动状态，若两者相反，电动机运行于制动状态。制动状态包括回馈制动、反接制动、倒拉反转及能耗制动。

10.15.1 电动运行

当电动机工作点在第一象限时，电动机为正向电动运行状态；当工作点在第三象限时，电动机为反向电动运行状态。电动运行状态下，电磁转矩为拖动性转矩。

10.15.2 能耗制动

将电动机定子绕组的交流电源断开，接到直流电源上，如图 10-22 所示。定子流过直流电流 I，产生恒定磁场，转子由于惯性继续转动切割该恒定磁场而在转子绕组中产生感应电流，电流流过转子电阻，产生热能，即转子动能转变成热能。当转子动能消耗完，转子就停止转动，这一过程称为能耗制动。其机械特性如图 10-23 所示，电动机在正向电动状态下工作于 A 点，当电动机转入能耗制动时，工作点变为 B。由于机械惯性，转速不能突变，$n_B=n_A$。该机械特性相当于 $n_1=0$ 异步电动机的机械特性。

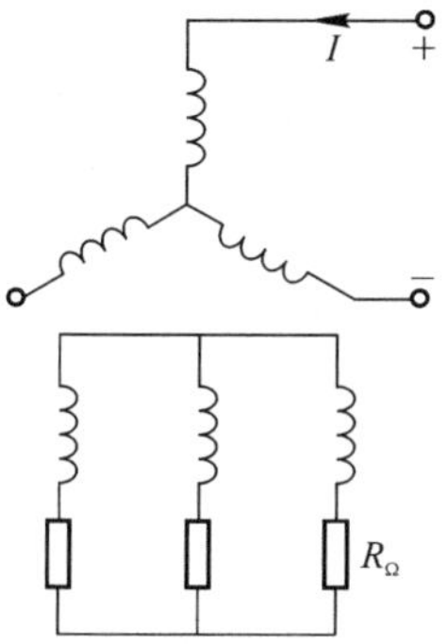

图 10-22 能耗制动接线图

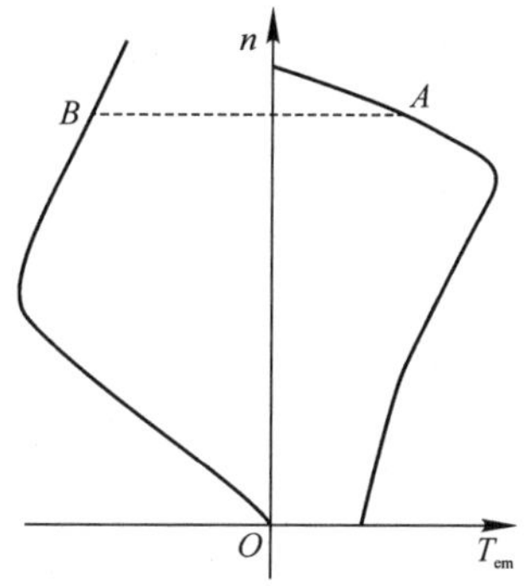

图 10-23 能耗制动机械特性

10.16 三相异步电动机的启动

电动机接通电源后，从开始启动到稳定运行的过程称为启动过程。在实际应用中，对启动性能的要求有两点：一是启动电流要小，二是启动转矩要大。

10.16.1 直接启动

直接启动的启动电流相当大而启动转矩并不大。以普通鼠笼式三相异步电动机为例，启动电流是 4～7 倍的额定电流，启动转矩是 0.9～1.3 倍的额定转矩。直接启动适用于启动时引起的母线电压降不大于 10％或 15％的小容量轻载电动机。

10.16.2 降压启动

常用的降压启动方法有三种：定子串电抗（或电阻）降压启动；Y-△启动器启动；自耦变压器启动。

1. 定子串电抗降压启动

启动时，定子回路串入电抗器 X_{Ω}，该电抗器对电源电压 $\dot{U}_{\phi N}$ 起分压作用，电动机定子绕组所加电压降低(由 $\dot{U}_{\phi N}$ 变为 $\dot{U}_{X}$)，减小了启动电流(由 $\dot{I}_{stN}$ 变为 $\dot{I}_{st}$)。启动完毕，切除电抗器，电动机进入正常运行。图 10-24 是异步电动机启动前后的等效电路。

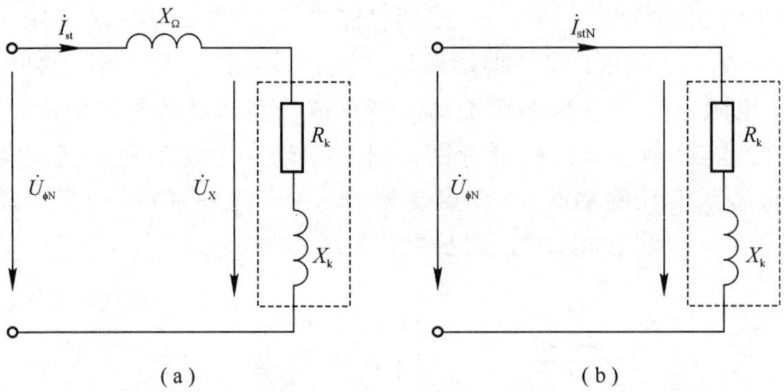

图 10-24 异步电机的启动等效电路

(a) 串电抗器启动；(b) 直接启动

2. 用 Y-△启动器启动

只有正常运行时定子绕组三角形接法且三相绕组首尾六个端子全部引出来的电动机才能采用 Y-△启动器启动。该启动器线路图如图 10-25 所示。

启动时，开关 K_2 转至“启动”位置，定子绕组接成 Y 形，合上开关 K_1，电动机在低压下启动，转速上升。当转速接近正常运行转速时，将开关 K_2 转至“运行”位置，电机绕组接成△形，在全压下运行。图 10-26 所示为采用 Y-△启动时的等效电路。采用 Y-△启动，启动电流和启动转矩降为直接启动的 1/3。

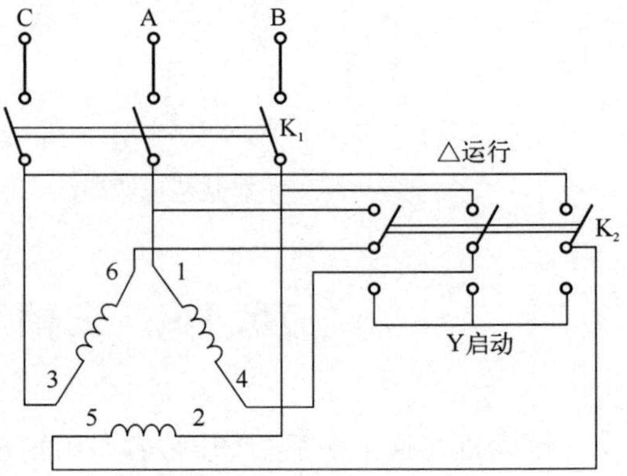

图 10-25 异步电动机 Y-△启动接线图

3. 用自耦变压器启动

图 10-27 是采用自耦变压器降压启动原理图。启动时，开关 K 转至“启动”位置，自耦变压器 AT 一次绕组接入电源，二次绕组接电动机，使电动机降压启动。当转速接近正常运行转速时，将开关 K 转至“运行”位置，电机全压运行。采用自耦变压器启动，电动机的启动转矩、启动电流为全压直接启动的$\frac{1}{a^2}$。

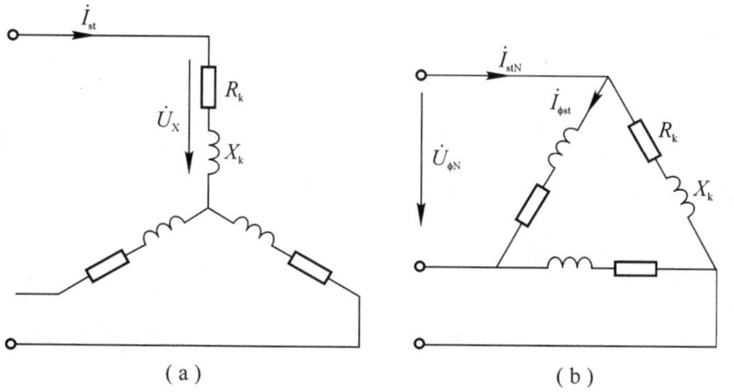

图 10-26　Y-△换接启动等效电路
(a) 定子 Y 接启动；(b) 定子△接直接启动

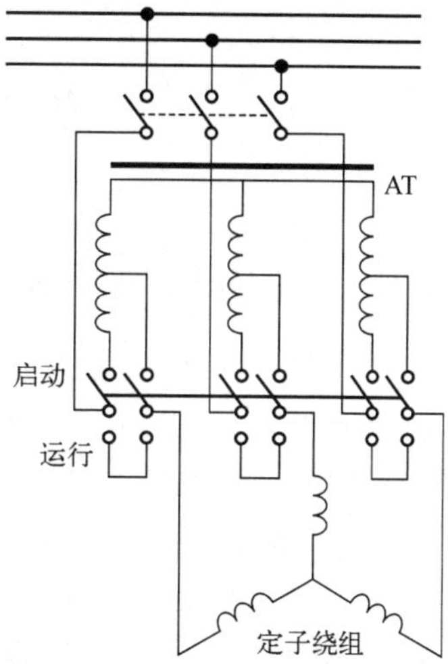

图 10-27　用自耦变压器降压启动原理图

10.17　三相异步电动机的调速

调速就是在同一负载下得到不同的转速，以满足生产过程的要求，由式

$$n = (1 - s)n_1 = \frac{60f_1}{p}(1 - s)$$

可知，改变异步电动机转速的方式有三种：(1) 变极调速；(2) 变频调速；(3) 改变转差率 s 调速。

10.17.1　变极调速

变极调速可以采用双绕组法，但为了提高材料利用率，一般采用单绕组变极，即通过改变一套绕组的连接方式而得到不同极对数的磁动势，以实现变极调速。

变极调速方法简单、运行可靠、机械特性较硬，但只能实现有极调速。单绕组三速电机绕组接法已相当复杂，故变极调速不宜超过三种速度。

10.17.2　变频调速

由前面公式可知，异步电动机的转速和电源频率成正比，因此，只要有平滑调频的设备，就可以对电动机进行平滑调速，其调速范围大，平滑性好，可实现恒转矩调速或恒功率调速，以适应不同负载的要求。频率改变后，电动机的机械特性的硬度基本不变。

10.17.3　改变转差率调速

在绕线式电动机的转子电路中接入一个调速电阻，改变电阻的大小，就可进行平滑调速。例如增大调速电阻，转差率上升，转速下降。这种调速方式简单、可靠、投资少，但能耗大。改变转差率调速使得机械特性变软，稳定性差，调速效率低，起重设备应用较多。

10.18 电磁泵的原理与控制

10.18.1 电磁泵的原理

在 CEFR 中,某些辅助系统使用了电磁泵,例如,一回路钠充、排系统,钠接收和二回路钠充、排系统,一、二回路钠净化系统。采用的是由意大利引进的 PEC 堆辅助回路电磁泵,是法国 NOVATOME 制造的轴流式交流三相感应泵。

三相感应电磁泵的工作原理为:与异步电动机相似,位于铁芯中的三相绕组产生旋转磁场,这个磁场在液态金属中引起感应电流,感应电流和磁场间的相互作用产生机械力,由之在泵的进出口间产生相应的压强差。

10.18.2 电磁泵的控制

电磁泵的控制原理图如图 10-28 所示。电磁泵控制由主回路和控制回路两部分组成,主回路由调压器 AUR、自耦变压器,功率因数补偿电容器 C、电磁泵 EMP 构成,控制回路由

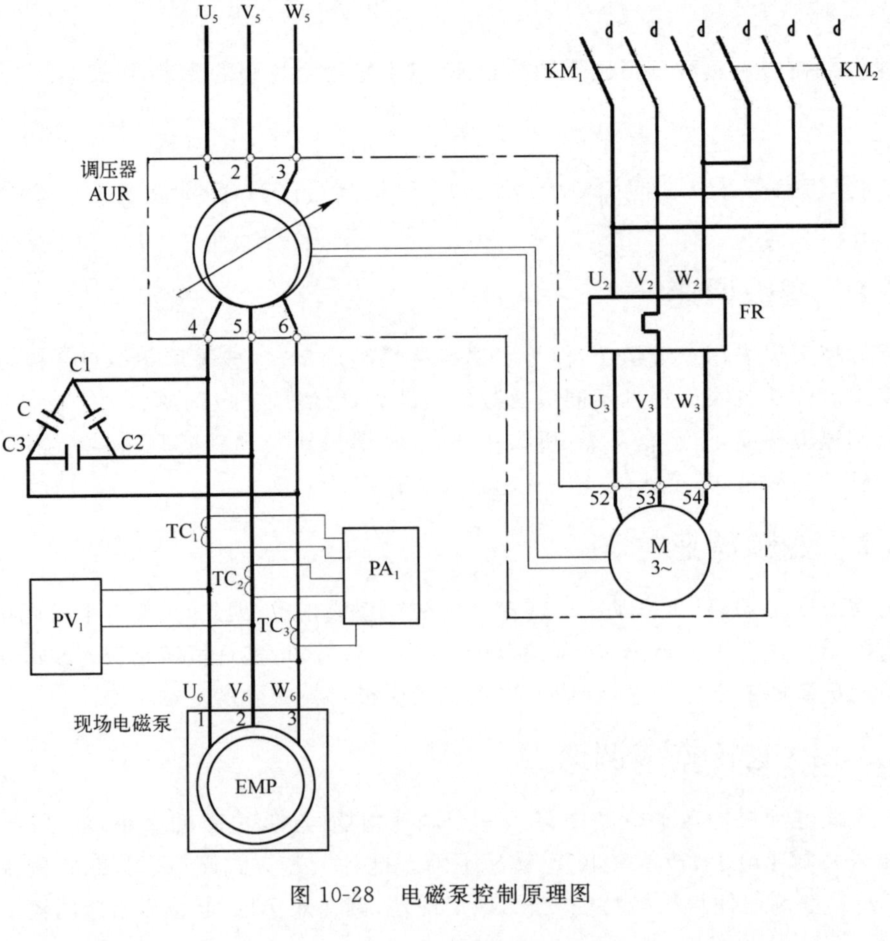

图 10-28 电磁泵控制原理图

调压器电动机及相应的接触器构成。

电磁泵主回路上电接通后，通过调整控制回路调压器的电机，使自耦变压器改变加在电磁泵上的电压，使得电磁泵工作在不同的电压下。

电源调压器 AUR 的型号为 RMA200，输入电压 380 V，频率 50 Hz，输出电压 0～290 V，输出最大电流 16 A，功率 7.4 kVA，功率因数 0.8。RMA200 型调压器比较特殊，它由一台自耦变压器和一台感应调压器组成。自耦变压器输入电压 380 V，功率 4.2 kVA，输出电压 155 V，电流 16 A，直接接感应调压器的定子。感应调压器转子输入电压 380 V，电流 8 A，定子输出 0～290 V 可调，行程开关最高位置输出电压 305 V。调压器的这种结构，主要要解决电压/电流的相位角问题，提高电磁泵这种特殊感性负载时调压器的功率因数。调压器接线如图 10-29 所示。

为提高电磁泵的功率因数，降低耗电量，节省运行费用，每台电磁泵都配有一台电容器组 C。

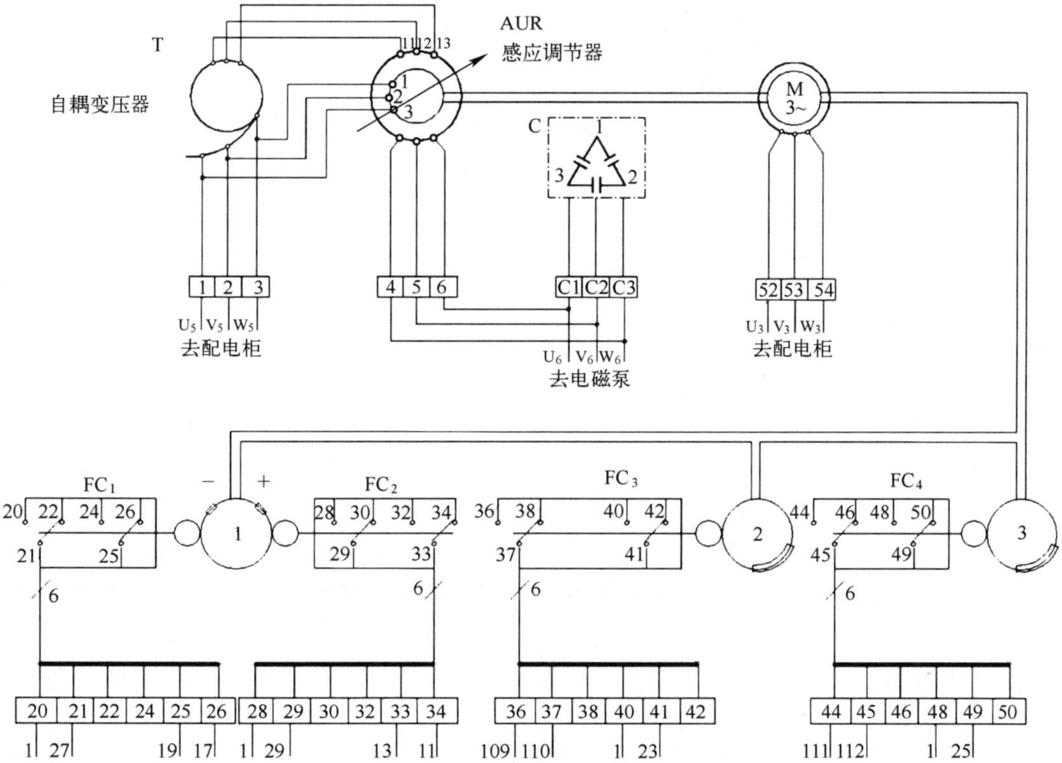

图 10-29　调压器接线原理图

第 11 章　继电保护

11.1　继电保护的基础知识

11.1.1　继电保护的定义与作用

电力系统在运行过程中受外部自然环境条件、设备本身及人为因素等的影响，可能发生各种故障和不正常运行状态，故障中最常见同时也是最危险的是发生各种类型的短路。发生短路时可能引起如下的后果：

(1) 故障点处流过的很大短路电流和所燃起的电弧，使故障元件损坏；

(2) 短路电流在电源到短路点之间流过，它们引起的发热和电动力将造成该路径中有关的非故障元件的损坏或缩短使用寿命，从而可能发展成故障；

(3) 电力系统中靠近故障点的部分地区电压大幅度下降，破坏电力用户的正常工作或影响产品的质量；

(4) 电力系统中各发电厂并列运行的稳定性遭到破坏，引起系统振荡，从而使事故扩大，甚至导致整个系统瓦解。

电力系统中电气元件的正常工作受到干扰，使运行参数偏离正常值，但没有发生故障，这种情况属于不正常工作状态，如设备过负荷、系统频率或某些地区电压异常、系统振荡等。发生不正常运行状态和故障时，若不及时处理或处理不当，都可能引起系统事故。

事故是指系统全部或部分正常运行遭到破坏，电能质量变到不能容许的程度，以致造成对用户的停止供电或少供电，甚至造成人身伤亡和电气设备的损坏。

电力系统中的发电机、变压器、输电线路、母线及用电设备是一个整体，各设备之间都有电或磁的联系，因此，当某一设备或线路发生故障时，在极短的时间内就会影响到整个电力系统的其他部分，这就要求必须在很短的时间内切除故障设备或输电线路，保证无故障部分能够继续安全运行，从而缩小事故影响范围。通常切除故障的时间小到几十毫秒到几百毫秒。实践实明，要在这样短的时间内由运行人员及时发现故障并将其手动切除是绝对不可能实现的。因此，只有借助于装设在每个电气设备或线路上的继电保护装置才可能完成这个任务。继电保护装置的作用就是反应电力系统中电气元件发生故障或不正常运行状态，并动作于断路器跳闸或发出信号。

在电子式静态保护装置和数字式保护装置出现以后，虽然继电器多已被电子元件或计算机取代，但仍沿用此名称。在电业部门常常用继电保护一词泛指继电保护技术和由各种继电保护装置组成的继电保护系统，包括继电保护的原理设计、配置、整定、调试等技术，也包括由获取电量信息的电压、电流互感器二次回路，经过继电保护装置到断路器跳闸线圈的一整套具体设备，如果需要利用通信手段传送信息，还包括通信设备。

继电保护在电力系统中的主要作用是通过预防事故或缩小事故范围来提高系统运行的可靠性，最大限度地保证向用户安全连续供电。

继电保护的基本任务是：

(1) 自动、迅速、有选择性地将故障元件从电力系统中切除，使故障元件免于继续遭到破坏，保证其他无故障部分迅速恢复正常运行。

(2) 反应电气元件的不正常运行状态，并根据运行维护的条件(如有无经常值班人员)而动作于发出信号或跳闸。此时一般不要求保护迅速动作，而是根据对电力系统及其元件的危害程度规定一定的延时，以避免短暂的运行波动造成不必要的动作和干扰而引起的误动。

现代的电力系统随着系统规模的不断扩大，对安全运行的要求也更高。因此，继电保护是电力系统的重要组成部分，是保证电力系统能够安全可靠运行的必不可少的有效技术措施之一。如果没有装设专门的继电保护装置，要想维持系统的正常运行是根本无法实现的。

11.1.2　对继电保护装置的基本要求

继电保护装置在技术性能上必须满足选择性、速动性、灵敏性和可靠性四个基本要求。对于动作于跳闸的继电保护装置，应同时满足四个基本要求；对于作用于信号以及只反映不正常运行状态的继电保护装置，这四个基本要求中有些要求可以降低，如速动性。

1. 选择性

所谓选择性就是指当电力系统中的设备或线路发生短路时，其继电保护仅将故障的设备或线路从电力系统中切除，当故障设备或线路的保护或断路器拒动时，应由相邻设备或线路的保护将故障切除，使停电范围尽量缩小，最大限度地保证系统中无故障部分仍能继续安全运行。

如图 11-1 所示电网，当 k_1 点发生短路故障时，应由故障线路上距短路点最近的保护 1 和 2 动作，触发断路器 1QF 和 2QF 跳闸，将 A—B 段的故障线路切除，这时变电所 B 则仍可由另一条非故障线路继续供电。当 k_2 点发生短路故障时，应由线路的保护 6 动作，使断路器 6QF 跳闸，将故障线路 C—D 切除，这时只有变电所 D 停电。由此可见，继电保护有选择性的动作可将停电范围限制到最小，甚至可以做到不中断对用户的供电。

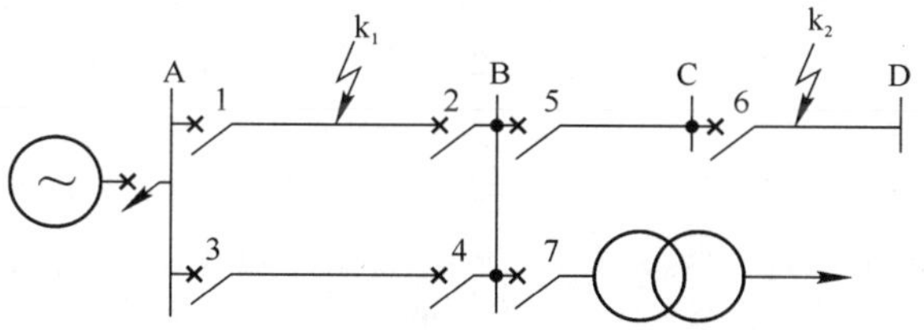

图 11-1　单侧电源网络中保护选择性地切除故障的说明图

同理，若 k_2 点发生短路故障，距短路点最近的保护 6 动作，使断路器 6QF 跳闸，切除故障线路 C—D；反之，如果保护 6 或断路器 6QF 由于某种原因拒动，则应由其前面一条线路的保护 5 动作，使断路器 5QF 跳闸，将故障线路切除。在此过程中保护 5 所起的作用就称为相邻元件的后备保护。从图中可以看出，保护 1 和保护 3 可以对保护 5 和保护 7 起到后备保护的作用。

后备保护是相对主保护而言的，主保护是反应被保护元件自身的故障并以尽可能短的时限切除故障的保护。后备保护又分为远后备保护和近后备保护两种。远后备保护是构成元件的一套保护中的一部分，可作为主保护拒动的后备，也作为相邻下一元件保护或断路器拒动的后备；近后备保护是被保护元件上装设的一套独立保护，当主保护拒动时由本处的后备保护起作用，不依赖相邻的上一元件处的保护。

一般情况下，远后备保护动作切除故障时将使供电中断的范围扩大，但远后备保护的性能是比较完善的，它对相邻元件的保护装置、断路器、二次回路和直流电源引起的拒绝动作，均能起到后备作用，同时实现简单、经济，因此，在电压较低的线路上应优先采用，只有当远后备不能满足灵敏度和速动性的要求时，才考虑采用近后备保护的方式。

2. 速动性

速动性就是指继电保护装置应以尽可能快的速度切除故障。对于反应短路故障的继电保护，要求快速动作的主要理由和必要性有：

(1) 可以提高电力系统并列运行的稳定性。

(2) 可以减少发电厂厂用电及用户电压降低的时间，加速恢复正常运行的过程，确保厂用电及用户工作的稳定性。

(3) 可以减轻电气设备和线路的损坏程度。

(4) 可以防止故障的扩大，提高自动重合闸和备用电源或设备自动投入的成功率。

动作迅速而又能满足选择性要求的保护装置，一般结构都比较复杂，价格昂贵。电力系统在一些情况下，允许保护装置带一定的延时切除故障。因此，对保护速动性的要求应根据电力系统的接线和被保护设备的具体情况，通过技术、经济比较后确定。一些必须快速切除的故障有：

(1) 为保证系统稳定性，必须快速切除高压输电线路上的故障。

(2) 发电厂或重要用户的母线电压低于允许值(一般为 0.7 倍额定电压)的故障。

(3) 大容量的发电机、变压器和电动机内部故障。

(4) 1～10 kV 线路导线截面过小，为避免过热不允许延时切除的故障。

(5) 可能危及人身安全、对通信系统或铁路信号造成强烈干扰的故障。

故障切除的总时间等于保护装置和断路器动作时间之和，一般快速保护的动作时间为 0.04～0.08 s，最快的可达 0.01～0.04 s，一般断路器的跳闸时间为 0.06～0.15 s，最快的可达 0.02～0.06 s。

需要注意的是，要求保护切除故障达到最小时间并不是在任何情况下都是合理的，这个时间必须根据技术条件来确定。实际上，对不同电压等级和不同结构的电网，切除故障的最小时间有不同的要求。例如，对于 35～60 kV 配电网络，一般为 0.5～0.7 s；110～330 kV 高压电网，约为 0.15～0.3 s；500 kV 及以上超高压电网，约为 0.1 ～0.12 s。目前国产的继电保护装置，在一般情况下，完全可以满足上述电网对快速切除故障的要求。

对于反应不正常运行情况的继电保护装置，一般不要求快速动作，而应按照选择性的条件，带延时地发出信号。

3. 灵敏性

灵敏性是指电气设备或线路在被保护范围内发生短路故障或不正常运行情况时，保护装置的反应能力。满足灵敏性要求的继电保护装置应该是在规定的保护范围内部故障时，在系统任意的运行条件下，不论短路点的位置和短路的类型如何，以及短路点是否有过渡电阻，都能正确反应动作。

保护装置的灵敏性是用灵敏系数来衡量。灵敏系数越大，则保护的灵敏度就越高，反之就越低。增大灵敏度，增加了保护动作的信赖性，但有时与安全性相矛盾。在 GB 14285－1993《继电保护和安全自动装置技术规程》中，对各类保护的灵敏系数的要求都作了具体的规定，一般要求灵敏系数在 1.2～2。

4. 可靠性

可靠性是指保护装置在规定的保护范围内发生故障时能可靠地动作，即不拒动；而在不需要该保护动作的情况下，应该可靠不动作，即不发生误动。前者侧重信赖性，后者强调安全性，这两方面是对继电保护最根本的要求。

可靠性主要取决于以下几方面：

(1) 保护装置的组成元件制造质量，选用高质量，结构简单，工作可靠的元件；

(2) 保护回路的连接方式，力求简单，尽量使用少量的元件；

(3) 正确地调整试验、良好的运行维护以及丰富的运行经验；

(4) 正确设置继电保护的整定值。

继电保护的误动作和拒动作都会给电力系统造成严重的危害。然而，在保护方案的构成中，防止保护误动和拒动的措施往往是互相矛盾的。由于电力系统结构和负荷性质的不同，电力元件在系统中所处的重要程度不同，误动和拒动产生的危害影响也不同，因而提高保护装置可靠性的侧重点在各种具体情况下也应有所不同。

值得说明的一点是，在强调误动更重要的时候，并不是说拒动不重要，而是说，在保证防止误动的同时，要充分防止拒动；反之，在强调拒动重要性的同时也不能忽略误动的影响。

11.1.3 继电保护的基本原理与保护装置的组成

1. 继电保护的基本原理

要完成继电保护的基本任务，保护装置必须具有正确区分被保护元件是处于正常运行状态、不正常工作状态和故障状态的能力，以及辨别是保护区内故障还是区外故障的功能。继电保护的原理就是利用电力系统发生故障前后电气物理量变化的特征为基础来构成的。电力系统发生故障后，工频电气量变化的主要特征是：

(1) 电流增大。短路时故障点与电源之间的电气设备和输电线路上的电流将由负荷电流增大至远远超过负荷电流；

(2) 电压降低。当发生相间短路和接地短路故障时，系统各点的相间电压或相电压值下降，且越靠近短路点，电压越低；

(3) 电流与电压之间的相位角改变。正常运行时电流与电压间的相位角是负荷的功率因数角，一般约为 20°；三相短路时，电流与电压之间的相位角是由线路的阻抗角决定的，一般为 60°～85°；而在保护反方向三相短路时，电流与电压之间的相位角则是 180°＋(60°～85°)；

(4) 测量阻抗发生变化。测量阻抗即测量点(保护安装处)电压与电流之比值。正常运行时，测量阻抗为负荷阻抗；金属性短路时，测量阻抗转变为线路阻抗，故障后测量阻抗显著减小，而阻抗角增大；

(5) 不对称短路时，出现相序分量，如两相及单相接地短路时，出现负序电流和负序电压分量；单相接地时，出现负序和零序电流和电压分量。这些分量在正常运行时是不出现的。

利用短路故障时电气量和非电气量的变化，便可构成各种原理的继电保护。

(1) 反应一端电气量的保护

根据发生故障时，电流、电压及电流与电压间相位角的变化构成保护判据。

1) 过电流保护。反应于电流的增大而动作。

2) 低电压(或过电压)保护。反应于电压的降低(或升高)而动作。

3) 距离保护(或低阻抗保护)。反应于短路点到保护安装地之间的距离(或测量阻抗的减小)而动作。

4) 功率方向保护。反应于短路故障时电流与电压之间相角的变化。

(2) 反应两端电气量的保护

通过检测和比较内部故障和外部故障(包括正常运行状态)时被保护元件两侧电流相位(或功率方向)的差别构成的保护判据。

1) 差动保护。反应于故障时被保护元件两端电流相位和大小的变化。

2) 高频保护。利用高频通道来传递线路两端电流相位、大小和短路功率方向信号的一种保护。

(3) 依据对称分量是否出现

电气元件在正常运行(或发生对称短路)时，负序分量和零序分量为零；当发生不对称短路故障时，一般负序和零序都较大。根据这些分量是否存在可以构成零序电流保护、负序电流保护和负序功率方向保护。

(4) 反应非电气量的保护

利用非工频电气量的保护，可以构成超高压输电线路的行波保护、电力变压器的瓦斯保护及反应电动机绕组温度升高的过负荷或过热保护等。

2. 继电保护装置的组成

传统的模拟式继电保护装置一般由测量部分、逻辑部分和执行部分组成，如图 11-2 所示。

图 11-2 模拟型继电保护装置组成方框图

(1) 测量部分

测量部分的作用是测量与被保护电气设备或线路工作状态有关的一个或几个物理量的变化，如电流、电压等的变化，并和设定的整定值进行比较，根据比较的结果，以确定电力系统是否发生了短路故障或出现不正常运行情况，从而判断保护是否应该启动。

(2) 逻辑部分

逻辑部分的作用是根据测量部分的各输出量的大小、性质、输出的逻辑状态、出现的顺序或它们的组合，使保护装置按一定的逻辑关系判定故障的类型和范围，并向执行元件发出相应的信号。

（3）执行部分

执行部分的作用是执行逻辑部分送达的命令，如故障时，发出切除故障的跳闸脉冲；不正常运行时，发出信号；正常运行时，不动作。

11.1.4 互感器的特性及其在继电保护中的应用

电力系统中测量仪表、自动装置及继电保护装置均为低电压二次设备，而二次设备不能直接接入一次系统的高电压及大电流，为此，需要一种特殊的变换器，将电力系统的一次电流及一次电压变换成与其成正比的小电流及低电压，以供给测量仪表、继电保护及自动装置，并起到一、二次的隔离作用，该变换器称为互感器。本节主要介绍电压互感器和电流互感器。

1. 电压互感器(TV)

电压互感器的作用是：将电力系统一次的高电压转换成与其成比例的低电压，输入到继电保护、自动装置和测量仪表中。它相当一个二卷或三卷降压变压器。

（1）构成及工作特点

1）一次绕组匝数很多，而二次或三次绕组匝数很少。

2）正常运行时磁通密度高。电压互感器正常运行时铁芯中的磁通密度接近饱和值，且一次电压越高，磁通密度越大；系统短路故障时，一次电压大幅度下降，其磁通密度也降低。

3）低内阻，相当于电压源。由于电压互感器的二次负载阻抗一般很大，且其内阻很小，二次输出电流则较小，因此在二次绕组上的压降相对很小，输出电压受其内阻的影响不大，故可将其看成是电压源。

4）二次回路不得短路。由于电压互感器的内阻很小，当二次出口短路时，二次电流将很大，若没有保护措施，将会烧毁电压互感器。

（2）电压互感器的变比

电压互感器的变比等于其一次额定电压与二次额定电压的比值，也等于一次绕组匝数与二次绕组匝数或三次绕组匝数之比。

设一次设备的额定电压为 U_N。在小电流系统中，保护用 TV 变比为 $\frac{U_N}{\sqrt{3}}\Big/\frac{0.1}{\sqrt{3}}\Big/\frac{0.1}{3}$kV；在大电流系统中，保护用变比为 $\frac{U_N}{\sqrt{3}}\Big/\frac{0.1}{\sqrt{3}}\Big/0.1$ kV；发电机中性点 TV 的变比应为 $\frac{U_N}{\sqrt{3}}\Big/0.1$ kV。

（3）电压互感器的接线方式

保护用三相电压互感器的接线方式，通常采用 YN，yn，Δ。如图 11-3 所示，其中 U、V、W 分别为电压互感器一次的三相输入端子；u、v、w 分别为电压互感器二次三相输出端子；du、dv、dw 分别为电压互感器三次三相绕组的输出端子；du、dn 为电压互感器三次输出端子。

2. 电流互感器(TA)

电流互感器的作用是：将电力系统的一次大电流变换成与其成正比的二次小电流，然后输入到测量仪表或继电保护及自动装置。

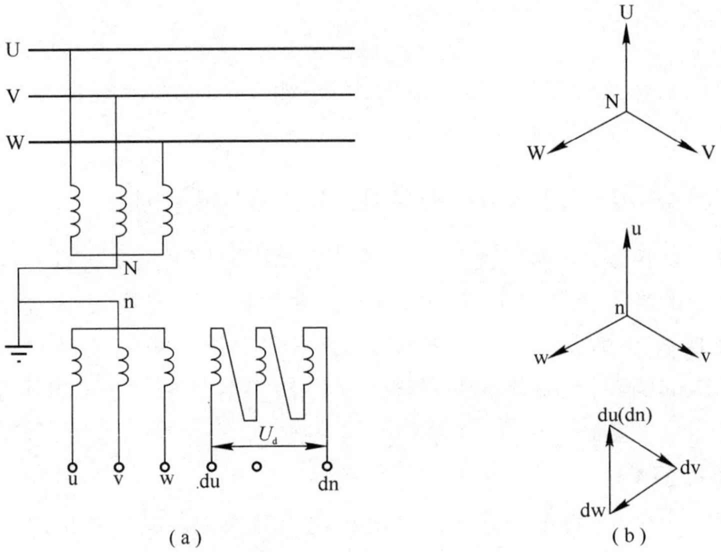

图 11-3 三相电压互感器 YN，yn，Δ 接线图

(a) 接线图；(b) 相量图

(1) 构成及工作特点

1) 一次匝数少、二次匝数多

用于电力系统中的电流互感器，其一次绕组通常是一次设备的进、出导线，只有 1 匝或 2 匝；其二次匝数却很多。例如，变比为 2 500/5 的电流互感器，其一次为 1 匝时，二次匝数有 500 匝。一次绕组中的电流完全取决于被测电路的电流，而与二次电流无关。

2) 铁芯中工作磁通密度很低、系统故障时磁通密度大

在正常工况下，电流互感器铁芯中的磁通密度很低，其一次与二次保持安匝平衡。当系统故障时，由于故障电流很大，二次电压很高，励磁电流增大，铁芯中的磁通密度急剧升高，甚至使铁芯饱和。

3) 高内阻、相当于电流源

正常运行时，铁芯中的磁通密度很低，从二次看进去，其阻抗很大，此时负载阻抗与电流互感器的内阻相比，可以忽略不计，故负载阻抗在一定范围内变化对二次电流的影响不大，可以把它看成电流源。

4) 二次负载要小、二次回路不允许开路

二次负载小，可防止运行时二次电压升高，激磁电流增大，使电流变换的误差增大。在系统故障时，电流互感器一次电流可能达额定电流的数十倍，致使铁芯饱和，电流变换误差很大，可能使保护误动或拒动。

如果运行中电流互感器二次回路开路，二次电流消失，去磁作用也随之消失，铁芯中的磁通密度很高；又由于二次匝数特多，二次感应电压会很高，有时可高达数千伏，危及二次设备及人身安全。

5) 二次回路必须有一点直接接地

防止电流互感器一、二次绕组绝缘击穿后产生对地高电压，但仅有一点接地。

(2) 常用保护的电流互感器二次回路的接线方式

常用的电流互感器二次回路接线方式有单相接线、两相星形接线和三相星形接线等,如图 11-4 所示。

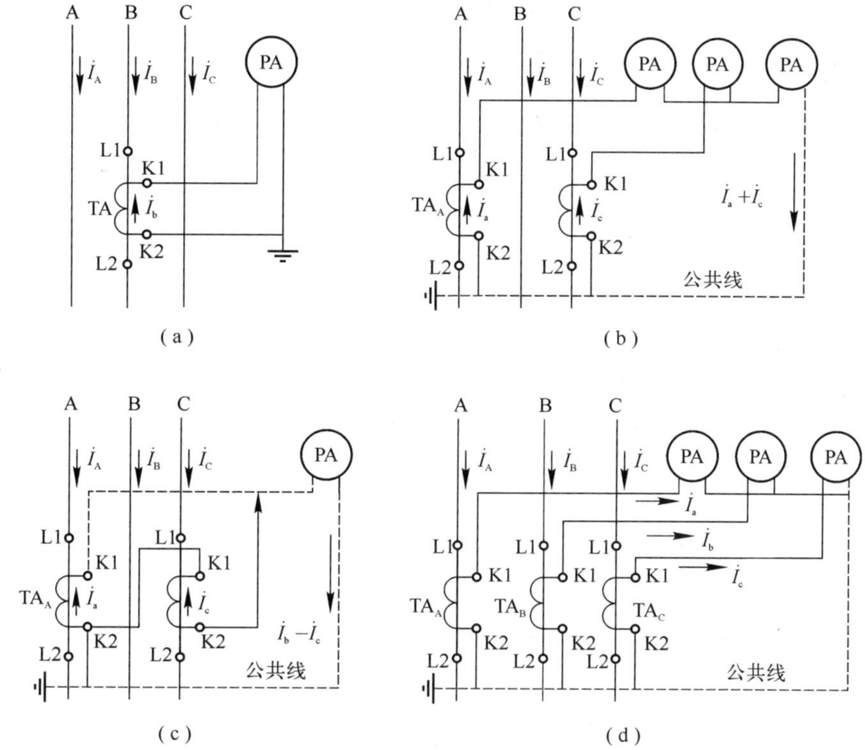

图 11-4 电流互感器接线方式

(a) 单相式;(b) 两相 V 形;(c) 两相电流差;(d) 三相 Y 形

11.2 发电机和变压器故障

根据我国的实际情况,变压器和发电机与高压输电线路元件相比,故障概率比较小。但其故障后对电力系统的影响却很大,目前在电力系统中广泛使用发电机和变压器,它们是电力系统不可缺少的重要电器设备,同时发电机和变压器本身也是非常贵重的元件。因此,应针对各种不同的故障和不正常运行状态,装设性能良好、动作可靠的继电保护装置。

11.2.1 发电机故障

1. 发电机的故障及不正常运行方式

(1) 发电机的故障

发电机内部故障主要是由定子绕组及转子绕组绝缘损坏引起的,常见的故障有:

1) 定子绕组的故障

定子绕组故障主要有:相间短路(二相短路、三相短路故障);

接地故障(单相接地、两相接地短路故障)；

匝间短路(同分支绕组匝间短路，同相不同分支绕组之间的短路)。

2) 转子绕组的故障

转子绕组故障主要有：转子绕组一点接地或两点接地；转子励磁回路励磁电流异常下降或完全消失。

(2) 发电机的不正常运行状态

发电机不正常运行状态主要有：

1) 励磁设备故障或励磁绕组短路等引发失磁，使发电机进入异步运行；

2) 负荷超过发电机额定容量而引起的三相对称过负荷；

3) 外部短路引起的定子绕组过电流；

4) 突然甩负荷而引起的定子绕组过电压；

5) 外部不对称短路或不对称负荷而引起的发电机负序过电流和过负荷；

6) 汽轮机主汽门突然关闭而引起的发电机逆功率运行；

7) 频率异常。发电机在非额定频率下运行时，可能会引起共振，使发电机疲劳损伤；

8) 发电机与系统之间失步。当发电机和系统失步时，巨大的交换功率使发电机无法承受而损坏；

9) 其他的还有启、停机故障，发电机误上电，发电机断水等。

2. 发电机保护的配置原则

发电机定子绕组或输出端部发生相间短路故障或相间接地短路故障，将产生很大的短路电流，大电流产生的热、电动力或电弧可能烧坏发电机线圈、定子铁芯及破坏发电机结构。转子绕组两点接地或匝间短路，将破坏气隙磁场的均匀性，引起发电机剧烈振动而损坏发电机；另外，还可能烧伤转子及损坏其他励磁装置。

发电机不正常运行也很危险。发电机过电压、过电流及过激磁运行可能损坏定子绕组；大型发电机失磁运行除对发电机不利之外，还可能破坏电力系统的稳定性。

针对以上故障及不正常运行状态，一般发电机应装设以下继电保护装置：

(1) 纵联差动保护装置。

(2) 对直接连于母线的发电机定子绕组单相接地故障，当单相接地故障电流(不考虑消弧线圈的补偿作用)大于表 11-1 规定的允许值时，应装设有选择性的接地保护装置。

表 11-1 发电机定子绕组单相接地故障电流允许值

发电机额定电压/kV	发电机额定功率/MW		接地电容电流允许值/A
6.3	≤50		4
10.5	汽轮发电机	50～100	3
	水轮发电机	10～100	
13.8～15.75	汽轮发电机	125～200	2①
	水轮发电机	40～225	
18～20	300～600		1

① 对氢冷发电机为 2.5 A。

对于发电机-变压器组，容量在 100 MW 以下的发电机，应装设保护区不小于定子绕组串联匝数 90% 的定子接地保护；容量在 100 MW 及以上的发电机，应装设保护区为 100% 的定子接地保护，保护带时限动作于信号，必要时动作于切机。

(3) 对于发电机定子绕组的匝间短路，当定子绕组星形连接、每相有并联分支且中性点侧有分支引出端时，应装设横差保护。

(4) 对于发电机外部短路引起的过电流，可采用下列保护方式：

1) 负序过电流及低电压启动的过电流保护；

2) 复合电压启动的过电流保护；

3) 带电流记忆的低压过电流保护用于自并励发电机。

(5) 对于由不对称负荷或外部不对称短路所引起的负序过电流，装设负序过电流保护。

(6) 对于由对称负荷引起的发电机定子绕组过电流，应装设接于一相电流的过负荷保护。

(7) 发电机励磁回路一点接地保护；对两点接地故障，应装设两点接地保护，在励磁回路发生一点接地后投入。

(8) 发电机专用失磁保护。

(9) 转子过负荷保护。

(10) 对于汽轮发电机主汽门突然关闭，发电机变电动机运行的运行方式，为防止损坏汽轮机，装设逆功率保护。

(11) 对于 300 MW 及以上的发电机，应装设过励磁保护。

(12) 其他保护：如当电力系统振荡影响机组安全运行时，在 300 MW 机组上，宜装设失步保护；当汽轮机低频运行会造成机械振动、叶片损伤，对汽轮机危害极大时，可装设低频保护；当水冷发电机断水时，可装设断水保护等。

为了快速消除发电机内部的故障，在保护动作于发电机断路器跳闸的同时，还必须动作于自动灭磁开关，断开发电机励磁回路，使定子绕组中不再感应出电动势，继续供短路电流。

11.2.2　变压器故障

1. 变压器的故障

若以故障点的位置对变压器故障分类，有油箱内部故障和油箱外部故障。

(1) 油箱内的故障

变压器油箱内的故障，主要是指发生在变压器油箱内包括高压侧或低压侧绕组的相间短路、同相部分绕组之间的匝间短路、中性点直接接地系统侧绕组的单相接地短路。

变压器油箱内部发生故障时，故障点的电弧会损坏绕组的绝缘，烧毁铁芯，使绝缘材料和变压器油汽化，引起油箱爆炸；短路电流产生电动力，可能造成变压器变形而损坏。所以，要求继电保护应尽可能快速地切除这些故障。

(2) 油箱外的故障

变压器油箱外的故障，主要是指变压器绕组引出线和套管上的故障，包括相间短路（两相短路及三相短路）故障，大电流侧的接地故障、低压侧的接地故障。

实践证明，变压器套管和引出线上的相间短路、接地短路、绕组的匝间短路是比较常见的故障形式，而变压器油箱内发生相间短路的情况比较少。

2. 变压器的不正常运行状态

变压器的不正常运行状态主要有：由于系统故障或其他原因造成的负荷长时间超过额定容量引起的过负荷；外部短路引起的过电流；外部接地短路引起的中性点过电压；变压器在过电压或低频等异常运行工况下导致变压器过激磁，引起铁芯和其他金属构件过热；油箱漏油引起的油面降低；变压器温度过高及冷却器全停等。

3. 变压器保护的配置

变压器油箱内部发生故障时，除了变压器各侧电流、电压变化外，油箱内的油、汽、温度等非电量也会发生变化。因此，变压器的保护也可以分为电量保护和非电量保护两种。保护应动作于切除变压器或发出告警信号。

(1) 电量保护

1) 纵差保护或电流速断保护

对变压器绕组、套管及引出线上的故障，应根据容量的不同，装设纵差保护或电流速断保护。保护瞬时动作后，断开变压器各侧的断路器。

a. 对 6.3 MVA 及以上并列运行的变压器和 10 MVA 单独运行的变压器以及 6.3 MVA 以上厂用变压器应装设纵差保护。

b. 对 10 MVA 以下厂用备用变压器和单独运行的变压器，当后备保护时间大于 0.5 s 时，应装设电流速断保护。

c. 对 2 MVA 及以上用电流速断保护灵敏性不符合要求的变压器，应装设纵差保护。

d. 对高压侧电压为 330 kV 及以上变压器，可装设双重纵差保护。

e. 对于发电机变压器组，当发电机与变压器之间有断路器时，发电机装设单独的纵差保护。

2) 外部相间短路时的保护

该保护类型反应于变压器外部相间短路引起的过电流，并作为瓦斯保护和纵差保护(或电流速断保护)的后备保护，主要有：过电流保护、低电压启动的过电流保护、复合电压启动的过电流保护、负序电流保护和阻抗保护。保护动作后，应带时限动作于跳闸。

a. 过电流保护宜用于降压变压器，保护装置的整定值应考虑事故状态下可能出现的过负荷电流。

b. 复合电压启动的过电流保护，宜用于升压变压器、系统联络变压器和过电流保护不满足灵敏性要求的降压变压器。

c. 负序电流和单相式低电压启动的过电流保护，一般用于容量为 63 MVA 及以上的升压变压器。

d. 对于升压变压器和系统联络变压器，当采用上述 b、c 的保护不能满足灵敏性和选择性要求时，可采用阻抗保护。对 500 kV 系统的联络变压器，高、中压侧均应装设阻抗保护。保护可带两段时限，以较短的时限用于缩小故障影响范围，较长的时限用于断开变压器各侧断路器。

3) 外部接地短路时的保护

对中性点直接接地电网，由外部接地短路引起过电流时，如变压器中性点接地运行，应装设零序电流保护。零序电流保护通常由两段组成，每段可各带两个时限，并均以较短的时限动作于缩小故障影响范围或动作于本侧断路器，以较长的时限动作于断开变压器各侧的断路器。

当电力网中部分变压器中性点接地运行，为防止发生接地时，中性点接地的变压器跳闸后，中性点不接地的变压器(低压侧有电源)仍带接地故障继续运行，应根据具体情况，装设专用的保护装置，如零序过电压保护，中性点装设放电间隙加零序电流保护等。

4）过负荷保护

当数台并列运行或单独运行并作为其他负荷的备用电源时，应根据可能过负荷的情况装设过负荷保护。

过负荷保护应接于一相电流上，带时限动作于信号。必要时可动作于自动减负荷或跳闸。

5）过励磁保护

高压侧为500 kV及以上的变压器应装设过励磁保护。

在变压器允许的过励磁范围内，保护作用于信号，超过允许值时，可动作于跳闸。过励磁保护反应于实际工作磁通密度和额定工作磁通密度之比(称过励磁倍数)而动作。

(2) 非电量保护

非电量保护装设在变压器的内部。变压器非电量保护，主要有瓦斯保护、压力保护、温度保护、油位保护及冷却器全停保护。

1）瓦斯保护

瓦斯保护是变压器油箱内绕组短路故障及异常的主要保护。其作用原理是：变压器内部故障时，在故障点产生往往伴随有电弧的短路电流，造成油箱内局部过热并使变压器油分解、产生气体(瓦斯)，进而造成喷油、冲动瓦斯继电器，瓦斯保护动作。

瓦斯保护分为轻瓦斯保护及重瓦斯保护两种。轻瓦斯保护动作于信号，重瓦斯保护动作于跳开变压器各电源侧的断路器。

a. 轻瓦斯保护

轻瓦斯保护继电器由开口杯、干簧接点等组成。运行时，继电器内充满变压器油，开口杯浸在油内，处于上浮位置，干簧接点断开。

工作原理：当变压器内部发生轻微故障或异常时，故障点电流和电弧的作用，使变压器油及其他绝缘材料因局部过热，引起部分油膨胀，油内的气体被逐出，形成汽泡，进入气体继电器内，迫使油面下降，开口杯转动，使干簧接点闭合，发出信号。

b. 重瓦斯保护

重瓦斯保护是油箱内部故障的主保护，能反映变压器内部的各种故障。

重瓦斯保护继电器由挡板、弹簧及干簧接点等构成。

工作原理：当变压器油箱内发生严重故障时，很大的故障电流及电弧使变压器油会迅速膨胀分解，并产生大量气体，此时将有大量气体夹杂着油流冲击挡板，带动磁铁并使干簧触点闭合，作用于切除变压器。

当变压器少数绕组发生匝间短路时，产生的差流可能很小，差动保护会拒动。此时，重瓦斯保护可以可靠地切除故障。

2）压力保护

压力保护也是变压器油箱内部故障的主保护。其作用原理与重瓦斯保护基本相同，但它是反应变压器油的压力的。压力继电器又称压力开关，由弹簧和触点构成。置于变压器本体油箱上部。当变压器内部故障时,温度升高,油膨胀压力增高,弹簧动作带动继电器动接点,使接点闭合,切除变压器。

3) 温度及油位保护

当变压器温度升高时,温度保护动作发出告警信号。油位保护是反映油箱内部油位异常的保护。运行时,因变压器漏油或其他原因使油位降低时动作,发出告警信号。

4) 冷却器全停保护

为提高传输能力,对于大型变压器均配置有各种冷却系统。在运行中,若冷却系统全停,变压器的温度将升高。若不及时处理,可能导致变压器绕组绝缘损坏。冷却器全停保护是在变压器运行中冷却器全停时动作。其动作后应立即发出告警信号,并经长延时切除变压器。

11.3 常见的继电保护装置工作原理

11.3.1 过电流保护

电力系统发生短路会引起流过故障元件的电流显著上升,利用这一特点实现的保护称为电流保护。电流保护具有动作迅速、简单可靠、易于整定管理的优点,获得广泛的应用。

现以最简单的过电流保护装置为例,来说明带时限过电流保护的工作原理。

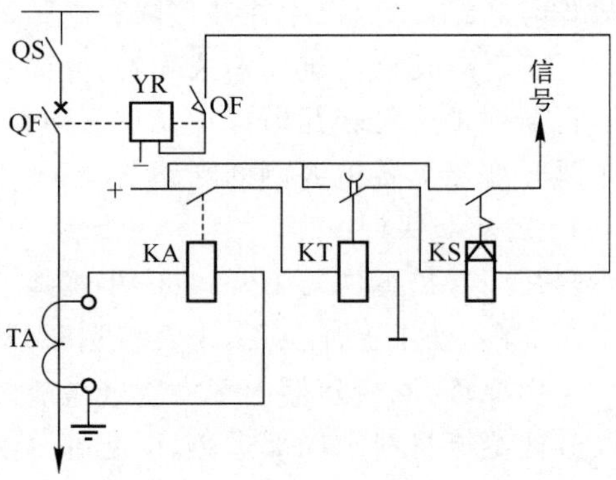

图 11-5 线路过电流保护装置单相原理接线图

在图 11-5 所示线路过电流保护装置的原理接线图中,电流继电器 KA 的线圈接于被保护线路电流互感器 TA 的二次回路,这就是保护的测量回路,它监视被保护线路的运行状态,用以测量线路中电流的大小。在正常运行情况下,线路中通过最大负荷电流时,继电器不动作;当被保护线路发生短路故障时,流入继电器 KA 线圈回路的电流大于继电器的动作电流时,电流继电器立即动作,触点闭合,接通逻辑回路中时间继电器 KT 的线圈回路,时间继电器启动并经延时后触点闭合,接通执行回路中的信号继电器 KS 和断路器 QF 跳闸线圈 YR 回路,使断路器 QF 跳闸,切除故障。

11.3.2 二次谐波制动的变压器纵差保护

双绕组或三绕组电力变压器的励磁涌流中均含有较大成分的二次谐波分量,但在变压器内部故障或外部故障的短路电流中,二次谐波分量所占比例较小,利用上述特点可构成二次谐波制动的纵差保护,有效地躲过励磁涌流的影响。在变压器纵差保护中广泛采用具有比率制动和二次谐波制动的差动保护装置。

工作原理如图 11-6 所示,此二次谐波制动的变压器纵差保护的一般性原理接线图,主要包括下面四个部分。

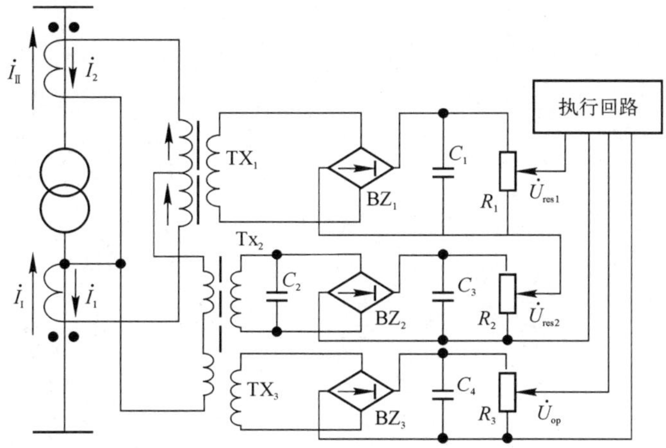

图 11-6 二次谐波制动的纵差保护装置原理接线框图

1. 比率制动回路

由 TX_1、BZ_1、C_1和 R_1元件组成，其中 C_1 为滤波电容，R_1 为可调电阻，通过调节 R_1 可改变制动系数 K_{res}的大小，从 R_1 上抽取的电压 U_{res1} 即为制动电压。

系统在正常运行或外部故障时，流经 TX_1原边两个线圈的电流($\dot{I}_1$ 和 $\dot{I}_2$)方向相同，在二次线圈上感应生成一个与之成正比的制动电压，由于该电压数值较大，对执行回路起制动作用，故此种情况下，保护装置不会动作。当变压器发生内部故障时，两侧电流中总有一侧电流($\dot{I}_2$ 和 $\dot{I}_1$)的方向要改变或消失，因此 TX_1原边电流减小，副边的感应电势也随之相应减小，所以制动作用大大减弱，此时保护装置将启动。

2. 二次谐波制动回路

由 TX_2、C_2、BZ_2、C_3和 R_2元件组成。其中电容 C_2与 TX_2二次线圈的电感构成二次谐波并联谐振回路，C_3 为滤波电容，R_2 为可调电阻，可以利用调节 R_2来改变 $\dot{U}_{res2}$的大小。

并联谐振回路对二次谐波呈现出很大的阻抗，致使输出电压较高，经 C_3滤波后的二次谐波制动电压较大。

上一部分抽取的比率制动电压 U_{res1} 和二次谐波制动电压 $\dot{U}_{res2}$ 在电路中是相叠加的，其合成电压称为总制动电压 $\dot{U}_{res}$，即 $\dot{U}_{res}=\dot{U}_{res1}+\dot{U}_{res2}$。

3. 差动回路

由 TX_3、BZ_3、C_4和 R_3组成。由于 TX_3的一次线圈接在差动回路中，因此 R_3上的抽取电压 U_{op}即为继电器动作电压，调节 R_3即可改变继电器动作电流的大小。

4. 执行回路

用来反映动作电压 $\dot{U}_{op}$与制动电压 $\dot{U}_{res}$的比较结果。当 $\dot{U}_{res}>\dot{U}_{op}$时，继电器不动作；当 $\dot{U}_{op}>\dot{U}_{res}$时，继电器应能可靠动作。

11.3.3 变压器瓦斯保护

变压器瓦斯保护装置的原理接线如图 11-7 所示。

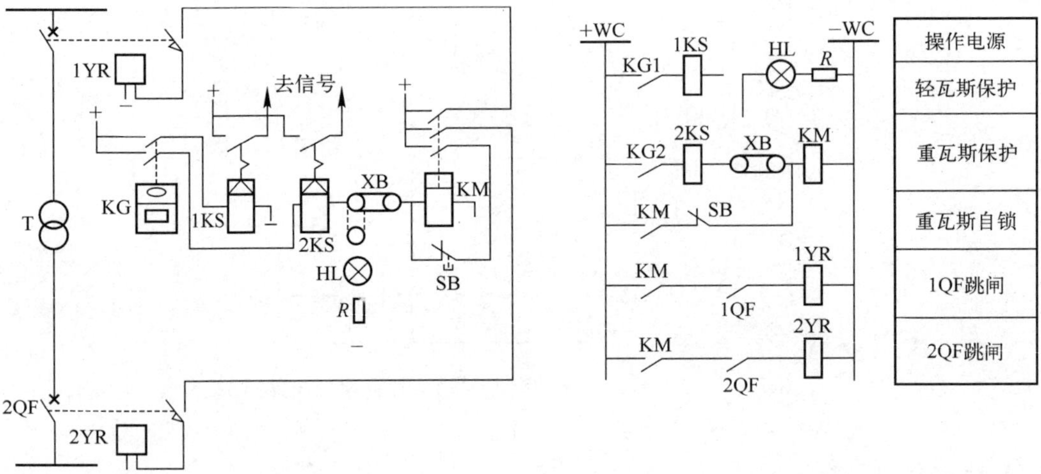

(a) (b)

图 11-7 变压器瓦斯保护装置原理图

(a) 原理接线图；(b) 原理展开图

瓦斯继电器 KG 的上接点由开口杯控制，当有少量气体进入时，开口杯转动，接点闭合经信号继电器 1KS 后延时发出"轻瓦斯动作"信号。KG 的下接点由挡板控制，当混杂着大量气体的油流冲击挡板时，使下接点闭合，经信号继电器 2KS 启动继电器 KM，使变压器两侧的断路器(1QF 和 2QF)跳闸。

图中的出口中间继电器 KM 具有自保持功能，通过 KM 第三对触点进行自锁。其目的是为防止变压器油箱内严重故障时油速不稳定，出现跳动现象而失灵，以此保证断路器可靠跳闸。其中按钮 SB 的作用是用于解除自锁，另外，也可用断路器的辅助常开触点实现自动解除自锁。

出口回路设有切换片 XB，其目的是为防止瓦斯保护在瓦斯继电器试验、变压器换油、变压器新安装或大修后投入运行之初时误动作，在这些情况下，将 XB 切换至电阻 *R* 侧，可使重瓦斯保护改为只发信号。

11.3.4 发电机纵差保护

发电机纵差保护装置的工作原理是利用比较发电机中性点侧和引出线侧电流幅值和相位的原理构成的。以单相为例，保护的单相原理接线如图 11-8 所示。在发电机中性点侧和引出线侧装设特性和变比完全相同的电流互感器(1TA 和 2TA)来实现纵联差动保护。差动继电器 KD 与两侧电流互感器的二次绕组并联。电流互感器二次绕组按照循环电流法接线，即如果两组电流互感器一次侧的极性分别以中性点侧和母线侧为正极性，则二次侧同极性端相连接。此纵差动保护的范围在两组电流互感器之间，显而易见，纵差保护在原理上不反应负荷电流和外部短路电流，只反应发电机两侧电流互感器之间保护区内的故障电流，因此，纵差保护在时限上不必与其他时限配合，可以瞬时动作使断路器跳闸。

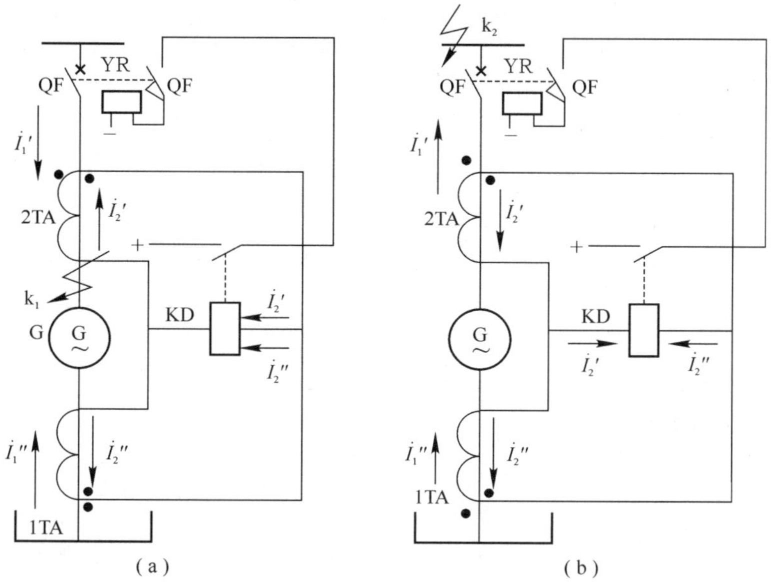

图 11-8　发电机纵差保护装置单相原理图
(a) 内部故障情况；(b) 正常运行及外部故障情况

发电机内部故障时，如图 11-8 (a)所示，在 k_1 点发生短路，流过差动继电器中的电流为两侧电流互感器的一、二次侧电流之和，即 $\dot{I}_d=\dot{I}_2'+\dot{I}_2''$。当 $\dot{I}_d$大于继电器的整定电流时，继电器动作。

在正常运行或区外故障时，如图 11-8(b)所示，在保护区外的 k_2 点发生短路，差动继电器中的电流为两侧电流之差，即 $\dot{I}_d=\dot{I}_2'-\dot{I}_2''$。在理想情况下，循环电流回路两臂引线阻抗相同、两侧电流互感器特性一致和铁芯剩磁完全一样，则两侧二次电流相等，流过继电器的电流为零。但实际上差动继电器中流过很小的电流，此电流称为不平衡电流。

11.4　大亚湾核电站发电机和变压器的继电保护

11.4.1　发电机-变压器组继电保护系统

设置发电机-主变压器组继电保护系统(GPA)的目的是在保护范围内发生电气或机械故障时，对本系统的主设备提供保护，以减轻危害，确保电站和系统的安全运行。

在 GPA 系统保护范围内的电气设备主要有：

发电机定子和转子；主变压器；主变压器 400 kV 侧(对于 1 号机组)或 500 kV(对 2 号机组)差动保护用的电流互感器之内的 SF_6 封闭母线；降压变压器 A；降压变压器 B；连接发电机、主变压器以及降压变压器 A、B 之间的封闭母线。

此外，对发生在本系统所保护的设备范围以外的异步运行、不平衡负荷、逆功率等外部故障，也能起保护作用。

GPA 系统继电保护设置见图 11-9。根据故障发生的地点和类型设置各种类型继电器，实现继电保护功能。

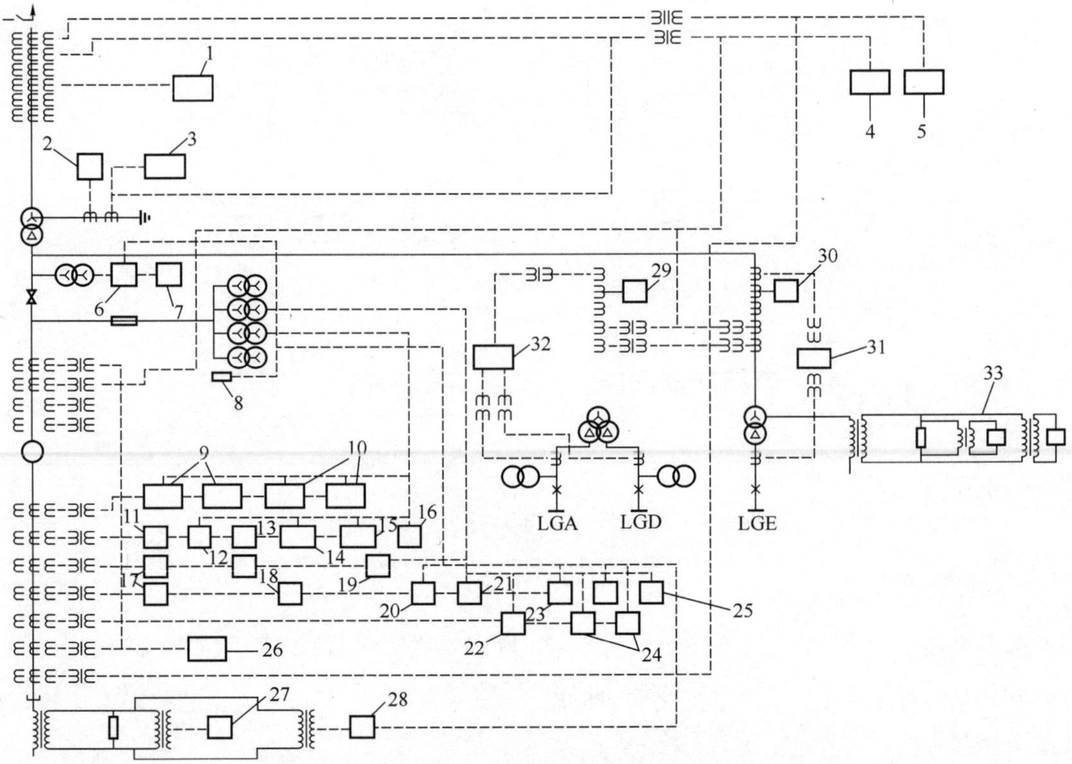

图 11-9　发电机-变压器组继电保护方框图

1—主变过流保护；2—主变压器零序后备保护；3—主变压器限制性接地保护；4—主变压器差动保护；5—发电机-变压器组差动保护；6—同期装置；7—变压器过励磁保护；8—发电机过励磁保护；9—有功电度表；10—无功电度表；11—发电机电度表；12—发电机有功功率表；13—发电机无功功率表；14—发电机有功功率记录表；15—发电机矢量表；16—发电机矢量表；17—负序保护；18—发电机负序开关禁止跳闸闭锁装置；19—发电机失磁保护；20—发电机失磁保护；21—发电机低电压过流保护；22—发电机逆功率保护；23—发电机滑极保护；24—正向低功率联锁；25—电压互感器监视；26—发电机差动保护；27—发电机 95%定子接地保护；28—发电机 100%定子接地保护；29—降压变压器 A 过流保护；30—降压变压器 B 过流保护；31—降压变压器 B 差动保护；32—降压变压器 A 差动保护；33—20 kV 母线接地保护

11.4.2　发电机继电保护配置和性能

1. 发电机纵联差动保护

纵联差动保护是发电机内部相间短路的主保护，采用差动继电器 DIX111a 型实现该功能。

2. 发电机定子接地保护

发电机中性点采用了经接地变压器（二次侧接低值电阻）接地后，流经发电机中性点故障电流被限制在 10 A 以内，此值无法使发电机差动保护动作（发电机定子差动保护动作整定值为定子额定电流的 10%～20%左右）。因此，必须单独设置发电机定子接地故障保护。

发电机定子接地保护装有下列两组电压继电器：

（1）UBX117 型：95%定子接地保护继电器，采用响应中性点电压偏移的电压继电器，保护定子绕组从机端至中性点方向的 95%。

（2）GLX104 型：100%定子接地保护继电器，该继电器实际上由两部分构成，一个常规响应定子绕组中性点电压偏移的 95%接地故障保护元件及一个注频测量元件，它通过监测中性线中三次谐波电流。其保护范围包括未被 95%接地保护所保护的靠近中性点附近的 5%定子绕组。

3. 发电机负序保护

负序保护采用两个 IPX146 负序电流保护继电器构成，该继电器设有两个阶段的输出电路。第一阶段输出仅用于报警，配有不少于 3 s 的可调的定时延迟；第二阶段输出用于跳闸，延时时间的整定范围为 0.5～5 s。负序电流继电器是按反时限的特性动作。

4. 发电机失磁保护

发电机失磁保护采用 ZPX103 型低阻抗继电器，该继电器具有阻抗圆的特性。在启动回路串联有一个 SGX115 型延时继电器，它是利用积分元件，因此，通过调整阻抗圆的圆心位置及延时元件可判断是失磁故障或是功率摆动，借此可避免保护动作。

5. 发电机失步保护

虽然在现代的电力系统中发电机失步状态相对地很少出现，但失步的可能性还是存在，且发电机失步带来很大危害性，所以应考虑发电机的滑极保护。当出现滑极时，首先的措施是在适当的地方将系统解列。

大亚湾核电站发电机滑极保护采用 ZPT408-1 型滑极继电器，并配置脉冲计算器 RGX 101-1。

6. 发电机逆功率保护

发电机的逆功率保护采用一个具有灵敏度小于 0.5%额定功率的 PPX105 b 型的功率方向继电器，用来探测由于发电机变为电动机运行的功率反向。继电器具有单一的功率测量元件，与时间积分器 SGX116 配合使用。

7. 发电机低频保护

设置低频保护是为了保护电厂的辅助设备，避免频率波动对汽轮机和电站辅助传动机械的危害。该保护设计为两个阶段：第一阶段跳发电机超高压侧开关，机组带厂用电运行；第二阶段经进一步延时使机组停运。

低频保护是采用高准确度的数字式测量原理的 FCX1036 型低频继电器，其基本单元包括一个系统频率测量级。

8. 发电机低电压控制过流保护

发电机低电压控制过电流保护是发电机相间短路时主保护（差动保护）的后备保护。

低电压控制过流保护采用一个 IUX159 型继电器。继电器只测量故障电流的第一个半波，通过低电压继电器将其测量所得的信号储存下来，在后备延时时间内，由低电压是否消失为判据，确定继电器是发出跳闸信号还是返回。

9. 过励磁保护

采用 UFX132 型发电机过励磁继电器，仅当两个超高压断路器打开时和发电机负荷开关闭合时，这个保护才投入工作，并在第一阶段发报警信号，第二阶段作用于跳闸。

11.4.3 变压器继电保护配置和性能

主变压器保护装置包括：

发电机-变压器组差动保护；主变压器差动保护；主变压器零序差动保护；主变压器过电流保护；主变压器及带负荷分接开关瓦斯保护（油涌流）第二阶段；主变压器高压侧 T 接点保护。

联络变压器继电保护装置包括：

每台联络变压器除瓦斯保护外，还装设两套独立的无偏压差动保护，作为变压器相间和相对地故障保护，还设有相应的后备和辅助保护，包括 400 kV 过电流，500 kV 过负荷和过电流、线圈和油温监测。此外，还装有变压器油箱压力释放保护装置以及带负荷调压装置等保护。

220 kV 辅助电源系统变压器保护装置包括：

变压器纵联差动保护（主保护）；单相接地保护。这两种保护装置动作于该变压器 220 kV 断路器跳闸。瓦斯保护：第一级动作于信号；第二级动作于 220 kV 断路器跳闸。

过电流保护：装设在变压器 6.8 kV 侧，作为变压器 6.8 kV 母线及引出电缆短路保护，保护装置动作于变压器 220 kV 侧断路器跳闸。

6.6 kV 中压厂用变压器保护装置包括：

厂用降压变压器 A：纵联差动保护；低频保护；瓦斯保护；过电流保护；低电压保护。厂用降压变压器 B：纵联差动保护；低频保护；瓦斯保护；过电流保护；低电压保护。辅助变压器（6.6kV 进线盘）配置为：过电流保护。

1. 变压器纵联差动保护

主变压器纵联差动保护采用的差动继电器为：DIX110a 型，这种类型继电器也应用于三绕组降压变压器 A 及发电机-变压器组的全差动保护；双绕组降压变压器 B 采用的差动继电器型号为：DIX109a 型。

2. 变压器接地故障保护

变压器高压侧接地故障保护设置有两套保护：一个主变压器高压侧限制性接地保护和一个主变压器备用接地故障保护。

主变压器高压侧限制性接地保护由一个 IBX164 型单极瞬时动作的过电流继电器，外部配置具有非线性电阻特性的电压限制器元件构成。保护装置的保护范围从位于主变压器高压侧供差动保护用的电流互感器的安装处到主变压器高压侧中性线之间的接地故障。

主变压器备用接地故障保护由一个具有定时限特性的 IBX164 型过流继电器构成，保护装置的交流输入取自主变压器中性线上的零序电流互感器，保护的延时可以整定。

3. 变压器后备过电流保护

过电流保护作为主变压器高压侧后备保护，采用具有反时限特性的 IKC602/228 型继电器。延时 2.5 s 后跳主变压器超高压侧断路器，机组带厂用电运行；在延时 4.0 s 后跳发电机负荷开关，机组停运。

过电流保护作为降压变压器的后备保护，采用 IKC602/228 型三级反时限过流继电器。该保护必须与 6.6 kV 侧厂用电馈线保护相配合，动作时间较长。

11.5 中国实验快堆发电机和变压器的继电保护

本章中的前几节主要介绍的是采用继电器实现继电保护的传统方式，大亚湾核电站应用的也是这种模拟型继电保护方式，而在中国实验快堆则选用的是数字式微机综合保护装置。

11.5.1 微机继电保护组成及工作原理

数字型的微机继电器保护是把被保护设备和线路输入的模拟电气量经模数（A/D）转换器变换为数字量，利用计算机进行处理和判断。计算机由硬件部分和软件部分组成，微机继电保护硬件部分组成主要包括以下系统。

1. 数据采集系统 DAS（或模拟量输入系统）

数据采集系统包括电压形成、模拟滤波（ALF）、采样保持（S/H）、多路转换（MPX）以及模拟转换（A/D）等功能块，完成将模拟输入量准确地转换为微机所需的数字量。

2. 微机主系统（CPU）

微机主系统包括微处理器（MPU）、只读存储器（ROM）或闪存内存单元（FLASH）、随机存取存储器（RAM）、定时器、并行接口以及串行接口等。微机执行存放在只读存储器中的程序，将数据采集系统输入至 RAM 区的原始数据进行分析处理，完成各种继电保护的功能。

3. 开关量（或数字量）输入/输出系统

开关量输入/输出系统由微机若干个并行接口适配器、光电隔离器件及有接点的中间继电器等组成，以完成各种保护出口跳闸、信号报警、外部接点输入及人机对话、通信等功能。

微机继电保护硬件部分的原理框图如图 11-10 所示。

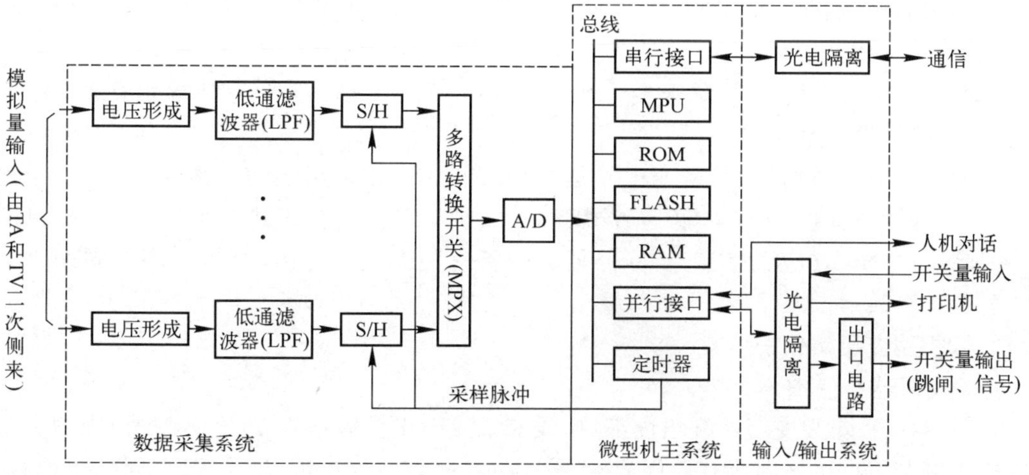

图 11-10 微机继电保护硬件部分原理框图

被保护设备或线路的交流电流、电压经电流互感器和电压互感器输入到微机保护的输入通道。由于需要同时输入多路电压和电流(如三相电压和三相电流),因此需要配置多路输入通道。在输入通道中,首先经变换器将电流和电压变换为适于微机保护用的低电压量(±5～±10 V),再由模拟低通滤波器滤除直流分量、低频分量和高频及各种干扰波后,进入采样保持(S/H)电路,将一个在时间上连续变化的模拟量转换为时间上的离散量,完成对输入模拟量的采样。通过多路转换开关(MPX)将多个输入电气量按输入时间前后分开,依次送到 A/D 转换器,将模拟量转换为数字量进入微机系统进行运算处理,判断是否发生故障,通过开关量输出通道输出,经光电隔离电路送到出口继电器,从而接通跳闸线圈,启动调整回路。

人机接口部分的作用是建立起微机保护与使用者之间的信息联系,以便对装置进行人工操作、调试和信息反馈。外部通信接口的作用是提供微机局域通信网络以及远程通信网络的信息通道。

软件部分是根据保护的工作原理和动作要求编制的计算程序,不同原理的保护计算程序不同。微机保护的计算程序是根据保护工作原理的数学模型即数学表达式来编制的。这种数学模型称为计算机继电保护的算法。通过不同的算法便可以实现各种保护功能。各种类型保护的计算机硬件和外围设备可以是通用的,只要计算程序不同,就可以得到不同原理的保护,而且计算机可以根据系统运行方式的改变自动改变动作的整定值,使保护具有更大的灵活性。保护用计算机有自诊断能力,不断地检查和诊断保护本身的故障,并及时进行处理,大大地提高了保护装置的可靠性,并能实现快速动作的要求。

11.5.2 中国实验快堆继电保护配置

中国实验快堆 1×25 MW 发电机组接入快堆电厂 10 kV 母线,以变压器-线路组形式接入榆管营 220 kV 变电所 110 kV 母线。本电厂不设 110 kV 母线,110 kV 最终出线为一回。中国实验快堆分为前期和终期两阶段,前期主要是指 110 kV 倒送电调试阶段,终期是指并入 110 kV 电网发电阶段。为保证中国实验快堆的启动和正常停堆,前期时主变压器需降压运行。

中国实验快堆的继电保护配置如下。

1. 110 kV 线路

前期时 110 kV 站作为降压变电站运行,由于 110 kV 线路为终端负荷线路,所以 110 kV 线路不设线路保护。

终期时 110 kV 站作为升压变电站运行,110 kV 线路采用相间距离保护、接地距离保护、零序方向过流保护、失步及低周、低压解列保护。保护动作于跳开主变 110 kV 侧断路器,并连跳发电机出口及厂用分支断路器。配备三相一次重合闸功能,采用检同期重合方式。配置一台故障录波器柜。

2. 微机型变压器保护

(1) 变压器主保护

1) 差动保护作为变压器绕组内部,出线套管及引出线短路故障的主保护。因中国实验快堆中主变与发电机之间接有厂用分支,故差动保护取三侧电流,即主变高压侧、发电机侧、厂用分支侧。保护区内故障无时限跳开主变 110 kV 侧断路器、发电机出口及厂用分支断路器。

2）变压器内部故障时，主变本体及有载调压瓦斯保护、主变压力释放阀保护无时限跳开主变 110kV 侧断路器、发电机出口及厂用分支断路器。主变本体轻瓦斯、油面温度高动作于信号。

对于变压器主保护而言前期与终期相同。

（2）变压器后备保护

1）复合电压启动的过电流保护是为防御变压器外部短路引起过电流而设置的，装于主变高压侧。

采用复合电压闭锁来提高保护的灵敏度。

前期时采用三段式复合电压闭锁过电流保护。以 t_1 时限动作跳开厂用分支断路器；以 t_2 时限动作跳开发电机出口断路器及灭磁和停汽机；以 t_3 时限动作跳开主变高压侧断路器、发电机出口断路器及厂用分支断路器、灭磁和停汽机。

终期时保护分两部分：两段式复合电压闭锁方向过电流保护和一段式复合电压闭锁过流保护。带方向的复合电压闭锁过电流保护以 t_1 时限动作跳开厂用分支断路器，t_2 延时动作于跳开发电机出口断路器及灭磁和停汽机。不带方向的复合电压闭锁过电流保护的动作时限应大于带方向过电流保护，动作时应跳开主变高压侧断路器、发电机出口断路器及厂用分支断路器、灭磁和停汽机。

2）前期时主变零序保护不投入。终期时根据主变压器中性点是否接地运行，采用零流、零压保护。跳开变压器各侧断路器。

3）前期和终期均采用过荷保护，延时动作发信号。

4）前期和终期均采用过负荷调压闭锁及启动主变通风保护功能。

3. 微机型发电机保护

由于前期时发电机不投入运行，所以保护不投入。

（1）发电机主保护

终期时采用差动保护作为发电机的主保护，反应发电机定子绕组及其引出线的相间短路故障。保护跳开发电机出口断路器及灭磁和停汽机。

（2）发电机后备保护

1）终期时采用的复合电压启动的过电流保护是为防御发电机外部短路引起过电流的相间短路保护。动作时应跳开主变高压侧断路器、发电机出口断路器及厂用分支断路器、灭磁和停汽机。动作时限应躲过主变压器高压侧外部线路的后备保护。

2）终期时为发电机装设对称过负荷保护，带时限动作于信号。

3）终期时为防止发电机定子绕组单相接地故障电流大于允许值而装设零序过流保护。按规范要求，当接地故障电流大于 4 A 时，保护应动作于跳开发电机出口断路器；当接地故障电流小于 4 A 时，保护可动作于信号。

4）终期时装设转子接地保护装置作为发电机励磁回路的接地保护。转子一点接地时发信号，两点接地时跳开发电机出口断路器。

4. 10 kV 厂用电系统

10 kV 厂用电系统 H02A 和 H02B 两段母线分列运行，其每段母线的正常工作电源分别引自发电机出口断路器厂用分支处；其备用电源分别引自中国原子能科学研究院西变电所10 kV母线。

(1) 10 kV厂用电系统H02A和H02B两段母线正常工作电源进线柜(101AH、201AH)与备用电源进线柜(201AH、202AH)之间设有备用电源自动投入装置,分别选用北京德威特DVP-626型和DVP-651型微机综合保护装置。由于中国实验快堆前期无备用电源接入,所以备自投装置可以解除。在终期时电源备自投装置投入。

(2) 厂用变压器馈线设有高压侧速断保护、电流启动——复合电压保持后备保护、低压侧单相接地保护。其保护装置选用ABB综合保护装置。

(3) 厂用电动机馈线设有速断保护、反时限过电流保护和低电压保护。其保护装置选用ABB综合保护装置。

11.5.3 发电机和变压器保护装置的选择

1. 发电机保护装置选择

发电机保护装置选用北京德威特电力系统自动化集团DVP-681型、DVP-682型、DVP-683型和DVP-611型综合保护装置,分别来实现发电机差动保护、后备保护、转子接地保护和分散式监控等。

(1) DVP-681型

本装置专用于50 MW及以下容量发电机的差动保护,由监控和保护两套完全独立的系统组成。同DVP-682微机发电机定子保护装置、DVP-683发电机转子保护装置一起构成发电机成套保护。

(2) DVP-682型

本装置适用于发电机,作为发电机复合电压启动过流保护、定子接地(零序过流)保护、发电机匝间短路(横差)保护、过电压保护和过负荷报警,同DVP-681发电机差动保护、DVP-683发电机转子接地及失磁保护一起组成成套保护系统。装置同时具有一路完整电气防跳回路,可完成一台开关的操作功能。

(3) DVP-683型

本装置适用于水力发电机,作为发电机转子接地保护和发电机失磁保护,与常规保护不同,转子接地保护不需在转子回路叠加任何信号而直接测量对地绝缘电阻值,且不存在测量死区,失磁保护也不需测量机端阻抗而直接测量励磁电流电压,判据简单,动作准确可靠。装置同DVP-681发电机差动保护、DVP-682发电机后备保护一起组成成套保护系统。

转子一点接地保护部分直接整定绝缘电阻值,当实测绝缘电阻小于整定值时,2 s内发转子一点接地动作信号。

转子一点接地保护动作后,若机端零序电压二次谐波大于1 V,发转子两点接地信号。

失磁保护直接整定励磁电流值,当实测励磁电流小于整定值时,第一延时发出失磁报警信号,第二延时发出失磁切机及灭磁开关动作信号,失磁保护可选择经机端低电压闭锁及经励磁低电压闭锁。

测量部分由励磁电流测量、励磁电压测量、机端电压测量、转子回路绝缘电阻测量组成,由装置显示器轮流或定点显示任一电气参数。

(4) DVP-611型

适用于各种电压等级的电力系统,完成一个单元的所有控制、测量及重合闸放电功能。

2. 变压器保护装置选择

变压器保护装置选用北京德威特电力系统自动化集团 DVP-621 型、DVP-622 型、DVP-606 型和 DVP-611 型综合保护装置，分别来实现变压器差动保护、后备保护、非电量保护和分散式监控等。

(1) DVP-621 型

本装置专用于各种容量的变压器，由监控和保护两套完全独立的系统共同构成主变差动保护，采集高、低压侧共 6 个电流量适用于双圈变差动保护，同 DVP-622 微机变压器后备保护装置一起构成变压器成套保护。

装置控制部分可采集分接头位置编码并接受主机命令实现主变分接头升降控制，由主机完成系统电压无功最优控制。

(2) DVP-622 型

本装置专用于各种容量的变压器，由监视和保护两套完全独立的系统共同构成，作为双圈或三圈变压器的后备保护，要求在主变各侧中凡需要安装后备保护的一侧各装一套本装置，同 DVP-621 主变差动保护一起组成成套保护系统。装置同时具有一路完整电气防跳回路，可完成一台开关的操作功能。

(3) DVP-606 型

DVP-606 主要用于主变压器非电量保护，分接头位置采集及升降控制，主变温度测量，该装置同 DVP-621，DVP-622，DVP-625，DVP-626 等装置配合构成主变成套保护控制系统。

装置面板配有重瓦斯、轻瓦斯、压力释放保护报警灯、装置故障报警灯及保护动作的独立的空接点输出。装置运行过程中，交替显示主变温度和分接头位置。

上述保护装置均具有以下功能：

监视功能配有装置故障报警、保护定值不合理报警、控制回路断线报警、TV、TA 断线报警及每种保护动作的独立信号空接点输出。

CAN 总线网络控制功能实现装置同网络上其他设备间进行实时的数据交换。完成遥测、遥信、遥控、遥调及远方修改保护定值、远方信号复归等功能，直接构成发电厂、变电站综合自动化系统。

11.5.4　德威特 DVP600 系列装置的主要特点

1. 分散式系统

按每种保护类型对应于一个小机箱设计，装置可下放到开关附近安装，同主机之间由 CAN 总线通讯电缆联络。由于发电厂、变电站发生事故很多都由大量复杂的连接电缆不良造成的，把监控保护分散到就地完成，仅由普通屏蔽双绞线和主机联络，主机只作日常管理工作，避免了以往将所有测量、控制、保护、信号线都接入主控室，极大简化二次接线，节省了投资，提高了系统可靠性及可维护性、减少了事故隐患。

2. 硬件标准化

机箱只有四块小插件组成，电路原理简单、易于掌握，插件硬件通用，不需任何调节就可互换到 DVP-600 系列不同用途的机箱中，更换后测量精度不受影响，便于系统快速修复。

3. 微机保护和监控两方面既统一又不丧失独立性

在同一机箱内将各功能分散到保护 CPU、监控 CPU、通讯 CPU 中并行处理，保护 CPU 一个插件、监控 CPU 和通讯 CPU 一个插件，各插件独立工作，由串行通讯电缆联络，保护插件和监控插件分别由各自独立电源供电，独立地跳、合闸出口继电器。

4. 微机保护硬件双重化设计

双重化装置开关电源，双重化保护 CPU，多重化出口继电器。

5. 先进、高速的通讯网络

采用高可靠 CAN 总线工业控制现场网络，网上任意设备间均可直接进行数据交换，接口芯片自动完成网络协议和校验，监控主站数量任意增减，彻底克服主从式网络结构的瓶颈现象。

6. 高可靠性

所有元件均采用 CMOS 工业级芯片，抗干扰能力强，故障率极低，独特的布线设计、电磁屏蔽、软硬件冗余、瞬态抑制使装置具有高抗干扰能力，任一元件损坏均保证自动进行及时有效的处理，任何情况下不影响正常工作。

7. 全密封钢结构防振机箱

由于低功耗无须考虑散热，机箱采用全密封结构后，使灰尘、潮湿、有害气体的影响大大降低，再加上宽温度工作范围，使装置适合于安装在控制现场，改变了过去微机监控保护装置必须安装在主控室，以及要求加空调和室内密封的传统做法。

8. 超低功耗设计

装置电源交、直流 220 V 通用，电源功耗 5 W，交流电压功耗低于 0.1 VA，交流电流功耗低于 0.25 VA，中间没有变送器环节。出厂后无需调校。

9. 开关量使用+220 V 电压输入

以往微机监控保护使用 24 V 作开入量电源，由于变电站强磁场干扰信号误报现象时有发生，本装置直接使用直流 220 V 作开入电源，即简化了接线又消除信号误报现象。

10. 各保护及信号单独出口

所有保护功能独立继电器接点输出，独立压板投退，独立自保持信号接点输出。任一回路故障不影响其他回路运行，便于运行人员对各功能投入退出，符合常规运行习惯，事故指示清晰明确，接口部分和常规设备完全兼容，新站建设老站改造均可适用。

11. 遥控投切保护遥控复归信号

各保护功能可实现远方投切，各保护信号可实现远方复归，保护定值远方修改。

12. 完整的电气防跳及控制回路

装置具有开关的防跳继电器和常规控制回路接口。

13. 灵活的硬件组态工作方式

小机箱模拟量中任意一个均可由厂家和用户协商任意定义为电流或电压输入。开关量中任意一个也可定义为脉冲或电平方式，以及进行计数和事件记录等。出口继电器可以任意指派其作用，以便满足各种特殊功能的要求。

14. 显示整定简单方便

三个按键四位显示器可以显示修改一切参数，无需记忆操作命令。

15. 独立遥控跳合闸执行继电器

可选择遥控跳合闸继电器输出，由压板单独投退。

11.5.5　德威特 DVP600 系列装置的工作原理

这一节以 DVP621 型继电保护装置为例，介绍保护装置的配置和工作原理。

DVP621 装置配备的保护及保护原理

(1) 电气参数测量：交流输入直接输入三相电流(5 A)。

(2) 开关事件记录：直接记录外部 11 个开关状态事件的时间及顺序并对脉冲计数，对不同的应用 11 个开关状态定义可以不同。

(3) 变压器差动保护

差动保护采用谐波制动原理，避免空投及外部故障恢复产生较大差动电流(励磁涌流)，采用比率制动原理避免区外故障不平衡电流的影响，并有 TA 断线闭锁功能。

CPU 采样间隔为 1.667 ms，即每个工频周期进行 12 次采样，每次采样高压侧 I_A，I_B，I_C，低压侧 I_a，I_b，I_c六个模拟量。

保护判据：设 I_k为高压侧电流采样点，I_l为低压侧采样点，则差动电流 $i_d = i_k - i_l$，循环电流 $i_\Sigma = (i_k + i_l)/2$。动作特性如图 11-11 所示。

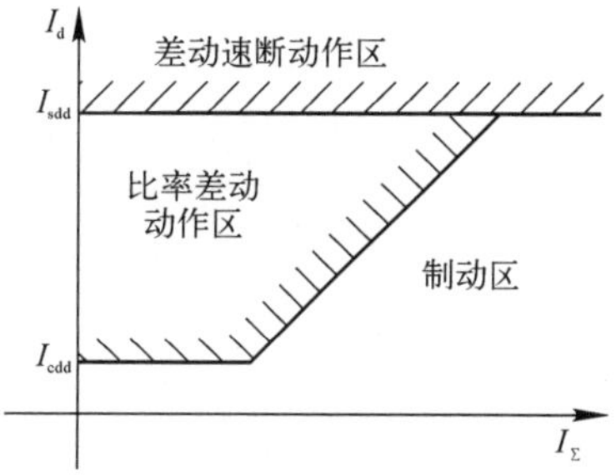

图 11-11　差动保护的动作特性

1) 差动速断判据：$I_d > I_{sdd}$，其中 I_d为差动速断整定值，按避开变压器空载合闸的励磁涌流整定。

2) 比率差动判据：$I_d > I_{cdd}$，$\dfrac{I_d}{I_z} > K_r$，其中 I_{cdd}为差动启动电流，K_r为比率制动系数。I_{cdd}的整定应避开负荷状态下差动不平衡电流。K_r的整定应避开区外故障下的不平衡电流影响。

3) 二次谐波制动判据：$\dfrac{I_{2d}}{I_d} > K_s$，其中 I_{2d}为二次谐波幅值，K_s为二次谐波制动系数。

(4) TA 断线报警：任一相电流断线时发 TA 断线报警信号并闭锁保护出口。

(5) 定值错误报警：当保护定值错误时发报警信号。

(6) 装置故障报警：当装置自检发现有不可恢复的错误时发报警信号。

(7) 保护出口：各种保护具有独立的空接点跳闸输出，由外部连接片进行投退跳闸。

(8) 保护信号及复归：各种保护具有独立的空接点自保持信号输出，可远方遥控复归。

(9) 分接头遥控升降控制：主变分接头升降控制，由外部连接片投退。

(10) 遥信量：各种保护信号，故障参数，开关量事件记录。

(11) 遥调量：保护定值，保护试验。

保护装置的原理图如图 11-12 所示。

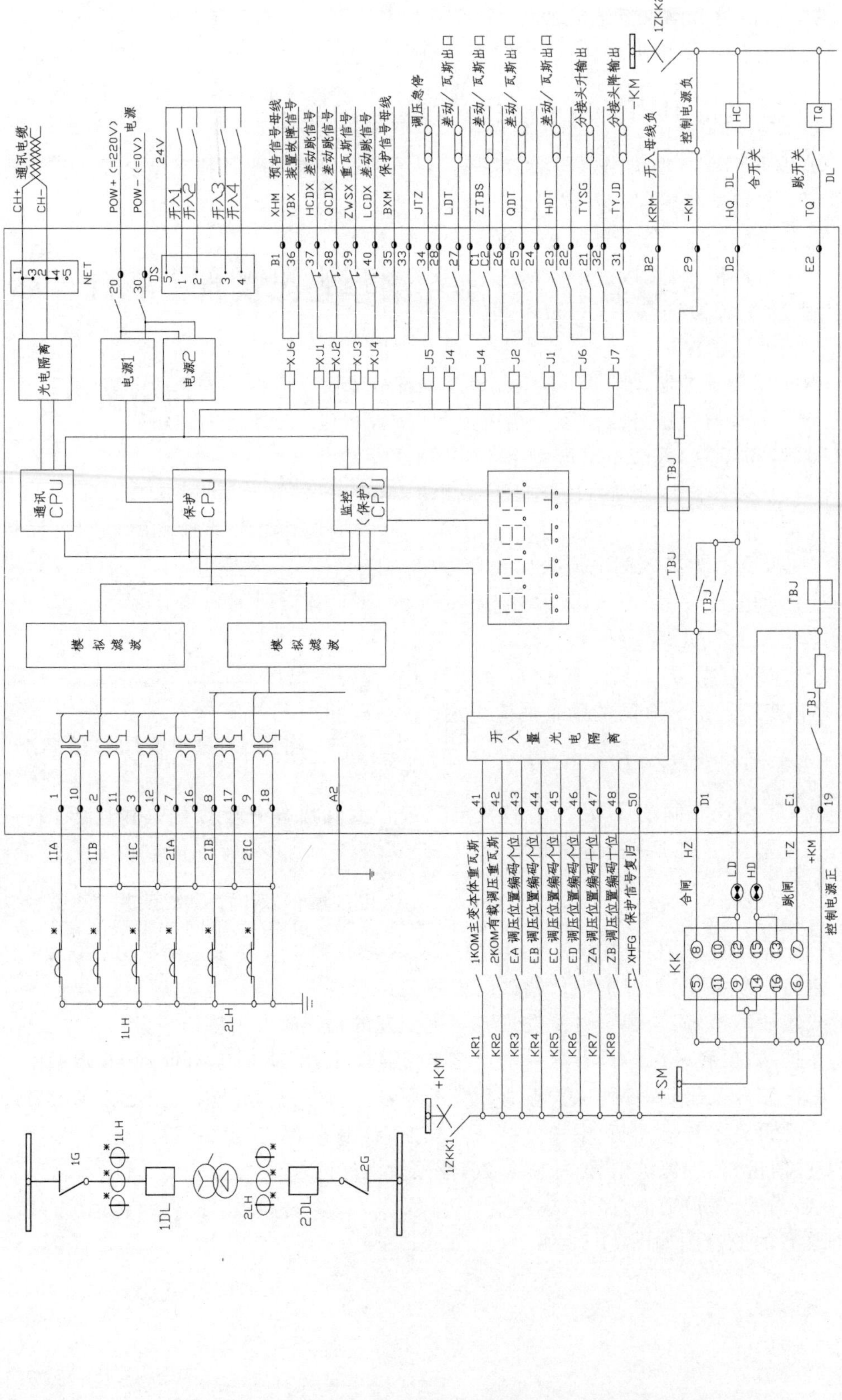

图11-12 DVP621型微机差动保护装置原理图

参 考 文 献

[1] 华东六省一市电机工程(电力)学会．电气系统及设备[M]. 北京:中国电力出版社,1999.
[2] 姚春球．发电厂电气部分[M]. 北京:中国电力出版社,2007.
[3] 范锡普．发电厂电气部分[M]. 北京:中国电力出版社,1995.
[4] 汤蕴缪,史乃．电机学[M]. 北京:机械工业出版社,1999.
[5] 贺家李,宋从矩．电力系统继电保护原理[M]. 北京:中国电力出版社,2004.
[6] 马永翔,王世荣．电力系统继电保护 [M]. 北京:中国林业出版社,2006.
[7] 张保会,尹项根．电力系统继电保护 [M]. 北京:中国电力出版社,2005.
[8] 孙国凯,霍利民,柴玉华．电力系统继电保护原理 [M]. 北京:中国水利水电出版社,2002.
[9] 凌子恕．高压互感器技术手册[M]. 北京:中国电力出版社,2005.
[10] 陈济东．大亚湾核电站系统及运行(上、中、下册)[M]. 北京:原子能出版社,1994.
[11] 大唐国际发电股份有限公司．电气分册/全能值班员技能提升指导丛书[M]. 北京:中国电力出版社,2008.
[12] 许实章．电机学[M]. 北京:机械工业出版社,1996.
[13] 王正茂,阎治安,崔新艺．电机学[M]. 西安:西安交通大学出版社,2000.
[14] 辜承林,陈乔夫,熊永前．电机学[M]. 武汉:华中科技大学出版社,2005.
[15] 周美兰,周封,王岳宇．PLC 电气控制与组态设计[M]. 北京:科学出版社,2003.
[16] 刘新正．电机学[M]. 北京:电子工业出版社,2000.
[17] 王朗珠,蒋燕．发电厂电气设备及运行[M]. 北京:中国电力出版社,2008.
[18] 顾绳谷. 电机及拖动基础(上册)[M]. 北京:机械工业出版社,2004.
[19] 广东核电培训中心. 900MW 压水堆核电站系统与设备[M]. 北京:原子能出版社,2004.
[20] 张松梅. 核电厂蒸汽动力转换系统概述[M]. 北京:原子能出版社,2010.